After Effects
短视频编辑与润饰

朱媛 编著

清华大学出版社
北京

内 容 简 介

短视频的出现丰富了人们的生活，高质量的短视频制作成为当下较为热门的话题。本书通过 10 章详细介绍了使用专业的 After Effects 软件制作高质量手机短视频的技巧，技术环节包括短视频的策划、剪辑、调色、视频特效、字幕、抠像、合成、音频及手机短视频后期处理等。全书内容全面，条理清晰，易学易懂。除了必要的理论阐述之外，其余内容均采用步骤导图的讲解模式，旨在帮助读者轻松、快速地练习操作。

本书适合广大短视频爱好者、短视频 App 用户、电商用户等学习和使用。本书提供案例的素材文件和效果文件，方便读者学习参考，提高学习效率，快速掌握短视频的制作方法。

版权所有，侵权必究。举报：010-62782989，beiqinquan@tup.tsinghua.edu.cn。

图书在版编目（CIP）数据

After Effects 短视频编辑与润饰 / 朱媛编著 . -- 北京：清华大学出版社，2025.5.
ISBN 978-7-302-69199-0

Ⅰ. TP317.53

中国国家版本馆 CIP 数据核字第 2025HL9393 号

责任编辑：袁勤勇
封面设计：刘　键
责任校对：郝美丽
责任印制：刘　菲

出版发行：清华大学出版社
网　　址：https://www.tup.com.cn，https://www.wqxuetang.com
地　　址：北京清华大学学研大厦 A 座　　邮　编：100084
社 总 机：010-83470000　　邮　购：010-62786544
投稿与读者服务：010-62776969，c-service@tup.tsinghua.edu.cn
质量反馈：010-62772015，zhiliang@tup.tsinghua.edu.cn

印 装 者：大厂回族自治县彩虹印刷有限公司
经　　销：全国新华书店
开　　本：185mm×260mm　　印　张：17.25　　字　数：408 千字
版　　次：2025 年 6 月第 1 版　　印　次：2025 年 6 月第 1 次印刷
定　　价：68.00 元

产品编号：103530-01

前　言

本书内容

After Effects 软件是 Adobe 公司推出的一款非常优秀的影视后期合成与特效制作软件。其功能强大，插件丰富，已被广泛应用于数字电视和电影的后期制作中，而新兴的多媒体和互联网也为其提供了宽广的发展空间。

After Effects 可以帮助用户高效、精确地创建引人注目的动态图形和视觉效果。它和 Adobe 公司的 Photoshop、Premiere 和 Illustrator 等软件结合得非常好，初学者可以更加容易上手。

本书根据影视后期合成所需的常规技能和商业短视频编辑所需的实战技巧进行编写，以最流行、最典型的创意实例为基础，收录了文字特效、转场特效、光效、粒子、3D 特效、动画背景、键控跟踪以及使用表达式对动画的控制技巧等实例应用。通过实际操作，读者可以逐步熟悉 After Effects 的创作技法，充分发挥创作才能，创作出惊人的视觉特效。

本书共 52 个影视特效案例，包含了短视频特效制作的方方面面。读者学习后不但能充分掌握 After Effects 的特效制作技巧，而且能够亲身体会制作水平的飞速提高带来的成就感。

本书由太原理工大学朱媛编著，由于编者水平有限，书中疏漏与不足之处在所难免，恳请批评指正。

本书适合以下读者阅读。

- 短视频制作人员；
- 视频编辑及影视后期制作人员；
- 广告公司影视制作人员；
- 视频特效制作人员。

学完本书可掌握以下技术。

- 视频素材合成；
- 视频素材基本操作；
- 影视后期制作；
- 各类字幕特效制作；
- 影视色调及后期加工；
- 影视抠像及跟踪技术；
- 音视频输出及压缩。

赠送资源

随书附赠全书案例的源文件素材、视频教学文件及 PPT 课件。

作　者
2025 年 1 月

目 录

第1章 短视频基础知识 ……… 001
- 1.1 短视频制作流程 …………… 001
  - 1.1.1 制作团队搭建 ……… 001
  - 1.1.2 短视频策划 ………… 002
  - 1.1.3 短视频拍摄 ………… 002
  - 1.1.4 视频素材剪辑 ……… 002
  - 1.1.5 短视频后期合成 …… 002
- 1.2 短视频剪辑 ………………… 003
  - 1.2.1 蒙太奇的概念 ……… 003
  - 1.2.2 短视频镜头衔接技巧 ………………… 004
  - 1.2.3 短视频镜头衔接原则 ………………… 005
  - 1.2.4 短视频剪辑流程 …… 006
- 1.3 视频编辑术语 ……………… 006
- 1.4 常用视频格式 ……………… 007
- 1.5 常用音频格式 ……………… 008
- 1.6 常见图像格式 ……………… 009

第2章 After Effects 基础知识 ……………… 010
- 2.1 了解 After Effects ………… 010
- 2.2 AE 工作界面 ……………… 012
- 2.3 导入素材 …………………… 013
  - 2.3.1 导入单个素材 ……… 013
  - 2.3.2 一次导入多个素材 … 013
  - 2.3.3 导入文件夹 ………… 014
  - 2.3.4 替换素材 …………… 014
- 2.4 创建合成 …………………… 014
  - 2.4.1 建立合成 …………… 015
  - 2.4.2 用其他方式建立合成 ………………… 015
- 2.5 时间线操作 ………………… 016
  - 2.5.1 时间线窗口和合成 … 016
  - 2.5.2 时间定位 …………… 017
- 2.6 AE 图层操作 ……………… 017
  - 2.6.1 建立文字图层 ……… 018
  - 2.6.2 创建纯色层 ………… 018
- 2.7 导出 UI 动画 ……………… 019
- 2.8 AE 关键帧制作 …………… 020
  - 2.8.1 在时间线窗口中查看属性 …………… 021
  - 2.8.2 设置关键帧 ………… 021
  - 2.8.3 移动关键帧 ………… 023
  - 2.8.4 复制关键帧 ………… 024

2.8.5 修改关键帧……………025
2.9 捆绑父子级关系……………026
2.10 制作透明度动画……………030
2.11 制作路径动画……………033
2.12 动画控制的插值运算……037

第3章 After Effects 转场动画……………041

3.1 认识转场……………041
3.2 像素转场……………042
3.3 螺旋转场……………044
3.4 翻页转场……………045

第4章 After Effects 字幕特效……………048

4.1 创建文字图层……………048
  4.1.1 创建文字图层……………048
  4.1.2 用文字工具添加文字图层……………048
  4.1.3 文字的竖排和横排…049
4.2 创建文字动画……………052
  4.2.1 车身文字动画……………052
  4.2.2 文字特性动画……………055
  4.2.3 选择器的高级设置……059
  4.2.4 文字动画预设……………060
4.3 电光字幕……………063
4.4 标板字幕……………070
4.5 背景字幕特效……………077
4.6 文字旋转动画……………084
4.7 路径文字动画……………087
4.8 涂鸦文字动画……………090

第5章 After Effects 表达式动画……………095

5.1 认识表达式动画……………095
  5.1.1 理解表达式……………095
  5.1.2 建立表达式……………097
5.2 解读表达式……………099
  5.2.1 错误提示……………100
  5.2.2 数组和表达式……………101
  5.2.3 程序变量和语句……102
5.3 表达式控制器……………105
  5.3.1 Time 表达式……………105
  5.3.2 Wiggle 表达式……………106
  5.3.3 将表达式动画转换成关键帧……………107
5.4 表达式控制器案例实操……109
  5.4.1 控制表达式动画……109
  5.4.2 雷电表达式……………112
  5.4.3 线圈运动表达式……116
  5.4.4 音频指示器……………119
  5.4.5 锁定目标表达式……121
  5.4.6 螺旋花朵表达式……125
  5.4.7 钟摆运动表达式……127
  5.4.8 放大镜表达式……………129
5.5 在 AE 中实现动效缓动……131
  5.5.1 手机的 UI 动效制作……………131
  5.5.2 动效缓动曲线调整…133
5.6 动效高级实践……………134
  5.6.1 闹铃抖动动效制作…135
  5.6.2 圆形旋转进度条 UI 动效制作……………139

目录

第 6 章 After Effects 标板特效 ·················143

- 6.1 光斑动画·················143
- 6.2 合成动画·················153
- 6.3 墨滴动画·················157
- 6.4 三维反射标板·············161
- 6.5 飘云标板动画·············166

第 7 章 After Effects 光影特效 ·················169

- 7.1 星球爆炸·················169
- 7.2 光波动画·················174
- 7.3 星球动画·················180
- 7.4 粒子汇聚·················186
- 7.5 火舌特效·················189

第 8 章 After Effects 短视频合成技术 ·········194

- 8.1 局部校色·················194
- 8.2 街景合成动画·············198
- 8.3 飘雪动画·················201
- 8.4 置换天空·················203
- 8.5 电影抠像·················208

第 9 章 After Effects 角色插件 ·················212

- 9.1 认识 Duik 插件·············212
  - 9.1.1 Duik 插件介绍·········212
  - 9.1.2 安装 Duik 插件········213
- 9.2 在 AI 中制作场景·········214
  - 9.2.1 在 AI 中对场景和人物分层·········214
  - 9.2.2 重设画布尺寸·········216
- 9.3 在 AE 中制作场景·········217
  - 9.3.1 将 AI 文件导入 AE···217
  - 9.3.2 设置关节的旋转轴心·················218
  - 9.3.3 设置关节的父子层级·················221
- 9.4 在 Duik 插件中制作捆绑·····222
  - 9.4.1 用 Duik 插件设置关节·················222
  - 9.4.2 设置反向动力学关节·················222
- 9.5 在 AE 中制作奔跑动画······224
  - 9.5.1 设置跑步的循环姿势·················224
  - 9.5.2 平滑处理跑步动画···226
  - 9.5.3 让动画循环起来·····226
  - 9.5.4 让背景滚动起来·····227
  - 9.5.5 动画渲染输出·········229
- 9.6 表情动画·················231
  - 9.6.1 修改 AI 素材·········231
  - 9.6.2 将 AI 文件导入 AE···234
  - 9.6.3 制作眉毛和眼睛的动画·················235
  - 9.6.4 制作低头和转头的动画·················237
  - 9.6.5 制作微笑的表情动画·················240

第 10 章 After Effects 与 C4D 的结合使用 ····· 242

- 10.1 在 C4D 和 AE 中匹配场景·················242

10.1.1 匹配画幅和时间··242
10.1.2 将 C4D 文件导入
　　　AE ················243
10.2 在 C4D 和 AE 之间进行
　　线性编辑··············244
10.2.1 在 C4D 中制作
　　　摄像机动画········244
10.2.2 在 C4D 中设置要
　　　合成的图层········244
10.3 C4D 关键帧动画··········247
10.3.1 C4D 中的关键帧
　　　动画模块··········247
10.3.2 自动记录关键帧··249

10.3.3 手动记录
　　　关键帧············250
10.3.4 参数动画············250
10.3.5 动画曲线············251
10.4 特殊动画技巧············255
10.4.1 C4D 路径动画·····255
10.4.2 C4D 震动动画·····256
10.5 运动图形················257
10.5.1 克隆················257
10.5.2 添加效果器·········260
10.6 动力学··················262
10.6.1 刚体动力学·········262
10.6.2 柔体动力学·········264

第 1 章

短视频基础知识

1.1 短视频制作流程

谈到短视频拍摄,大家首先想到的多是设计剧本。实际上,拍摄短视频首先需要组建一个团结高效的短视频制作团队,单枪匹马虽然也能做出不错的短视频,但是鉴于上新和更换的频繁,以个人力量很难迎合短视频平台的要求,因此借助众人的智慧方能够将短视频打造得更加完美。

1.1.1 制作团队搭建

拍摄短视频需要做的工作很多,包括策划、拍摄、表演、剪辑及输出等,团队人员数量由拍摄的内容决定,一些简单的短视频(如家庭剧、小品等)一个人就能完成。因此在组建团队之前,需要认真思考拍摄方向,从而确定团队需要哪些人员,并为他们分配相应的任务。图 1.1 所示为视频制作示意图。

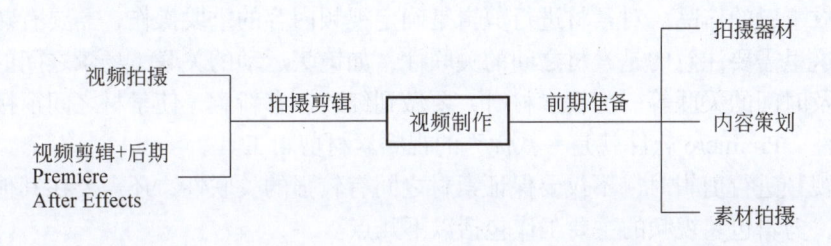

图 1.1

如果拍摄短片类视频,每周计划推出 2~3 集内容,每集时长为 5 分钟左右,那么团队安排 4 到 5 个人就够了。团队需要设置编导、拍摄及后期剪辑岗位,然后针对岗位进行详细的任务分配。

- 编导:负责统筹整体工作,策划主题,督促拍摄,确定内容风格及方向。
- 拍摄:主要负责视频的拍摄工作,同时还要把控与摄影相关的工作(如拍摄的风格及工具等)。
- 后期剪辑:主要负责视频的剪辑和加工工作,同时也要参与策划与拍摄工作,以便更好地打造视频效果。

1.1.2 短视频策划

短视频成功的关键在于内容打造。剧本的策划犹如文章写作，需要具备主题思想、开头、中间及结尾，情节的设计则是丰富剧本的组成部分，等同于小说中的情节设置。一部成功的、吸引人的小说必定少不了跌宕起伏的情节，剧本也是一样。在进行剧本策划时，需要注意以下两点。

（1）在剧本构思阶段，就要思考什么样的情节能满足观众的需求，好的故事情节应当是能直击观众内心、引发强烈共鸣的。掌握观众的喜好是十分重要的一点。

（2）注意角色的定位，尤其是台词的设计要符合角色性格，并且有爆发力和内涵。

1.1.3 短视频拍摄

在短视频拍摄前，拍摄人员需要提前做好相关准备工作，例如，拍摄外景前需要对拍摄地点进行勘察，看看哪个地方更适合视频的拍摄。此外，还需要注意以下几点。

- 根据实际情况，对策划的剧本进行润色加工，不断完善以达到最佳效果。
- 提前安排好具体的拍摄场景，并对拍摄时间做详细的规划。
- 确定拍摄的工具和道具，分配好演员、摄影师等工作人员，如有必要，可以提前练习一下台词、表演等。

1.1.4 视频素材剪辑

剪辑是对所拍摄的素材进行分割、取舍和组建的过程，并将零散的片段拼接为一个有节奏、有故事感的作品。对素材进行剪辑是确定视频内容的重要操作，需要有熟练的技术与技巧。这里需要注意的是素材之间的关联性，如镜头运动的关联、场景之间的关联、逻辑的关联及时间的关联等。剪辑素材时，要做到细致、有新意，使素材之间衔接自然又不缺乏趣味性。Premiere 软件就是一款优秀的视频素材剪辑工具。

在对视频进行剪辑时，不仅要保证素材之间有较强的关联性，还需要在其他方面添加一些点缀，剪辑包装视频的主要工作包括以下几点。

（1）添加背景音乐，用于渲染视频氛围。

（2）添加特效，营造良好的视频画面效果，吸引观众。

（3）添加字幕，帮助观众理解视频内容，同时改善视觉体验。

1.1.5 短视频后期合成

对于短视频而言，剪辑固然是重要的一个环节，但如果想要制作出优秀的作品，后期合成处理也不可或缺。理论上，我们把影视制作分为前期和后期。前期主要工作包括策划、拍摄及三维动画创作等工序；前期工作结束后，将得到的大量的素材和半成品有机地通过艺术手段结合起来就是后期合成工作。Premiere 是高端视频系统的专业软件，它借鉴了许多优秀软件的成功之处，将视频特效合成上升到了新的高度。Photoshop 软件中层的引入，使 Premiere 可以对多层图像进行编辑控制，制作出天衣无缝的剪辑效果；关键帧、路径的引入，使得高级二维动画的控制游刃有余；Premiere 高效的视频处理系统，确保了高质量视频的输出；令人眼花缭乱的特技系统使 Premiere 能实现用户的一切创意。

1.2　短视频剪辑

　　剪辑是短视频制作过程中必不可少的一道工序，在一定程度上决定了视频质量的好坏，可以影响作品的叙事、节奏和情感，更是视频二次升华和创作的基础。剪辑的本质是通过视频中主体动作的分解组合来完成蒙太奇形象的塑造，从而传达故事情节，完成内容叙述。

1.2.1　蒙太奇的概念

　　蒙太奇，法文 Montage 的音译，原为装配、剪切之意，是一种在影视作品中常见的剪辑手法。在电影的创作中，电影艺术家先把全片所要表现的内容分成许多不同的镜头，分别拍摄，然后再按照原定的创作构思，把这些镜头有机地组接起来，产生平行、连贯、悬念、对比、暗示、联想等作用，形成各个有组织的片段和场面，直至一部完整的影片。这种按导演的创作构思组接镜头的方法就是蒙太奇。

　　蒙太奇表现方式大致可分为两类：叙述性蒙太奇和表现性蒙太奇。

1. 叙述性蒙太奇

　　叙述性蒙太奇是通过一个个画面来讲述动作、交代情节、演示故事。叙述性蒙太奇有连续式、平行式、交叉式和复现式 4 种基本形式。

- 连续式：连续式蒙太奇沿着单一的情节线索，按照事件的逻辑顺序，有节奏地连续叙事。这种叙事自然流畅，朴实平顺，但由于缺乏时空与场面的变换，无法直接展示同时发生的情节，难于突出各条情节线之间的对列关系，不利于概括，易有拖沓冗长、平铺直叙之感。因此，在一部影片中绝少单独使用，多与平行式、交叉式蒙太奇交混使用，相辅相成。
- 平行式：在影片故事发展过程中，通过两件或三件内容性质相同，而表现形式不尽相同的事，同时异地并列进行，而又互相呼应、联系，起着彼此促进、互相刺激的作用，这种方式就是平行式蒙太奇。平行式蒙太奇不重在时间的因素，而重在几条线索的平行发展，靠内在的悬念把各条线的戏剧动作紧紧地接在一起。采用迅速交替的手段，造成悬念和逐渐强化的紧张气氛，使观众在极短的时间内，看到两个情节的发展，最后又结合在一起。
- 交叉式：即两个以上具有同时性的动作或场景交替出现。它由平行蒙太奇发展而来，但更强调同时性、密切的因果关系及迅速频繁的交替表现，因而能使动作和场景产生互相影响、互相加强的作用。这种剪辑技巧极易引起悬念，造成紧张激烈的气氛，加强矛盾冲突的尖锐性，是掌握观众情绪的有力手法。惊险片、恐怖片和战争片常用此法制作追逐和惊险的场面。
- 复现式：即前面出现过的镜头或场面，在关键时刻反复出现，造成强调、对比、呼应、渲染等艺术效果。在影视作品中，各种构成元素，如人物、景物、动作、场面、物件、语言、音乐、音响等都可以通过精心构思反复出现，以期产生独特的寓意和印象。

2. 表现性蒙太奇

表现性蒙太奇（也称对列蒙太奇），不是为了叙事，而是为了某种艺术表现的需要。它不是以事件发展顺序为依据的镜头组合，而是通过不同内容镜头的对列，来暗示、比喻、表达一个原来不曾有的新含义或一种比人们所看到的表面现象更深刻、更富有哲理的东西。表现性蒙太奇在很大程度上是为了表达某种思想或情绪意境，造成一种情感的冲击力。表现性蒙太奇有对比式、隐喻式、心理式和累积式 4 种形式。

- 对比式：即把两种思想内容截然相反的镜头并列在一起，利用它们之间的冲突造成强烈的对比，以表达某种寓意、情绪或思想。
- 隐喻式：这是一种独特的影视比喻，通过镜头的对列将两个不同性质的事物间的某种相类似的特征凸现出来，以此喻彼，刺激观众的感受。隐喻式蒙太奇的特点是巨大的概括力和简洁的表现手法相结合，具有强烈的情绪感染力和造型表现力。
- 心理式：即通过镜头的组接展示人物的心理活动，如表现人物的闪念、回忆、梦境、幻觉、幻想，甚至潜意识的活动。它是人物心理的造型表现，其特点是片段性和跳跃性，主观色彩强烈。
- 累积式：即把一连串性质相近的同类镜头组接在一起，造成视觉的累积效果。累积式蒙太奇也可用于叙事，也可成为叙述性蒙太奇的一种形式。

1.2.2 短视频镜头衔接技巧

无技巧组接就是通常所说的"切"，是指不用任何电子特技，而是直接用镜头的自然过渡来连接镜头或者段落的方法。常用的组接技巧有以下 4 种。

- 淡出淡入：淡出是指上一段落最后一个镜头的画面逐渐隐去直至黑场，淡入是指下一段落第一个镜头的画面逐渐显现直至正常亮度。这种技巧可以给人一种间歇感，适用于自然段落的转换。
- 叠化：叠化是指前一个镜头的画面和后一个镜头的画面相叠加，前一个镜头的画面逐渐隐去，后一个镜头的画面逐渐显现的过程，两个画面有一段过渡时间。叠化特技主要有以下 4 种功能：一是用于时间的转换，表示时间的消逝；二是用于空间的转换，表示空间已发生变化；三是用叠化表现梦境、想象、回忆等插叙、回叙场合；四是表现景物变幻莫测、琳琅满目、目不暇接。
- 划像：划像可分为划出与划入。前一个画面从某一方向退出荧屏称为划出，下一个画面从某一方向进入荧屏称为划入。划出与划入的形式多种多样，根据画面进、出荧屏的方向不同，可分为横划、竖划、对角线划等。划像一般用于两个内容意义差别较大的镜头的组接。
- 键控：键控分黑白键控和色度键控两种。其中，黑白键控又分内键与外键，内键控可以在原有彩色画面上叠加字幕、几何图形等；外键控可以通过特殊图案重新安排两个画面的空间分布，把某些内容安排在适当位置，形成对比性显示。而色度键控常用在新闻片或文艺片中，可以把人物嵌入奇特的背景中，构成一种虚设的画面，增强艺术感染力。

1.2.3 短视频镜头衔接原则

短视频中镜头的前后顺序并不是杂乱无章的，而往往会在编辑过程中根据剧情需要，选择不同的组接方式。短视频镜头组接的总原则是合乎逻辑、内容连贯、衔接巧妙。具体可分为以下 5 点。

1. 符合观众的思维方式和影视表现规律

镜头的组接不能随意，必须符合生活逻辑和思维逻辑。因此，影视节目要表达的主题与中心思想一定要明确，这样才能根据观众的心理要求，即思维逻辑来考虑选用哪些镜头，以及怎样将它们有机地组合在一起。

2. 遵循镜头调度的轴线规律

所谓的"轴线规律"是指拍摄画面是否有"跳轴"现象。在拍摄时，如果机位始终在主体运动轴线的同一侧，那么构成画面的运动方向、放置方向都是一致的，否则称为"跳轴"。"跳轴"的画面一般情况下是无法组接的。在进行组接时，遵循镜头调度的轴线规律拍摄的镜头，能使镜头中的主体物位置、运动方向保持一致，合乎人们观察事物的规律，否则就会出现方向性混乱。

3. 景别的过渡要自然、合理

表现同一主体的两个相邻镜头组接时要遵守以下原则。

- 两个镜头的景别要有明显变化，不能把同机位、同景别的镜头相接。因为同一环境里的同一对象，机位不变，景别又相同，两镜头相接后会产生主体的跳动。
- 景别相差不大时，必须改变摄像机的机位，否则也会产生明显跳动，好像一个连续镜头从中截去一段。
- 对不同主体的镜头组接时，同景别或不同景别的镜头都可以组接。

4. 短视频镜头组接要遵循"动接动"和"静接静"的规律

如果画面中同一主体或不同主体的动作是连贯的，可以动作接动作，达到顺畅、简洁过渡的目的，则简称为"动接动"。如果两个画面中的主体运动是不连贯的，或者它们中间有停顿时，那么这两个镜头的组接，必须在前一个画面主体做完一个完整动作停下来后，再接上一个从静止到运动的镜头，称为"静接静"。

"静接静"组接时，前一个镜头结尾停止的片刻叫"落幅"，后一镜头运动前静止的片刻叫"起幅"。起幅与落幅时间间隔大约为 1~2 秒。运动镜头和固定镜头组接，同样需要遵循这个规律。如一个固定镜头要接一个摇镜头，则摇镜头开始时要有起幅；相反一个摇镜头接一个固定镜头，那么摇镜头要有落幅，否则画面就会给人一种跳动的视觉感。有时为了实现某种特殊效果，也会用到"静接动"或"动接静"的镜头。

5. 光线、色调的过渡要自然

在组接镜头时，要注意相邻镜头的光线与色调不能相差太大，否则会导致镜头组接太突然，使人感觉影片不连贯、不流畅。

1.2.4 短视频剪辑流程

在 Premiere 中，剪辑可分为整理素材、初剪、精剪和完善 4 个流程。

1. 整理素材

前期的素材整理对后期剪辑具有非常大的帮助。通常在拍摄时会把一个故事情节分段拍摄。拍摄完成后，浏览所有素材，只选取其中可用的素材文件，为可用部分添加标记便于二次查找。然后再按脚本、景别、角色将素材进行分类排序，将同属性的素材文件存放在一起。整齐有序的素材文件可提高剪辑效率和影片质量，并且可以显示出剪辑的专业性。

2. 初剪

初剪又称粗剪，将整理完成的素材文件按脚本进行归纳、拼接，并按照影片的中心思想、叙事逻辑逐步剪辑，从而粗略剪辑成一个无配乐、无旁白、无特效的影片初样，再以这个初样作为影片的雏形，逐步制作整个影片。

3. 精剪

精剪是影片中最重要的一道剪辑工序，是在粗剪（初样）基础上进行的剪辑操作，进一步挑选和保留优质镜头及内容。精剪可以控制镜头的长短、调整镜头分剪与剪接点等，是决定影片好坏的关键步骤。

4. 完善

完善是剪辑影片的最后一道工序，它在注重细节调整的同时更注重节奏点。通常在该步骤会将导演的情感、剧本的故事情节，以及观众的视觉追踪注入整体架构中，使整个影片更具看点和故事性。

1.3 视频编辑术语

初学视频编辑的读者可能不太了解专业术语，下面先详细讲解 Premiere 中常用的视频编辑术语。

- 帧：帧是视频技术中常用的最小单位，指的是数字视频和传统影视里的基本单元信息，也就是说每个视频都可以看作由大量的静态图片按照时间顺序放映出来，而其中的每一张照片就是一个单独的帧。
- 分辨率：分辨率指的是帧的大小，它表示在单位区域内垂直和水平的像素数值，一般单位区域中像素数值越大，图像显示越清晰。

- 剪辑：剪辑指的是对素材进行修剪，这里的素材可以是视频、音频或图片等。
- 镜头：镜头是视频作品的基本构成元素，不同的镜头对应不同的场景，在视频制作过程中经常需要对多个镜头或场景进行切换。
- 字幕：字幕指的是在视频制作过程中添加的标志性信息元素，当画面中的信息量不够时，字幕就起到了一个补充信息的作用。
- 转场：转场指的是在视频中，从一个镜头切换到另外一个镜头时的过渡方式。转换过程中会加入过渡效果，例如淡入淡出、闪黑或闪白等。
- 特效：特效指的是在视频制作过程中，对画面中的元素添加的各种变形和动作效果。
- 渲染：渲染指的是为需要输出的视频文件应用了转场及其他特效后，将源文件信息组合成单个文件的过程。

1.4 常用视频格式

视频是计算机多媒体系统中的重要一环。为了适应存储视频的需要，人们设计了不同的视频文件格式将视频和音频存放在一个文件中，以便回放。下面介绍几种常见的视频格式。

1. AVI

AVI 是 Audio Video Interleave 的缩写，指的是音频视频交叉存取格式。这种视频格式的优点是图像质量好，可以跨多个平台使用；缺点是体积过大。AVI 格式对视频文件采用有损压缩，尽管画面质量不太好，但其应用范围非常广泛。

2. MOV

MOV 即 QuickTime 影片格式，它是苹果公司开发的一种音频、视频文件格式，用于存储常用的数字媒体类型。MOV 格式可用于保存音频和视频信息，具有很高的压缩比率和较完美的视频清晰度。其最大的特点是跨平台性，不仅能支持 MacOS 操作系统，还支持 Windows 系列操作系统。

3. MPEG

MPEG 的英文全称为 Moving Picture Experts Group，即运动图像专家组格式。MPEG 文件格式是运动图像压缩算法的国际标准，采用有损压缩方法，从而减少了运动图像中的冗余信息。目前，MPEG 压缩标准主要有 MPEG-1、MPEG-2、MPEG-4、MPEG-7 与 MPEG-21。

4. WMV

WMV 的全称为 Windows Media Video，是微软推出的一种流媒体格式。在同等视频质量下，WMV 格式的体积非常小，因此很适合在网上播放和传输。WMV 格式的主要优点在于可扩充的媒体类型、本地或网络回放、可伸缩的媒体类型、流的优先级化、多语言支持、扩展性等。

1.5 常用音频格式

音频格式指的是数字音频的编码方式，即数字音频格式。不同的数字音频设备一般对应不同的音频格式文件。下面介绍几种常见的音频格式。

1. MP3

MP3 是 MPEG Audio Layer 3 的缩写。MP3 是一种音频压缩技术，在该格式出现之前，一般的音频编码即使以有损方式进行压缩，能达到的最高压缩比例也仅为 4∶1。但是 MP3 格式的压缩比例可以达到 12∶1，这正是 MP3 迅速流行的原因之一。MP3 格式利用人耳对高频声音信号不敏感的特性，将时域波形信号转换成频域信号，并划分成多个频段，对不同的频段使用不同的压缩率，对高频加大压缩比（甚至忽略信号），对低频信号使用小压缩比，以保证信号不失真。这样一来，就相当于抛弃人耳基本听不到的高频声音，只保留能听到的低频部分，从而将声音用 1∶10 甚至 1∶12 的压缩率进行压缩，因此该格式具有文件小、音质好的特点。

2. WAV

WAV 是微软公司开发的一种声音文件格式，符合 PIFF（Resource Interchange File Format）文件规范，多用于保存 Windows 平台的音频信息资源，被 Windows 平台及其应用程序所支持。WAV 格式支持 MSADPCM、CCITT A_Law 等多种压缩算法，支持多种音频位数、采样频率和声道。标准格式的 WAV 文件和 CD 格式一样，采用的也是 44.1K 的采样频率，速率为 1411K/秒，16 位量化位数。WAV 格式的声音文件质量和 CD 相差无几，也是 PC 端上广为流行的声音文件格式，几乎所有的音频编辑软件都可以识别 WAV 格式。

3. AAC

AAC 是 Advanced Audio Coding（高级音频编码）的缩写。AAC 是由 Fraunhofer IIS、杜比和 AT&T 共同开发的一种音频格式，它是 MPEG-2 规范的一部分。与 MP3 的运算法则不同的是，AAC 采用的运算法则通过结合其他功能来提高编码效率。AAC 格式同时支持多达 48 个音轨、15 个低频音轨，具有多种采样率和比特率，以及多种语言的兼容能力、更高的解码效率。总之，AAC 可以在比 MP3 文件缩小 30% 的前提下提供更好的音质。

4. RealAudio

RealAudio 是一种可以在网络上实现传播和播放的音频格式。RealAudio 的文件格式主要有 RA（RealAudio）、RM（RealMedia，RealAudio G2）、RMX（RealAudio Secured）等表现形式，统称为 Real。这些格式的特点是可以随网络带宽的不同而改变声音的质量，在保证大多数人听到流畅声音的前提下，让带宽较富裕的听众获得较好的音质。

1.6 常见图像格式

图像文件是描绘图像的计算机磁盘文件，其文件格式不下数十种。下面介绍几种常见的图像格式。

1. JPEG

JPEG 是 Joint Photographic Experts Group 的缩写。JPEG 是一种高效的压缩格式，其最大特色就是文件占用内存小，通常用于网络传输图像的预览和一些超文本文档中。JPGE 格式在压缩保存的过程中，会以失真方式丢掉一些数据，因此保存后的图像和原图会有所差别，既没有原图的质量好，也不支持透明度的处理，通常印刷品最好不要使用此图像格式。

2. TIFF

TIFF 的英文全称为 Tagged Image File Format，此格式便于在应用程序和计算机平台之间进行图像数据交换。在不需要图层或是高品质无损保存图片时，TIFF 是最适合的格式。它不仅支持全透明度的处理，还支持不同颜色模式、路径、通道，这也是打印文档中最常用到的格式。

3. PSD

PSD 格式是使用 Adobe Photoshop 软件生成的图像模式，可以保留图像的图层信息、通道蒙版（注：有些软件中也称为"遮罩"）信息等，便于后续修改和特效制作。用 PSD 格式保存文件时会对文件进行压缩，以减少占用的磁盘空间。PSD 格式由于所包含的图像数据信息较多，因此要比其他格式的图像文件大。

4. GIF

GIF 格式是 CompuServe 提供的一种图形格式，该格式可在各种图像处理软件中通用，是经过压缩的文件格式。GIF 格式一般占用空间较小，适用于网络传输，一般常用于存储动画效果图片。此外，GIF 格式还可以广泛应用于 HTML 网页文档中，但它只能支持 8 位（256 色）的图像文件。

第 2 章

After Effects 基础知识

2.1 了解 After Effects

After Effects（本书中简称为 AE）是 Adobe 公司开发的一个视频剪辑及设计软件（见图 2.1），也是制作动态影像设计不可或缺的辅助工具、视频后期合成处理的专业非线性编辑软件。AE 应用范围广泛，涵盖影片、电影、广告、多媒体以及网页等。时下最流行的一些电脑游戏都使用 AE 进行合成制作。

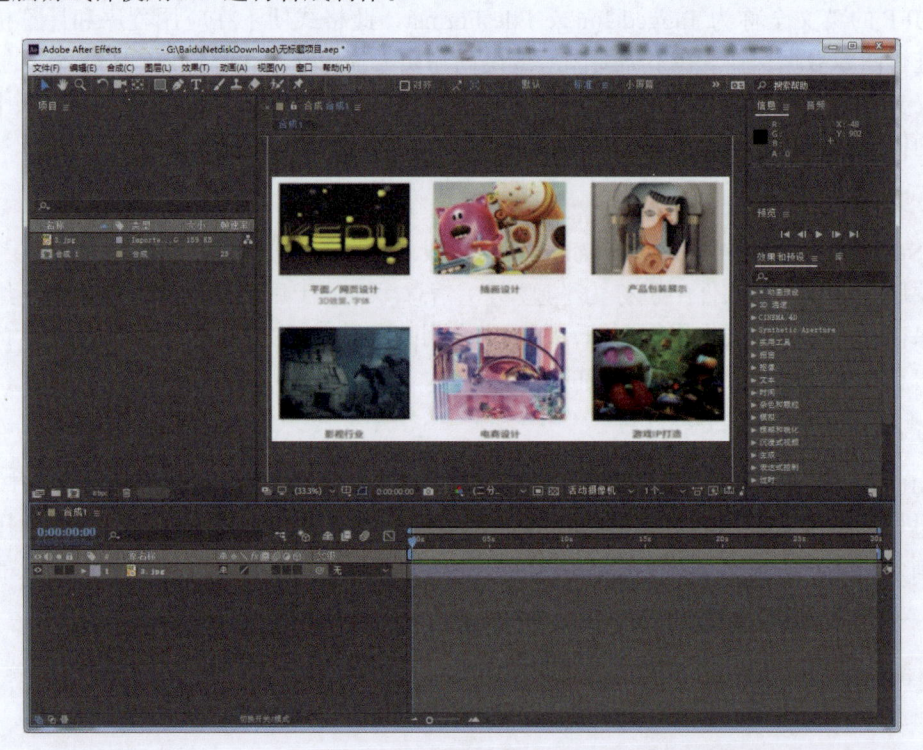

图 2.1

1. 视频制作平台

AE 提供了一套完整的工具，能够高效地制作电影、录像、多媒体以及 Web 使用的运动图片和视觉效果。和 Adobe Premiere 等基于时间轴的程序不同的是，AE 提供了一条基于帧的视频设计途径。AE 还是第一个实现高质量子像素定位的程序，通过它能够实现高度平滑的运动。AE 为多媒体制作者提供了许多有价值的功能，包括出色的蓝屏融合功能、特殊效果的创造功能和 Cinpak 压缩等。

AE 支持无限多个图层，能够直接导入 Illustrator 和 Photoshop 文件。AE 也有多种插件，其中包括 MetaTool Final Effect，它能提供虚拟移动图像以及多种类型的粒子系统，还能创造出独特的迷幻效果。

2. 影视媒体表现形式

现在影视媒体已经成为当前最大众化、最具有影响力的媒体表现形式。从好莱坞创造的幻想世界，到电视新闻关注的现实生活，再到铺天盖地的广告，无一不在影响到我们的生活。

过去，影视节目的制作对大众来说还相距甚远、十分神秘。现在，数字合成技术全面进入影视制作过程，计算机逐步取代了原有的影视设备，并在影视制作的各个环节中发挥了巨大的作用。

随着 PC 性能的显著提高，价格不断降低，影视制作从以前价格极为昂贵的专业硬件设备逐渐向 PC 平台转移，原来起点极高的专业软件也逐步被移植到计算机平台上来，价格日益大众化。同时影视制作的应用还扩大到计算机游戏、多媒体、网络等更为广阔的领域，这些行业的许多专业人士或业余爱好者都可以利用计算机制作自己喜欢的作品。

3. 合成技术

合成技术指将多种素材混合成单一复合画面。早期的影视合成技术主要是在胶片、磁带的拍摄过程及胶片洗印过程中实现的，工艺虽然落后，但效果不错。诸如"抠像""叠画"等合成的方法和手段都在早期的影视制作中得到了较为广泛的应用。与传统合成技术相比，数字合成技术指的是利用先进的计算机图像学的原理和方法，将多种源素材采集到计算机里面，并用计算机混合成单一复合图像，然后输入磁带或胶片上的这一系统完整的处理过程。

理论上，我们把影视制作分为前期和后期。前期主要工作包括策划、拍摄及三维动画创作等工序；前期工作结束后得到的是大量的素材和半成品，通过艺术手段将它们有机地结合起来就是后期合成工作。

AE 是用于高端视频特效系统的专业特效合成软件，属于美国 Adobe 公司。它借鉴了许多优秀软件的成功之处，将视频特效合成上升到了新的高度，其中，Photoshop 中"层"的引入，使 AE 可以对多层的合成图像进行控制，制作出天衣无缝的合成效果；关键帧和路径的引入，使得高级二维动画的控制游刃有余；高效的视频处理系统，确保了高质量视频的输出；令人眼花缭乱的特技系统使 AE 能实现使用者的一切创意；AE 还同样保留有 Adobe 优秀的软件相互兼容性，可以非常方便地调入 Photoshop 和 Illustrator 的层文件；Premiere 的项目文件也可以近乎完美地再现于 AE 中，甚至还可以调入 Premiere 的 EDL 文件。目前，我们能灵活地将二维和三维元素融合在同一个合成中。用户可以选择在二维或者三维状态下进行创作，或者将两种素材混合使用，并在图层中进行匹配。使用三维的帧切换可以随时把一个层转化为三维的；二维和三维的层都可以水平或垂直移动，三维层可以在三维空间里进行动画操作，同时保持与灯光、阴影和相机的交互影响。AE 支持大部分的音频、视频、图文格式，甚至还能将记录三维通道的文件调入进行更改。图 2.2 所示的便是一个 AE 与 C4D 结合使用的案例。

图　2.2

2.2　AE 工作界面

AE 的操作界面主要由菜单栏、项目窗口、合成窗口、时间线窗口以及其他面板等部分构成，如图 2.3 所示。本节将针对 AE 最基础的菜单栏、窗口和面板，介绍界面分布、操作流程和相关的经验技巧。

1. 菜单栏

AE 界面的顶部为菜单栏，其中包括了程序的大部分命令。

2. 时间线

时间线窗口中显示了各个图层的多种属性，这些属性反映了图层、关键帧以及时间之间的关系，修改它们便可以调整动画效果，合成编辑后的结果则会在合成窗口中显现出来。

3. 工具栏

AE 界面的工具栏位于菜单栏下方，如果工作区中没有显示工具栏，可以直接按 Ctrl + 1 键将其打开。AE 的工具栏由选取工具、旋转工具、绘画工具、视图操控工具、坐标系工具组成。

4. 项目窗口

素材文件在项目窗口中显示。

5. 效果控件窗口

为素材添加效果的操作都在效果控件窗口进行参数设置。

第 2 章　After Effects 基础知识

图 2.3

2.3　导入素材

编辑视频前，首先要将拍好的素材导入 AE。

2.3.1　导入单个素材

作为影视后期编辑软件，AE 的大部分工作都是在前期拍摄或者三维软件制作的画面基础上进行的。因此导入素材常常是开始合成的第一步。

（1）开启 AE 后，右击项目窗口中的空白处，在弹出的快捷菜单中选择"导入"→"文件"命令，如图 2.4 所示。之后在弹出的"导入文件"对话框中选择一个视频文件，单击"打开"按钮，即可完成导入文件的操作。

（2）项目窗口显示已导入的素材名称。还可以在该窗口中预览素材以及了解查询对象的属性，如图 2.5 所示。

2.3.2　一次导入多个素材

在 AE 中，可以一次导入多个素材。

选择"文件"→"导入"→"文件"命令，在弹出的"导入文件"对话框中选择文件的同时，结合 Ctrl 和 Shift 键的运用，可以在同一个文件夹中选择多个文件进行导入。

但是要从不同的文件夹中导入多个文件，就要选择"文件"→"导入"→"多个文件"命令：建立一个新的项目，选择"文件"→"导入"→"多个文件"命令，进入"导入多个文件"对话框，选择要导入的文件，单击"打开"按钮导入文件即可。

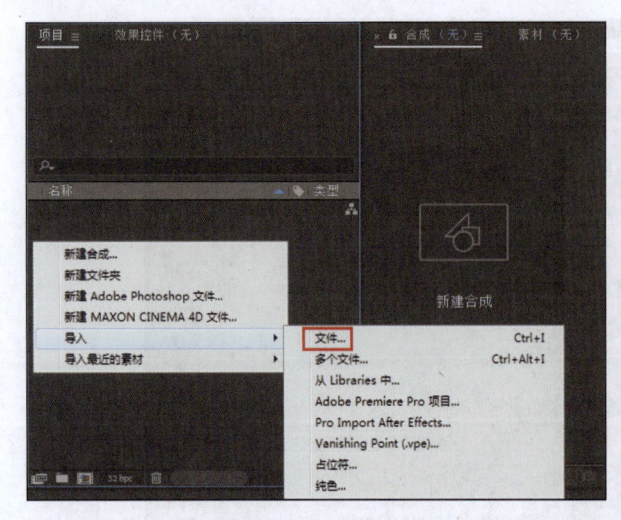

图 2.4 　　　　　　　　　　　　　图 2.5

　　与"导入"→"文件"命令不同的是,"导入\多个文件"命令在导入一个文件后,"导入多个文件"对话框仍会保持打开状态,在对话框中继续选择要导入的文件,单击"打开"按钮即可导入选择的文件,之后还可以继续选择其他的文件导入。当需要的文件全部导入完成后,单击"完成"按钮,则完成多个文件的导入操作。

2.3.3　导入文件夹

　　在 AE 中,不但可以导入文件,还可以导入文件夹。
　　建立一个新的项目,选择"文件"→"导入"→"文件"命令,进入"导入文件"对话框。然后选择要导入的文件夹。单击"导入文件夹"按钮后,文件夹中的文件会分别被当作单帧图片导入,放在项目窗口的文件夹中;若选择要导入的文件夹,将其拖动到项目窗口中,则文件夹中所有文件将作为一个图像序列被导入。

2.3.4　替换素材

　　用户可以对已经导入的文件进行替换。
　　在项目窗口中右击要被替换的文件,在弹出的快捷菜单中选择"替换素材\文件"命令,进入"替换素材文件"对话框。选择要替换的文件,单击"打开"按钮,便可以看见原来的文件被替换了。

2.4　创建合成

　　素材文件导入 AE 后,需要加入合成中进行编辑。合成就像一个操作台,可在其之上运用各种工具,对各种原材料进行分解、变换、修改和融合等操作,最终制作成完整的作品。

2.4.1 建立合成

建立合成最基本的方法就是选择"合成\新建合成"命令。在"合成设置"对话框中将合成命名为"合成1",在"基本"选项卡中设置长宽尺寸、像素比、时间长度以及帧率等属性,单击"确定"按钮完成创建,如图2.6所示。AE会自动打开合成1的时间线窗口和合成窗口,并且在项目窗口中显示刚创建的合成1,如图2.7所示。

图 2.6

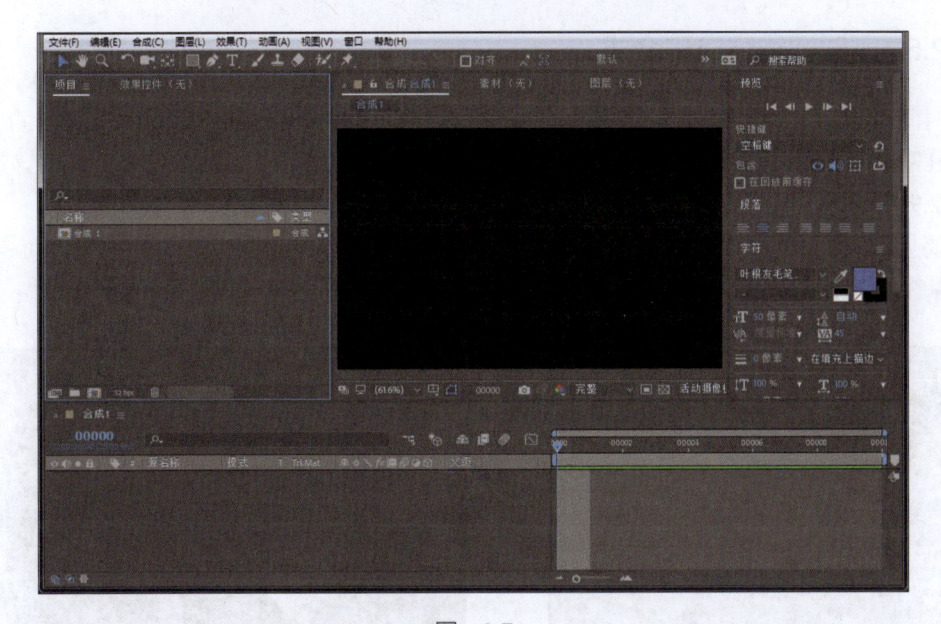

图 2.7

2.4.2 用其他方式建立合成

打开AE软件,导入配套素材中的任一素材。在项目窗口中选中单个或多个素材文件,拖动到项目窗口下边的 ![按钮] 按钮上并释放鼠标左键，然后在"合成设置"对话框中设置相关的属性，单击"确定"按钮。这样就会自动以该文件为基础建立一个合成。

2.5 时间线操作

有了时间线窗口，AE 的动画合成和视觉特效的制作效率均有极大提升，而以节点为基础的后期合成软件，虽然很容易看清渲染顺序，但是调整对象的时间比较长。

在时间线窗口中，图层以及关键帧与时间之间的联系一目了然。又因为 AE 中的操作很大一部分时间是花在时间线窗口上的，所以可以利用快捷键和快捷菜单等来提升相关操作效率。这些方法需要在平时逐渐地学习和积累。

时间线窗口分为图层控制区和时间线工作区两大部分。其中，图层控制区中的各个栏目分别是关于图层的一些控制，而时间线工作区主要进行时间方面的编辑，如图 2.8 所示。

图 2.8

2.5.1 时间线窗口和合成

时间线窗口中可以叠放多个合成。单击任意一个合成标签，即可使它成为当前的合成，如果在项目窗口对合成设置了颜色，那么时间线窗口中的该合成标签就会显示为该颜色，如图 2.9 所示。

要想在时间线窗口中关闭某一个合成的显示，单击其合成标签上的 × 按钮即可；若要打开某个合成的时间线窗口，则可以在项目窗口中双击该合成，如图 2.10 所示。

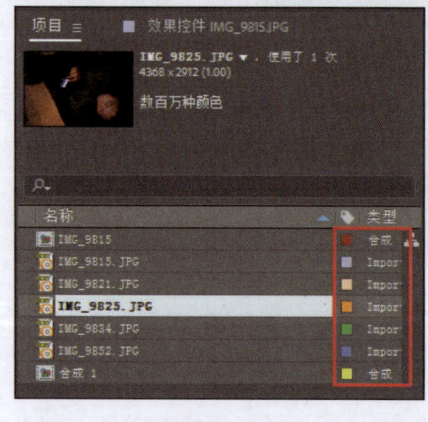

图 2.9    图 2.10

2.5.2 时间定位

在时间线窗口中，时间指针用来指示当前的时间点，用户可以直接用鼠标拖动时间指针来指定当前的时间点，精确地在栏中显示时间数值。

（1）若要精确地指定时间点，可以单击时间线窗口左上方的蓝色时间栏，然后在其中输入时间点，如图 2.11 所示。

（2）按快捷键 I 可将时间指针定位于所选图层的入点；按快捷键 O 则定位于出点。

（3）按 Shift + Home 组合键可将时间指针定位于合成的起点；按 Shift + End 组合键可将时间指针定位于合成的终点。

图 2.11

（4）在时间线窗口中的可见关键帧之间移动。按快捷键 J 为选择前一关键帧，按快捷键 K 为选择后一关键帧。

2.6 AE 图层操作

Adobe 公司首次在 Photoshop 中引入图层的概念，而后在影视特效后期编辑软件 AE 中也运用了这一概念，只不过 AE 中的图层可以看作是动画图层。

在 AE 中，图层自下而上层层叠加，最终形成完整的图像。如果读者熟悉 Photoshop，那么不会对图层陌生。图层是合成最为基础的结构。

在时间线窗口中，单击图层名字左侧的 ▶ 按钮使其切换至 ▼ 状态，可以展开图层的属性参数，如图 2.12 所示。

图 2.12

将项目窗口中的素材拖到时间线窗口中，即可在时间线窗口中创建素材图层。在项目窗口中直接将素材拖动到该窗口的合成文件图标上，同样也可以把文件加入合成中。

017

2.6.1 建立文字图层

在 AE 中除了从外部导入一些文件建立图层外，程序自身也可以建立新图层，例如文字图层和固态层。

启动 AE，按 Ctrl + N 组合键，新建一个合成。右击时间线窗口中的空白处，在弹出的快捷菜单中选择"新建"→"文字"命令，建立一个文字图层，然后在合成窗口中输入"文字图层"。

也可以单击工具栏中的文字工具**T**，在合成窗口中单击输入文字。时间线窗口内便会自动建立文字层，如图 2.13 所示。

图 2.13

2.6.2 创建纯色层

右击时间线窗口的空白处，在弹出的快捷菜单中选择"新建"→"纯色"命令，或直接按 Ctrl+Y 组合键创建纯色层。在弹出的"纯色设置"对话框中设置图层的名称、大小尺寸、像素长宽比以及颜色等属性，如图 2.14 所示。

图 2.14

2.7 导出 UI 动画

下面介绍如何输出动画。输出需要参照播放媒介，如果是大屏幕，就需要高清输出，如果是手机播放，则只需要生成 H5 规格的视频。

（1）如果设置了 10 秒的动画，就要将整个动画时长设为 10 秒。按 Ctrl+K 组合键，打开"合成设置"对话框，设置"持续时间"为 0：00：10：00，如图 2.15 所示。

图 2.15

（2）选择主菜单中的"文件"→"导出"→"添加到渲染队列"命令，准备导出动画，如图 2.16 所示。

图 2.16

（3）此时的时间线窗口增加了"渲染设置""输出模块"两个选项，在这里可以对导出的动画格式、画质及文件保存的位置进行设置，如图 2.17 所示。

图 2.17

（4）单击"无损"选项，打开"输出模块设置"对话框，设置需要的格式，如果想让背景镂空（做表情包），则可以选择 RGB+Alpha 选项，如图 2.18 所示。单击"尚未指定"选项，打开"将影片输出到"对话框，设置动画的输出文件名，如图 2.19 所示。最后单击时间线窗口左上角的"渲染"按钮，对动画进行最终渲染即可。至此完成了第一个 MG 动画。

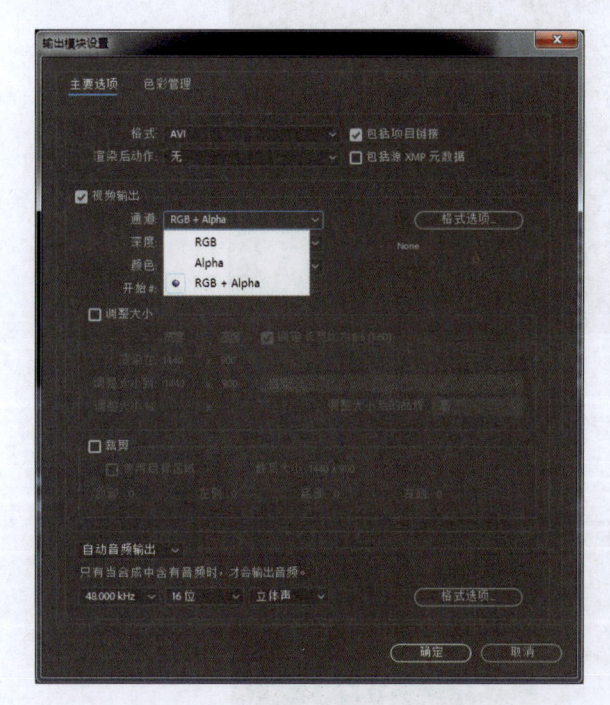

图 2.18　　　　　　　　图 2.19

2.8　AE 关键帧制作

基于图层的动画大多使用关键帧来制作。变换是指图层属性的改变，也就意味着图层之间的层的变换。图层是 AE 中区分各个图像的单位，若修改图层，则最终画面将会随性质改变而改变。

2.8.1 在时间线窗口中查看属性

下面学习如何在时间线窗口中查看图层的属性。

（1）选择主菜单中的"文件"→"打开项目"命令，打开 9.8.1.aep 文件，如图 2.20 所示。这是一个典型的分层动画。

图 2.20

（2）将光标移到时间线窗口中选择图层 1。单击图层左边的小三角按钮展开图层属性，即可观察到该图层的关键帧以及其他属性，如图 2.21 所示。

图 2.21

2.8.2 设置关键帧

在展开的图层属性中可以看到，缩放、旋转和不透明度参数的后面都已经有关键帧存在了。

所谓关键帧，即在不同的时间点改变对象的属性。关键帧之间的变化由计算机运算完成。可以在 AE 中对层或者其他对象的变换、蒙版、效果以及时间等进行设置。这时，系统对层的设置会应用于整个持续时间。如果需要对层设置动画，则需要打开 ⏱（关键帧记录器）来记录关键帧设置。

打开对象某属性的关键帧记录器后，图标变为 ⏱，表明关键帧记录器处于工作状态。这时系统会将对该层的所有操作都记录为关键帧。如果关闭该属性的关键帧记录器，则系统会删除该属性上的一切关键帧。为对象的某一属性设置关键帧后，其时间线窗口中会出现关键帧导航器，如图 2.22 所示。

图 2.22

（1）按键盘中的"+"键和"−"键调整时间线的单位，使时间刻度放大或缩小，以便准确地添加关键帧。然后，将时间线指针移动到 00 秒处并单击位置参数前面的 ⏱ 图标，当图标从 ⏱ 变为 ⏱ 时，就为图层的位置制作了第一个关键帧，如图 2.23 所示。

图 2.23

（2）现在已经制作了一个位置关键帧，但还没能做出位置属性的动画，还需要继续添加关键帧。单击图层 1 左侧的三角形，将图层的所有属性隐藏，然后确定图层 1 已被选中，按快捷键 P 显示图层的位置属性，如图 2.24 所示。

图 2.24

在实际操作中，往往会遇到时间线窗口中图层很多的情况，为了避免误操作和简化空间，通常采用隐藏不必要属性的方法，以提高工作效率。展开位置属性的快捷键为 P，展开旋转属性的快捷键为 R，展开缩放属性的快捷键为 S，展开不透明度属性的快捷键为 T，展开蒙版属性的快捷键为 M。

2.8.3 移动关键帧

下面学习如何在时间线窗口中移动关键帧。

（1）将时间线指针移动到 0:00:00:10 位置，然后将位置属性的参数设置为 1030 和 1030，这时系统会自动添加一个新的关键帧，如图 2.25 所示。

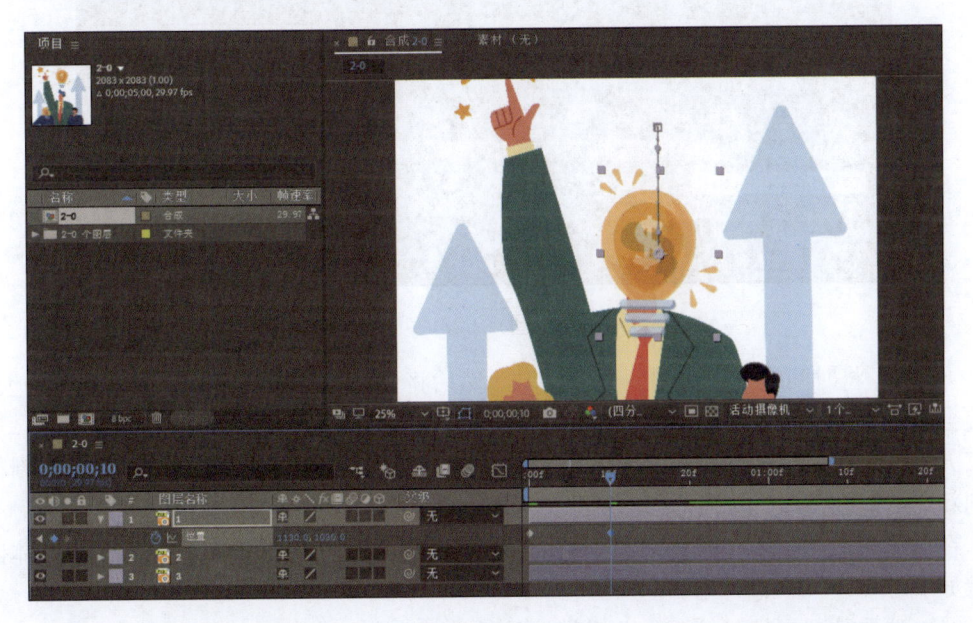

图 2.25

（2）展开图层 1 的所有属性，观看所有关键帧，发现缩放、旋转和不透明度属性的第 2 个关键帧都位于第 20 秒，将位置属性的第 2 个关键帧也移至第 20 秒：将时间线滑块拖动到时间刻度的第 20 秒处，框选位置属性的第 2 个关键帧，按住 Shift 键将框选的关键帧向右拖动，关键帧将自动吸附到时间线滑块处。这样，就将所有的关键帧对齐了，如图 2.26 所示。

图 2.26

（3）选中关键帧左右拖曳即可进行移动。如果要精确地移动，则需要先将时间线指针放置在目标位置上，在按住 Shift 键的同时，向时间线滑块指针方向拖动关键帧，关键帧会自动吸附到时间线指针位置。

2.8.4 复制关键帧

下面要在位置属性的两个关键帧中间的第 10 秒处制作一个关键帧，方法有以下 3 种。

方法 1：将时间线指针移动到第 10 秒处，然后单击位置属性的关键帧导航器中间图标◇，使其变为◆，如图 2.27 所示。

图 2.27

方法 2：将时间线指针移动到第 10 秒处，然后将位置属性的参数数值调到需要的大小，系统会自动生成一个关键帧。

方法 3：将时间线指针移动到第 10 秒处，然后选取位置上任意一关键帧通过复制粘贴得到新的关键帧。

在这里将采用第 3 种方法来制作关键帧，并且再尝试对关键帧的其他操作，具体操作步骤如下。

（1）选取位置属性的第 1 个关键帧，然后选择主菜单中的"编辑\复制"命令或者按 Ctrl + C 键对选择的关键帧进行复制，将时间线指针移动到第 10 秒处，选择"编辑"→"粘贴"命令或者按 Ctrl + V 键进行粘贴，这样就新添加了一个关键帧。

（2）选择图层 1，按 Ctrl + D 键复制出一个图层，现在看到时间线窗口中有两个图层，单击图层 2 左边的小三角按钮展开它的下级属性，再单击变换左边的小三角按钮展开它的所有图层属性，如图 2.28 所示。

（3）将图层 2 的关键帧全部删除掉，预览画面后发现当前图层 2 已经没有了动画。此时用复制粘贴的方法，让动画恢复。框选图层 1 中所有关键帧，选择"编辑"→"复制"命令或者使用 Ctrl + C 键对选择的关键帧进行复制。将时间线指针移动到第 0 秒处，选中图层 2，选择"编辑"→"粘贴"命令或者使用 Ctrl + V 键进行粘贴，这样就为图层 2 设置了和图层 1 相同的动画。在粘贴关键帧时，时间线指针的位置很重要，系统会将所粘贴的第 1 个关键帧对齐时间线指针，其他的关键帧则依照复制关键帧的排列间隔依次排列在所粘贴的图层上。如果将时间线指针移至第 5 秒处，就会出现图 2.29 所示的情况，将这些关键帧整体移动到第 0 秒处。

第 2 章　After Effects 基础知识

图 2.28

图 2.29

2.8.5　修改关键帧

现在两个图层的动画是相同的，因此显不显示图层 1 在合成面板中是看不出区别的，为了使两个图层的动画显得不一样，可以通过修改关键帧来达到这一目的。

（1）双击图层 2 位置属性后的第 1 个关键帧，打开位置对话框修改参数，如图 2.30 所示，这样可以很方便地改变位置参数，用同样的方法可以修改第 2 个和第 3 个关键帧的位置参数。

图 2.30

（2）用同样的方法修改旋转或缩放等关键帧的参数。回到合成窗口中，会发现图层的

025

关键帧上多出了控制手柄。控制手柄用于微调图层路径，拖动控制手柄即可调节路径，如图 2.31 所示。

图 2.31

（3）现在继续完成在移动、旋转和缩放上都有变化的动画。播放动画时如果对效果不满意，可以回到上面步骤对关键帧进行相应的修改，直到满意为止。在按住 Shift 键的状态下旋转图层，就会以 45° 的间隔逐步旋转，从而能够准确地设置 45° 角和其整数倍的角度，如图 2.32 所示。

图 2.32

2.9 捆绑父子级关系

通过设置父子关系可以高效制作许多复杂的动画。例如，父层移动或者转动时，子层也会跟随其一起移动或者转动。当然，子层的移动与父层保持一致，而旋转则围绕父层的轴心进行。

下面就通过实例来认识一下父子层的关系。

（1）在 AE 中导入本书配套资源中的"轿车 .tga""轿车轮胎 .tga"文件。单击项目窗

第 2 章　After Effects 基础知识

口下方的▣按钮，在弹出的对话框中设置参数，如图 2.33 所示。

图　2.33

（2）选取项目窗口中的素材，将它们拖曳到时间线窗口中，在合成窗口内对好轮胎与车身的位置，如图 2.34 所示。

图　2.34

（3）右击时间线的空白区域，在弹出的快捷菜单中选择"新建"→"纯色"命令，如图 2.35 所示；在弹出的对话框中设置参数，如图 2.36 所示；新建一个黄色背景，如图 2.37 所示。

027

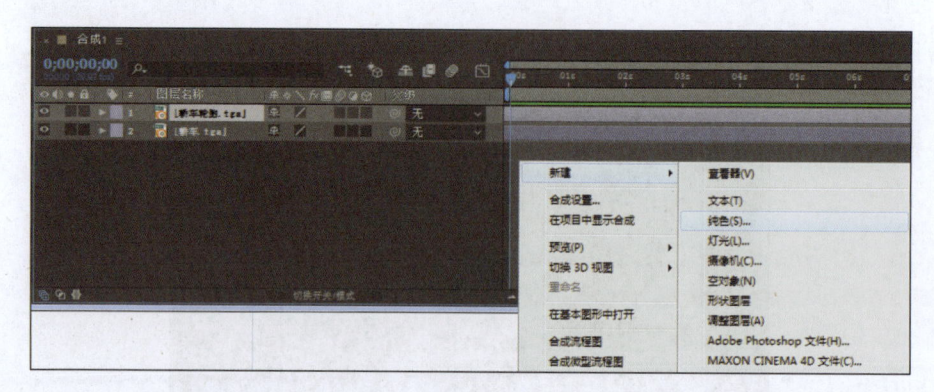

图 2.35

图 2.36　　　　　　　　　　　　　图 2.37

（4）在时间线窗口将黄色背景层拖动到最底层，如图 2.38 所示。

图 2.38

第 2 章　After Effects 基础知识

（5）在时间线窗口中选择"轿车轮胎"图层，按 Ctrl + D 键，复制出图层 1，现在图层 2 和图层 1 都是"轮胎"层。选择图层 1，将其对位到后轮部位（按住 Shift 键可以锁定 X 轴向平移），如图 2.39 所示。

图 2.39

（6）为"轮胎"层指定父层。单击图层 2 后面父级栏的"无"按钮，在弹出的菜单中选择图层 3（轿车层）（这样就将该轮胎连接到了车身上），用相同的方法将另外的轮胎连接到车身上，如图 2.40 所示。

图　2.40

（7）下面在合成窗口里将汽车车身图层移动到右边。然后为它的位移属性添加一个关键帧，如图 2.41 所示。这时会发现，作为子层的图层 1（轿车轮胎层）和图层 2（轿车轮

029

胎层）已经跟随作为父层的图层3移动了。

图 2.41

2.10 制作透明度动画

通过对图层透明度的设置，可以对图层设置透出下一层图像的效果。当图层的不透明度为100%时，那么图像完全不透明，它可以遮住下面的图像；当图层的不透明度为0时，对象完全透明，下方的图像一览无遗。当不透明度为0~100%时，下方图像部分可见。

（1）在AE中打开本书配套资源中的2-car.aep项目文件，如图2.42所示。目前两个片段是硬切效果，下面我们使用不透明度功能制作一段淡入淡出动画。硬切是指时间线从一个图层到下一个图层之间没有过渡。也就是说，既没有转场特效也没有淡入淡出效果。

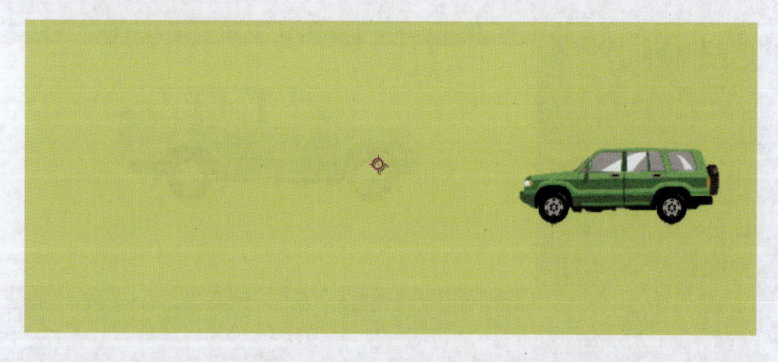

图 2.42

（2）双击项目窗口，导入"飞机.tga"素材，将飞机素材拖动到时间线窗口的最上层，将时间指针移动到第7秒处，按照汽车的位置，将飞机移动和缩小至与汽车重叠，如图2.43所示。

（3）在时间线窗口将飞机图层向右拖移，使其起始帧位于第7秒，如图2.44所示。在合成窗口中观察整个片段。现在由图层1到图层2就是硬切模式，其过渡显得非常生硬。要解决这样的问题可以使用淡入淡出的效果。

第 2 章　After Effects 基础知识

图 2.43

图 2.44

（4）在时间线窗口将汽车和两个轮胎图层选中，将终点帧拖动到第 8 秒处，让飞机与它们在第 7 至 8 秒处重叠，如图 2.45 所示。

图 2.45

（5）分别选择图层 1 到图层 4，按 T 键，展开它们的透明属性。将时间指针移动到第 0 秒处，保持 4 个图层全都选中，单击图层 1 的不透明度属性前面的 按钮，为所有 4 个图层的透明属性同时添加一个关键帧。单独选择飞机图层，设置其不透明度属性为 0（隐身），如图 2.46 所示。

（6）将时间指针移动到第 7 秒处，将 4 个图层全都选中，单击图层 1 的 按钮，为所有 4 个图层同时添加一个关键帧，如图 2.47 所示。此时飞机在第 0 至 7 秒保持隐身，汽车保持显示状态。

031

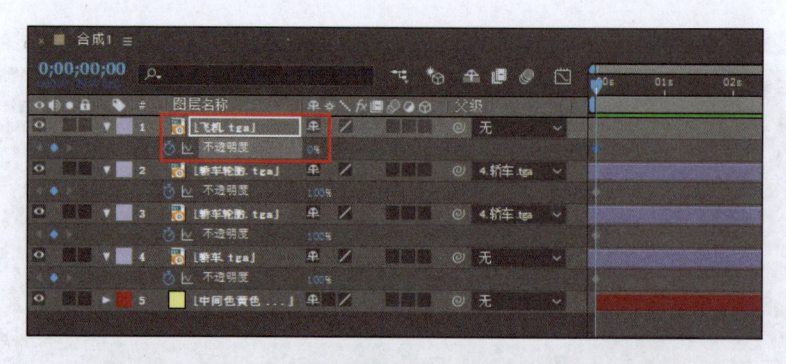

图 2.46

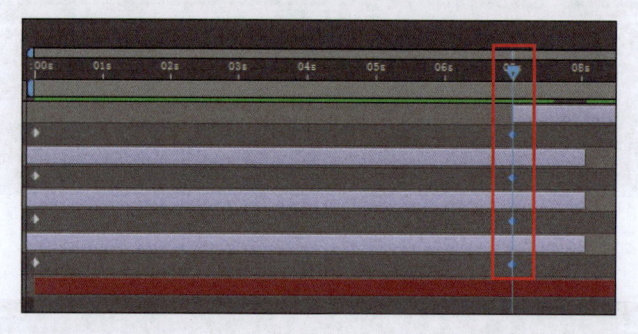

图 2.47

（7）将时间指针移动到第 8 秒处，将 4 个图层全都选中，单击图层 1 的 ◆ 按钮，为所有 4 个图层同时添加一个关键帧，如图 2.48 所示。单独选择飞机图层，设置其不透明度为 100%（显示出来）。分别设置车身和两个轮胎图层的不透明度为 0（隐身）。

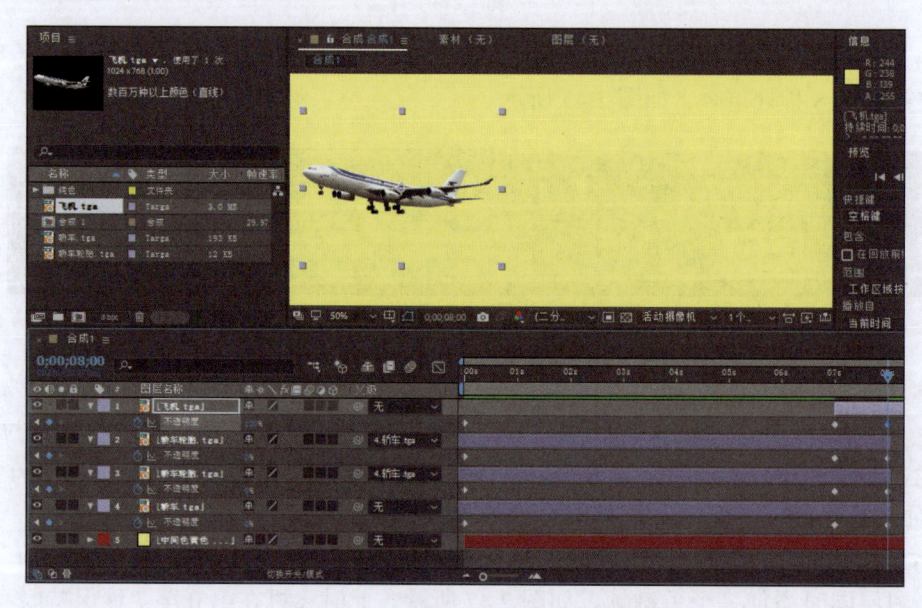

图 2.48

第 2 章　After Effects 基础知识

（8）单击飞机图层的 ◎ 按钮，将该图层独显（单独显示图层），将时间指针移动到第 7 秒处，按 P 键展开位置参数，单击 ◎ 按钮添加位置关键帧，将时间指针移动到第 10 秒处，设置位置参数，让飞机向前滑行，如图 2.49 所示。

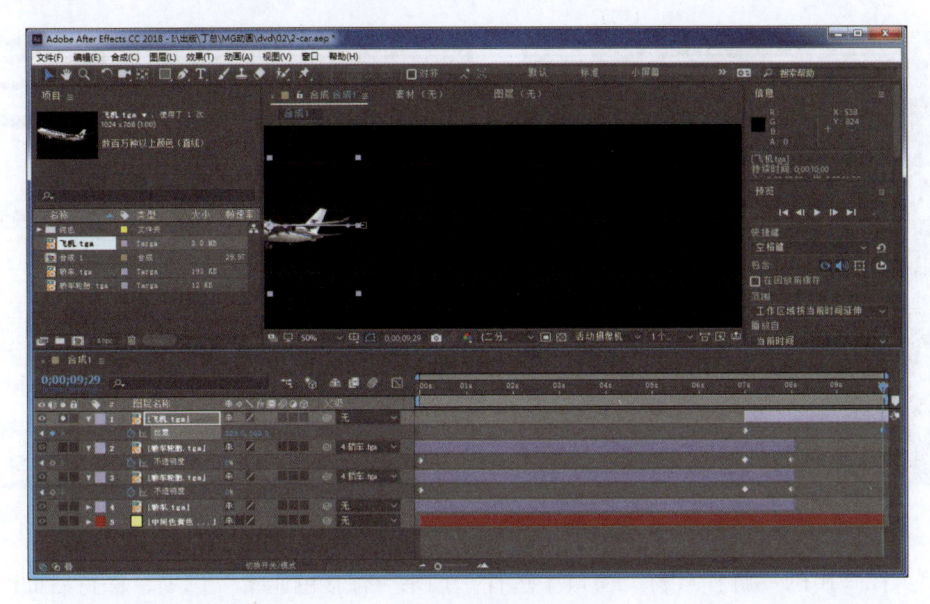

图　2.49

（9）单击飞机图层的 ◎ 按钮，关闭图层独显。拖动时间指针观察淡入淡出效果，如图 2.50 所示。按数字键盘的 0 键预览动画，会发现飞机图层 1 到汽车的过渡是一个渐变的过程，比硬切效果要来得更加自然。汽车的逐渐透明就是淡出，飞机的逐渐清晰就是淡入，这种效果在 MG 动画中经常会遇到。

图　2.50

2.11　制作路径动画

物体运动状态不只是简单的位置参数设置，还可以设置好一段路径，让物体沿着路径运动，在运动过程中可以设置运动方式。

（1）按 Ctrl + Alt + N 键，新建一个项目窗口。单击项目窗口下方的 ◎ 按钮，在弹出的"合成设置"对话框中设置"宽度"为 1920，"高度"为 1080（时间长度为 40 秒），如图 2.51 所示。

033

（2）现在已经在项目窗口创建了一个合成 1，如图 2.52 所示。双击项目窗口的空白处，在弹出的"导入文件"对话框中打开本书配套资源中的图片文件"飞机 .tga"，单击"打开"按钮退出对话框，如图 2.53 所示。

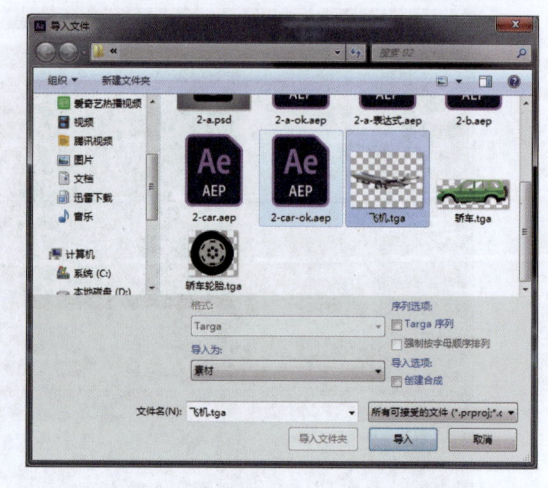

图 2.51

图 2.52

（3）在弹出的"解释素材"窗口中选择"预乘 - 有彩色遮罩"选项，保持后面的黑色不做改动，单击"确定"按钮退出对话框，如图 2.54 所示。

图 2.53

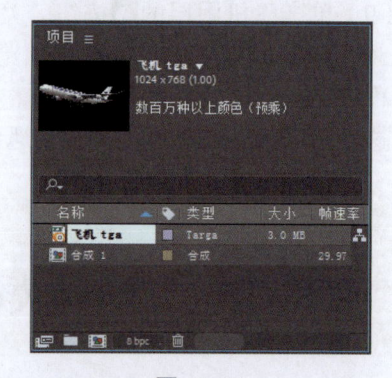

图 2.54

（4）将项目窗口中的飞机图片拖曳到合成窗口或者时间线窗口中，选择时间线窗口中的图层 1（缩小飞机尺寸，让飞机与画面的比例更协调），按 P 键展开图层 1 的位置属性。确定时间线指针在第 0 秒处，将飞机移动到画面右侧，或者直接在位置属性右边的参数设置栏内输入参数，单击 按钮，添加一个关键帧，如图 2.55 所示。

（5）将时间线指针移动到第 10 秒处，把图层 1 向左移动到画面中间处，系统会在第 10 秒处自动添加一个关键帧。按空格键预览，发现飞机动起来了。这是一个极为简单的位移动画，接下来做些改变让这个动画更复杂，如图 2.56 所示。

（6）单击钢笔工具按钮 。在合成窗口中的动画路径上单击，添加两个路径节点，如图 2.57 所示。

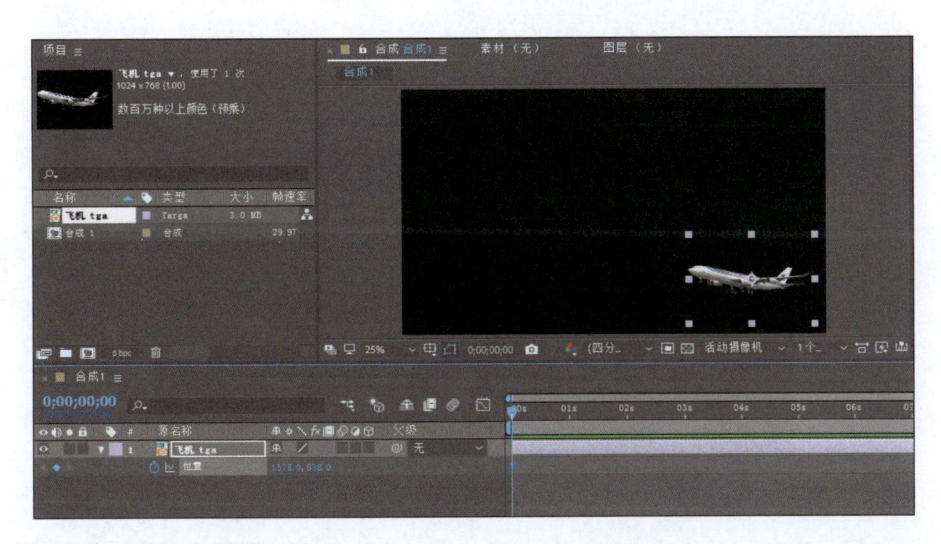

图 2.55

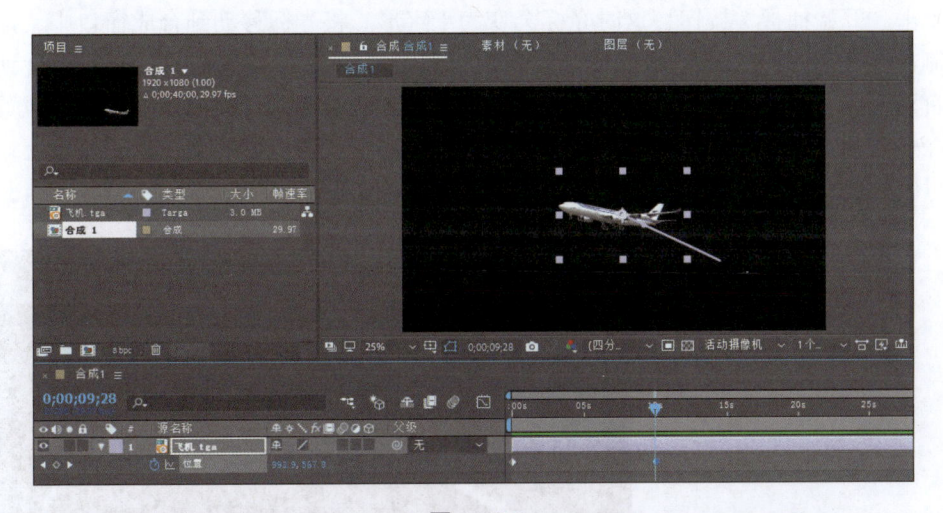

图 2.56

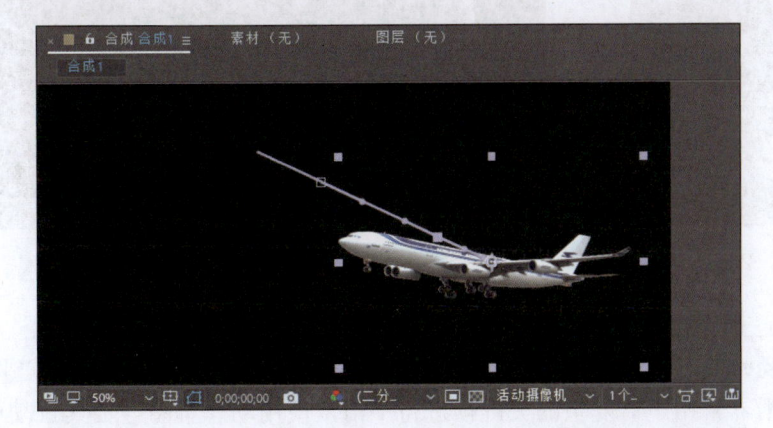

图 2.57

（7）移动刚才添加的两个路径节点的手柄，改变运动路径的曲线，此时合成窗口中的飞机飞行路径已经发生了变化，按空格键可以观察飞机的运动效果，如图2.58所示。

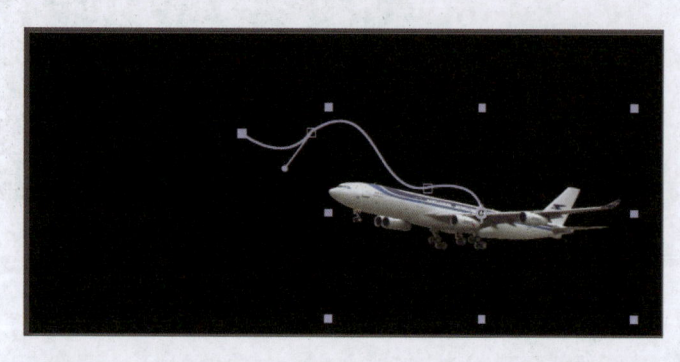

图 2.58

（8）选择"窗口"→"动态草图"命令，弹出"动态草图"面板。确定飞机图层被选中，单击"开始捕捉"按钮，这时光标会变为十字形。将光标移动到合成窗口中，拖动鼠标绘制出一个星形，之后松开鼠标结束绘画，如图2.59所示。在时间线窗口中看到系统已经自动生成了关键帧，这些关键帧记录了刚才绘画时光标在合成窗口中的相应位置，它们连在一起就是一条路径。时间线窗口中的关键帧和合成窗口中的虚线点相互对应，时间线窗口中有多少个关键帧，合成窗口中就有多少个虚线点，如图2.60所示。

图 2.59 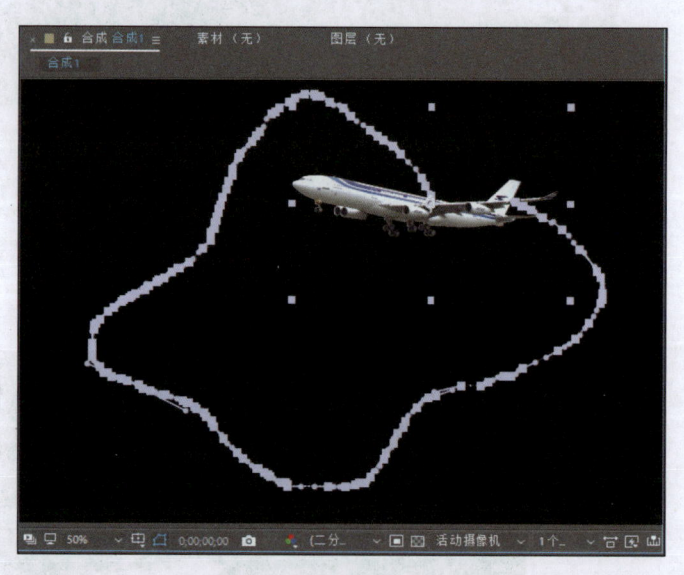　　　　　　　　　　图 2.60

（9）重复上面用过的方法，使用动态草图面板为飞机制作一段波浪路径，如图2.61所示。观察路径，发现这条路径非常不光滑，为了使其光滑起来，可以使用"平滑器"面板来设置。平滑器常用于对复杂的关键帧进行平滑。使用动态草图等工具自动产生的曲线，会产生复杂的关键帧，在很大程度上降低了处理速度。使用平滑器可以消除多余的关键帧，对曲线进行平滑。在平滑时间曲线时，平滑器会同时对每个关键帧应用贝塞尔插值。

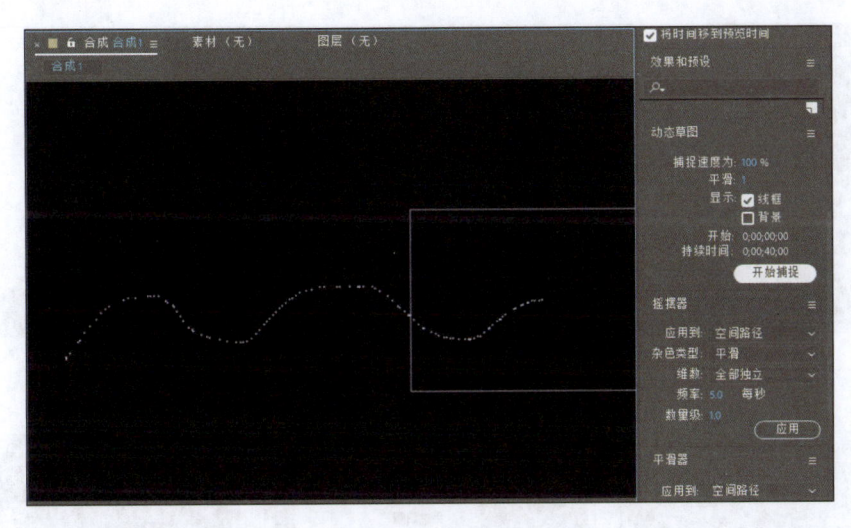

图 2.61

（10）确定飞机图层被选中，选择"窗口"→"平滑器"命令，弹出"平滑器"面板。设置"容差"为5，如图2.62所示。单击"应用"按钮可以得到更加平滑的结果。反复对其进行平滑，使关键帧曲线变得十分平滑。现在再观察合成窗口中的路径曲线，发现路径光滑了许多，关键帧也简化了不少，如图2.63所示。容差单位与欲平滑的属性值一致。容差越高，产生的曲线越平滑，但过高的值会导致曲线变形。

图 2.62 　　　　　　　　　图 2.63

2.12　动画控制的插值运算

系统在进行平滑时，会加入插值运算，使路径在基本保持原形的同时减少关键帧控制点。插值运算可以使关键帧产生多变运动，使层的运动产生加速、减速或者匀速等变化。AE提供了多种插值方法对运动进行控制，也可以针对层运动的时间属性或空间属性进行插值控制。

（1）如图2.64所示，在时间线窗口中选中要改变插值算法的关键帧，右击并在弹出的快捷菜单中选择"关键帧插值"命令，打开图2.65所示的"关键帧插值"对话框。

（2）可以手动更改关键帧的插值方法，并通过调节数值和运动路径来控制插值。在前两个下拉列表中选择需要的插值方式：临时或者空间插值方式，如图2.66所示。如果选择了关键帧的空间插值方法，就可以使用"漂浮"下拉列表中的选项设置关键帧如何决定其位置，最后单击"确定"按钮，如图2.67所示。

037

图 2.64

图 2.65 图 2.66 图 2.67

- 线性：线性为 AE 的默认值设置。其变化节奏比较强，属于比较机械的转换。如果层上的所有关键帧都使用线性插值，则会从第 1 个关键帧开始匀速变化到第 2 个关键帧。以此类推，直到关键帧结束变化停止。两个线性插值关键帧连线段在图中显示为直线。如果层上的所有关键帧都使用线性插值，则层的运动路径皆带有直线构成的角，如图 2.68 所示。

图 2.68

- 贝塞尔曲线：贝塞尔曲线插值方法可以通过调节手柄，改变图形形状和运动路径。它可以为关键帧提供最精确的插值，具有非常好的手动调节性。如果层上所有的关键帧都使用贝塞尔曲线插值，则关键帧会产生一个平稳的过渡。贝塞尔曲线插值通过保持控制手柄的位置平行于前 1 个和后 1 个关键帧来实现，通过手柄改变关键帧的变化率。贝塞尔曲线插值都由平滑曲线构成，不会在每个关键帧上突变，如图 2.69 所示。

图 2.69

第 2 章　After Effects 基础知识

- 连续贝塞尔曲线：连续贝塞尔曲线与贝塞尔曲线基本相同，它在穿过一个关键帧时，会产生一个平稳的变化率。与自动贝塞尔曲线不同，连续贝塞尔曲线的方向手柄总是处于一条直线。如果层上的所有关键帧都使用连续贝塞尔曲线，则层的运动路径皆为平滑曲线构成，如图 2.70 所示。

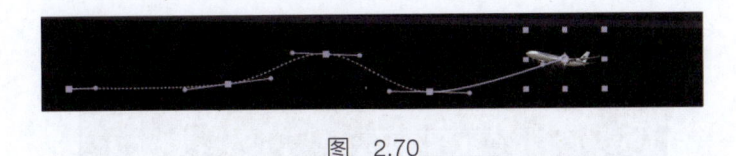

图 2.70

- 自动贝塞尔曲线：自动贝塞尔曲线在通过关键帧时将产生一个平稳的变化率。它可以对关键帧两边的值或运动路径进行自动调节。如果以手动方法调节自动贝塞尔曲线，则关键帧插值将变化为连续贝塞尔曲线。如果层上所有的关键帧都使用自动贝塞尔曲线，则层的运动路径皆为平滑曲线构成。
- 定格：定格插值依时间改变关键帧的值，关键帧之间没有任何过渡。使用定格插值时，第 1 个关键帧保持其值不会变化，但下一个关键帧则会突然变化，如图 2.71 所示。

图 2.71

- 当前设置：保留当前设置。
- 漂浮穿梭时间：以当前关键帧的相邻关键帧为基准，通过自动变化它们的实际位置来平滑当前关键帧的变化率。
- 锁定到时间：保持当前关键帧在时间上的位置，只能手动进行移动。

（3）为了使飞机的方向顺着路径的方向变化，可以选择"图层"→"变换"→"自动方向"命令，打开"自动方向"对话框，选中其中的"沿路径定向"单选按钮后单击"确定"按钮退出对话框，如图 2.72 所示。按数字键盘的 0 键预览动画，飞机将顺着路径的方向进行运动，如图 2.73 所示。

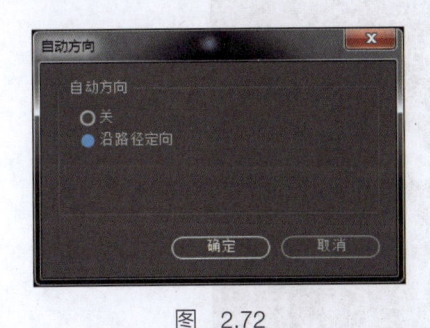

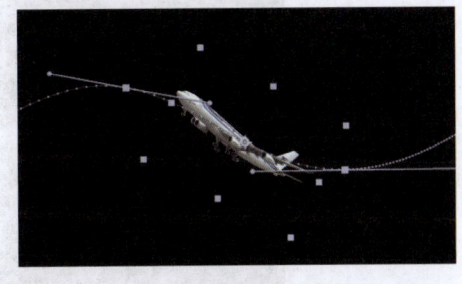

图 2.72　　　　　　　　　　　图 2.73

（4）下面为运动添加运动模糊效果。单击时间线窗口中的 按钮，勾选飞机图层后面

039

的运动模糊选项，如图 2.74 所示。在合成窗口中观察图像，飞机已经比刚才模糊一些了，运动起来也没那么闪烁，但是，效果还不够真实。按 Ctrl + K 键，打开"合成设置"对话框，切换至"高级"选项卡，将"快门角度"参数更改为 300，如图 2.75 所示。单击"确定"按钮退出对话框，预览动画。现在的模糊效果就比较真实了，如图 2.76 所示。

图 2.74

图 2.75

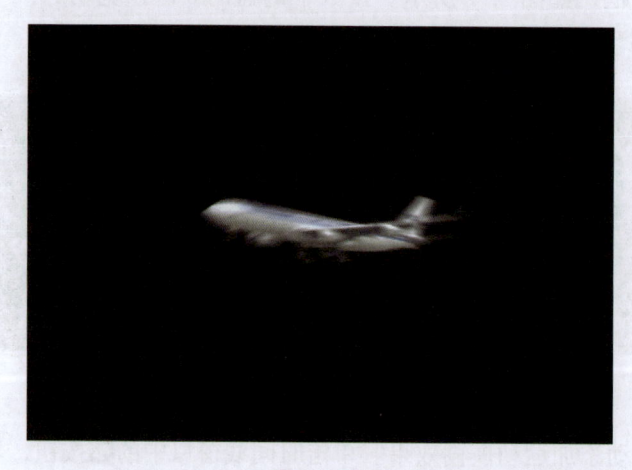

图 2.76

第 3 章

After Effects 转场动画

3.1 认识转场

剪辑是 MG 动画制作中的一个关键步骤，那么如何将剪辑后的各段动画进行衔接呢？本章主要介绍不同镜头的切换和画面的衔接方法，通过实例讲解 AE 的转场特效和在实际应用中各种镜头转场的制作技巧以及图层之间重叠的画面过渡。

影视创作的编辑由影视作品的内容决定，影视中一个镜头到下一个镜头，一场画面到下一场画面之间必须根据内容合理、清晰、艺术地编排、剪接在一起，这就是我们所讲的镜头段落的过渡，即专业术语所讲的"转场"。

转场是两个相邻视频素材之间的过渡方式。使用转场，可以使镜头衔接的过渡变得美观、自然。在默认状态下，两个相邻素材片段之间转换采用硬切的方式，没有任何过渡，如图 3.1 所示。

图 3.1

这种情况下要使镜头连贯流畅、创造效果和新的时空关系，就需要对其添加转场特效，如图 3.2 所示。

图 3.2

转场通常为双边转场，将邻近编辑点的两个视频或音频素材的端点进行合并。除此之外，还可以进行单边转场，转场效果影响素材片段的开头或结尾。使用单边转场可以更灵活地控制转场效果。

3.2 像素转场

本例主要以图像的像素为中心,利用最小/最大滤镜将图像的像素放大成色块,使本来生硬的画面切换变得平缓而且自然。

(1)启动 AE,选择菜单中的"合成"→"新建合成"命令,新建一个合成,命名为"像素转场"。选择菜单中的"文件"→"导入"→"文件"命令,导入本书配套资源中的 a.jpg 和"MG 动画 -3.mp4"文件,并将这两个文件拖入时间线面板,将 a.jpg 放在上层,如图 3.3 所示。

图 3.3

(2)将时间滑块移动到时间 0:00:02:16 处,选中 a.jpg 层,按 Alt+] 键,将 a.jpg 层自当前时间帧往后的部分截掉。选中"MG 动画 -3.mp4"层,按 Alt+[键,将"MG 动画 -3.mp4"层自当前时间帧往前的部分截掉,如图 3.4 所示。

图 3.4

(3)选中 a.jpg 层,选择菜单中的"效果"→"通道"→"最小/最大"命令,为其添加最小/最大滤镜,如图 3.5 所示。

(4)为最小/最大滤镜的参数设置关键帧,在时间 0:00:00:09 处(见图 3.6)和时间 0:00:02:16 处(见图 3.7)分别设置关键帧。

(5)选中"MG 动画 -3.mp4"层,选择菜单中的"效果"→"通道"→"最小/最大"命令,为"MG 动画 -3.mp4"层添加最小/最大滤镜。为最小/最大滤镜的参数设置关键帧,在时间 0:00:02:16 处(见图 3.8)和时间 0:00:04:16 处(见图 3.9)分别设置参数。

(6)选中"MG 动画 -3.mp4"层,选择菜单中的"效果"→"通道"→"最小/最大"命令,为"MG 动画 -3.mp4"层添加最小/最大滤镜。为最小/最大滤镜的参数设置关键帧,在时间 0:00:02:16 处和时间 0:00:04:16 处分别设置参数,如图 3.10 所示。

第 3 章　After Effects 转场动画

图　3.5

图　3.6

图　3.7

图　3.8

图　3.9

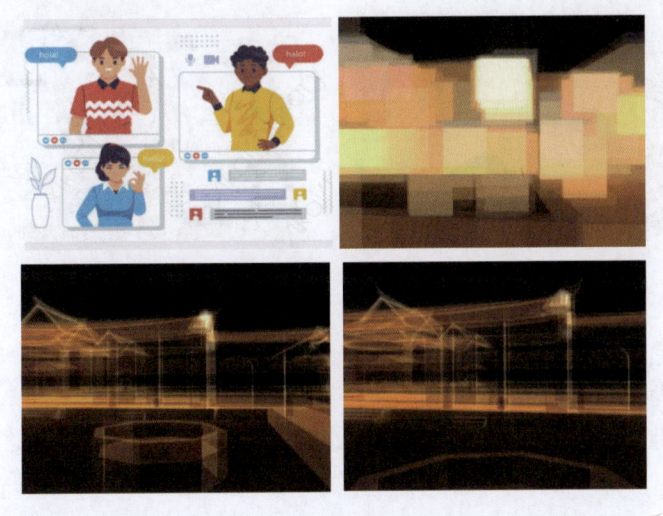

图　3.10

043

3.3 螺旋转场

本例主要以对图像文件的应用为主,利用渐变擦除滤镜读取其黑白信息,从而产生螺旋渐变效果。熟悉渐变擦除滤镜的应用,对其中一个层应用渐变擦除,使画面产生螺旋渐变转场效果。

（1）启动 AE,选择菜单中的"合成"→"新建合成"命令,新建一个合成,命名为"螺旋渐变"。选择菜单中的"文件"→"导入"→"文件"命令,导入本书配套资源中的 a.png、b.png 和 c.png 文件,并将这 3 个文件拖曳到时间线面板,然后关闭 c.png 层的显示属性,如图 3.11 所示。

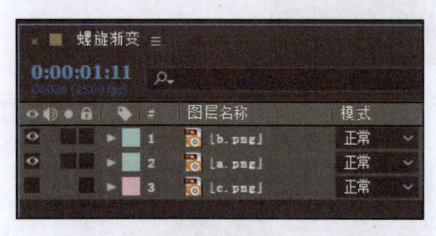

图 3.11

（2）选中 b.png 层,选择菜单中的"效果"→"过渡"→"渐变擦除"命令,为其添加渐变擦除滤镜,在效果控件面板中调整参数,如图 3.12 所示。调整过渡完成的参数值使画面产生变化,如图 3.13 所示。

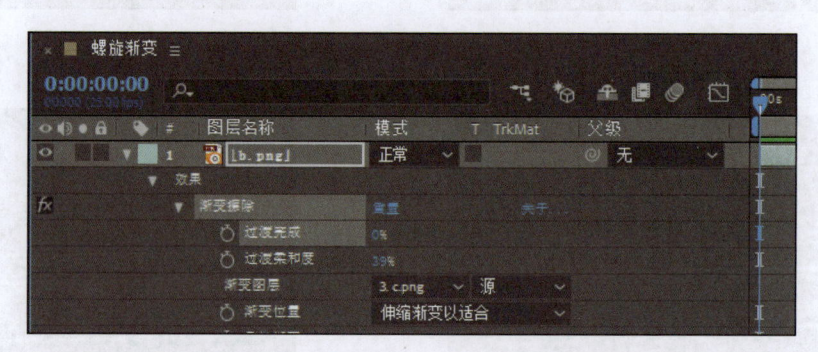

图 3.12

图 3.13

（3）为渐变擦除滤镜设置关键帧,在时间 0:00:01:01 处（见图 3.14）和时间 0:00:02:14 处（见图 3.15）设置参数。

（4）按数字键盘的 0 键预览最终效果,如图 3.16 所示。

第 3 章　After Effects 转场动画

图 3.14

图 3.15

图 3.16

3.4　翻 页 转 场

本例主要介绍 CC Page Turn 滤镜的使用方法，通过翻页动画完成转场效果的制作。其中还将介绍 AE 中的一种循环表达式语句，该语句可以生成动画循环播放效果，从而使循环动画的制作变得更加简捷。

（1）启动 AE，选择菜单中的"合成"→"新建合成"命令，新建一个合成，命名为"翻页转场"。导入本书配套资源中的 c.png 和 d.png 序列帧文件，将 d.png 文件从项目窗口拖曳到时间线面板中，如图 3.17 所示。

（2）在时间线面板中选中 d.png 层，选择菜单中的"效果"→"扭曲"→"CC Page Turn"命令，为其添加 CC Page Turn 滤镜，在效果控件面板中调整参数，如图 3.18 所示。此时合成的效果如图 3.19 所示。

（3）在时间线面板选中 d.png 层，展开其 Fold Position 属性列表，单击其左侧的 按钮，为 Fold Position 属性记录关键帧动画，实现从画面的右下角向左上角过渡的翻页效果，如图 3.20 所示。此时拖动时间滑块，可以看见画面中已经产生翻页动画效果。

045

图 3.17

图 3.18

图 3.19

图 3.20

（4）按数字键盘的 0 键预览最终效果，如图 3.21 所示。

图 3.21

（5）将 c.png 文件从项目窗口拖到时间线面板最下层作为背景。选中上面的 d.png 图层，选择菜单中的"效果"→"透视"→"投影"命令，为其添加阴影，在效果控件面板中调整参数。同样为下面的图层添加阴影，如图 3.22 所示。

图 3.22

（6）按数字键盘的 0 键预览最终效果，如图 3.23 所示。

图 3.23

第 4 章

After Effects 字幕特效

4.1 创建文字图层

创建文字图层有多种方式，其中创建的文字可以是段落文字，也可以是艺术文字。排列的方式可以是横向的，也可以是纵向的。可根据需要采取不同的方式，或者在不同的方式中进行转换。

4.1.1 创建文字图层

选择合成窗口或者时间线窗口时，选择"图层"→"新建"→"文本"命令即可创建文字图层。在时间线窗口中右击，在弹出的快捷菜单中选择"新建"→"文本"命令，也可以创建文字图层。当然最快捷的方式是按 Ctrl + Shift + Alt + T 键，如图 4.1 所示。

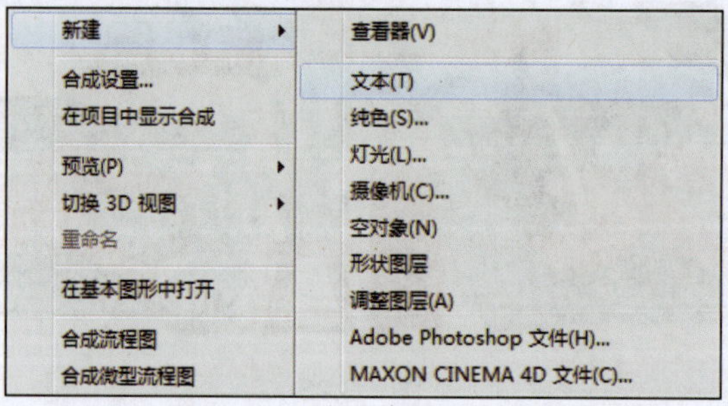

图 4.1

文字图层建立后，当前的工具会自动变成文字工具，用户可在合成窗口中直接输入文字，如图 4.2 所示。在时间线窗口或者合成窗口中，选择文字图层后，可以对图层的文字进行整体参数调节。双击文字图层即可选择文字图层的全部文字。此时文字呈高亮显示，并且当前工具转换成文字工具，可对文字图层的内容进行修改。在"段落"面板中可对文字进行编辑，如图 4.3 所示。

4.1.2 用文字工具添加文字图层

选中工具栏中的 T 工具，直接在合成窗口中单击，然后在其中输入文字，将同时建立文字图层。在文字输入的过程中，若将文字工具移动到文字之外，文字工具就会转换成选取工具。这时拖动鼠标就可以移动文字。将光标移动到输入符号处，工具会立即还原成文

第 4 章 After Effects 字幕特效

图 4.2    图 4.3

字工具。不移动文字工具，直接按 Ctrl 键，同样可以将工具暂时转换为选取工具。

可以按数字键盘的 Enter 键，或者将光标移到合成窗口之外单击来结束文字的输入。注意，按大键盘的 Enter 键不会结束文字的输入，而只是会输入一个换行符。

在文字输入完之后，程序将自动以输入的文字给图层命名。当然也可以直接修改图层的名字，文字图层的内容不会因图层名字的改变而变化。

4.1.3　文字的竖排和横排

在工具栏中长按 T 可以弹出包含横排文字工具和直排文字工具的菜单，两个工具分别用来创建横排和竖排的文字。虽然文字在最初输入时就确定了是竖排还是横排，但在输入完成后，仍旧可以转换排列方式。

（1）在时间线窗口中选择需要竖排的文字图层，或者调用选取工具 ▶ 在合成窗口中选择需要转换排列方式的文字。

（2）调用文字工具 T（如图 4.4 所示），确保文字层不在输入状态。右击合成窗口中的空白处，在弹出的快捷菜单中选择"水平"命令，如图 4.5 所示。此时竖排文字转变成横排文字。选择"垂直"命令可以将横排的文字转变成竖排文字。

图 4.4 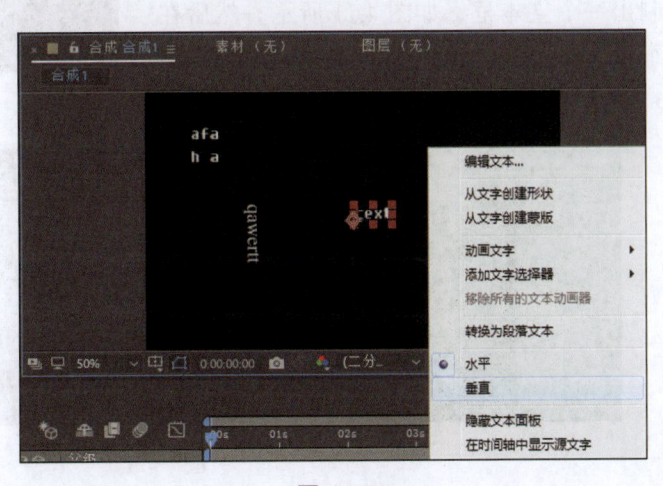   图 4.5

图 4.6

（3）在工具栏中选择 T 直排文字工具，在合成窗口中单击，然后输入文字"影视风云2028"。在画面上可以看到，虽然采用竖排文字，但其中的数字排列方式不符合日常的习惯，如图 4.6 所示。

（4）用文字工具选择文字图层中的 2028 这几个数字。在字符面板中单击右上角的 ≡ 按钮，在弹出的菜单中选择"标准垂直罗马对齐方式"命令，如图 4.7 所示。

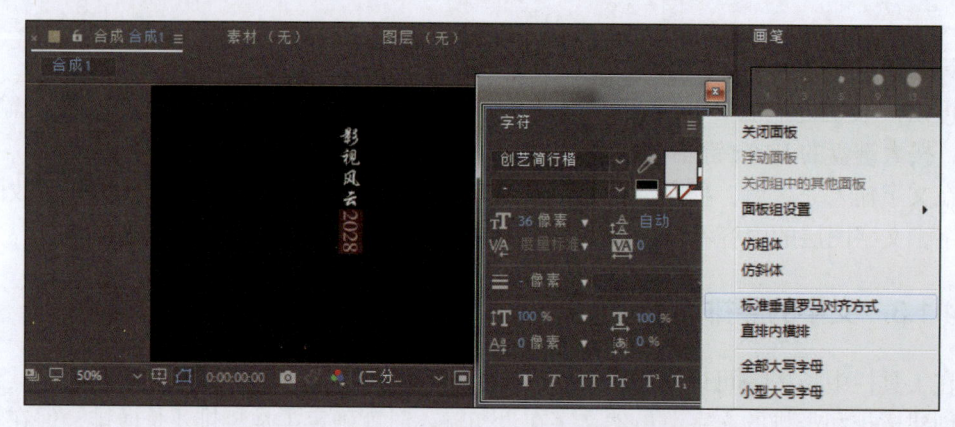

图 4.7

（5）此时文字效果已经变成了单个竖排，如图 4.8 所示。如果在字符面板菜单中选择"直排内横排"命令，如图 4.9 所示，整组数字将变成横排，如图 4.10 所示。

（6）使用文字工具输入文字时，拖动鼠标，绘制出一个文本框，如图 4.11 所示。然后在文本框中输入文字。此时输入的就是段落文本，如图 4.12 所示。

图 4.8

图 4.9

图 4.10 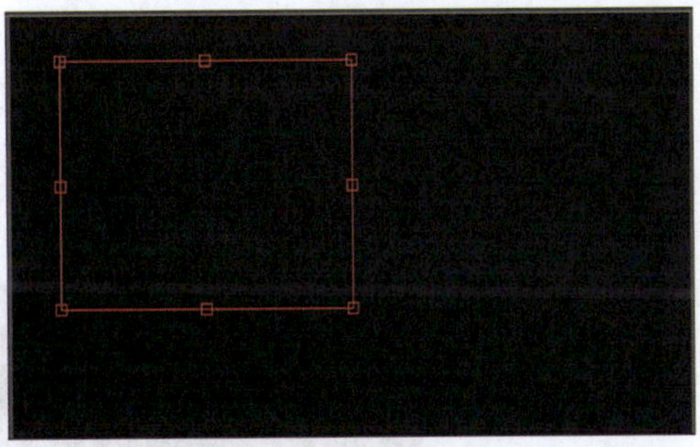　　　　　　　　　　　　　　　图 4.11

（7）和艺术文本不同，段落文本四周的文本框限制了文字书写的区域，并且文字还会自动换行。如果文本内容超出了文本框可容纳的大小，那么文本框右下角的方框中会显示加号，如图4.13所示。可以拖动文本框下方的操控手柄来扩大文本框的范围，以便显示所有的文本。当右下角方框中的加号消失，则说明文本中的内容已全部显示，如图4.14所示。

图 4.12 　　　　　　　　　　　　　　　图 4.13

图 4.14

（8）艺术文本和段落文本之间可以相互转换。在字符面板中设置好文字的字体、大小和颜色。用文字工具在窗口中拖出一个文本框，在其中输入一段文字。按数字键盘上的Enter键，结束输入。

（9）按V键，调用选取工具，在合成窗口中选择文字图层，或者在时间线窗口中选择文字图层。

（10）按 Ctrl + T 键调用文字工具。如图 4.15 所示，确保文字图层不在输入状态，在合成窗口中右击，在弹出的快捷菜单中选择"转换为点文本"命令，将段落文本转换成艺术文本。要将艺术文本转换成段落文本，可以再次右击，在弹出的快捷菜单中选择"转换为段落文本"命令，如图 4.16 所示。

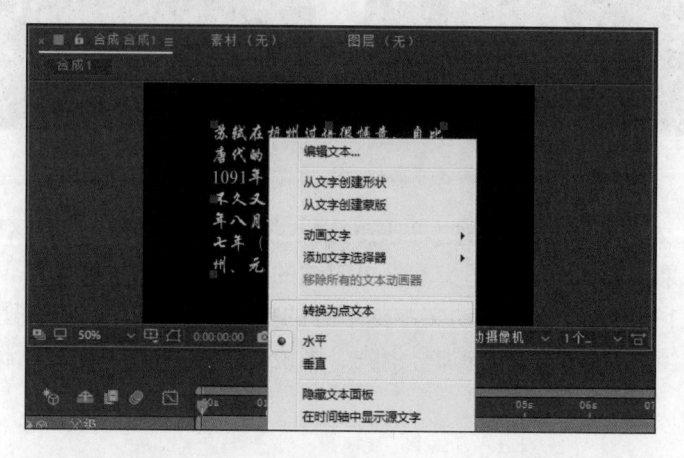

图 4.15

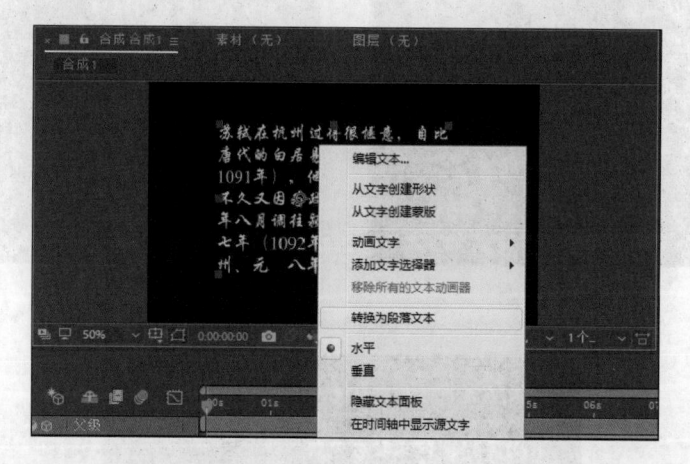

图 4.16

4.2 创建文字动画

文字动画在 MG 动效领域可以说是举不胜举，设计师设计了各种文字的动态。通过本节的介绍，读者不但可以领略到 AE 文字图层的强大功能，还能了解如何运用动画组和选择器建立丰富多彩的文字动画。

4.2.1 车身文字动画

本例主要练习使用 AE 的文字格式化及动画功能，并通过对范围选择器设置关键帧来

第 4 章　After Effects 字幕特效

达到车身文字飞入的动画效果。

（1）启动 AE，选择菜单中的"合成"→"新建合成"命令，新建一个合成，命名为"飞来文字"，如图 4.17 所示。导入本书配套资源中的 text-1.jpg 文件，并拖动到时间线窗口中，如图 4.18 所示。

图 4.17

图 4.18

（2）单击工具栏中的文字工具按钮，再在合成窗口单击，并输入文字 FREE。设置字符面板中的参数，如图 4.19 所示，得到图 4.20 所示的效果。

图 4.19

图 4.20

（3）在时间线窗口中展开文字层的属性，单击图中动画右侧的按钮，在弹出的菜单中选择"位置"，为文字层添加位置动画，并设置位置参数，如图 4.21 所示。

053

图 4.21

（4）展开"动画制作工具1"下面的"范围选择器1"属性，并为起始属性设置关键帧。在时间 0:00:00:00 处设置关键帧。在时间 0:00:02:20 处设置关键帧，如图 4.22 所示。此时按数字键盘的 0 键预览合成窗口的效果，如图 4.23 所示。

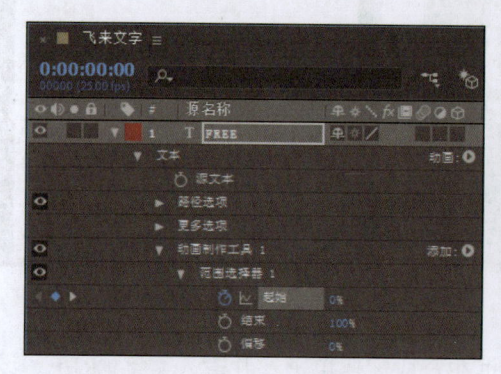

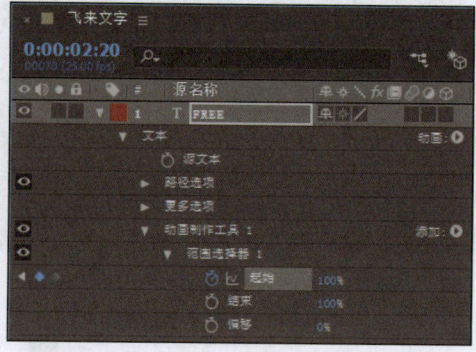

图 4.22

图 4.23

（5）如图 4.24 所示，单击"动画制作工具1"右侧的"添加"旁的 按钮，在弹出的菜单中选择"缩放"命令，为文字添加缩放动画。同样单击"动画制作工具1"右侧"添加"旁的 按钮，在弹出的菜单中选择"旋转"命令，为文字添加旋转动画。接下来为缩放和旋转设置参数。单击时间线窗口中的 图标，将运动模糊按钮打开，同时选中图层的 复选框，如图 4.25 所示。

（6）按数字键盘的 0 键预览合成窗口中的效果，如图 4.26 所示。

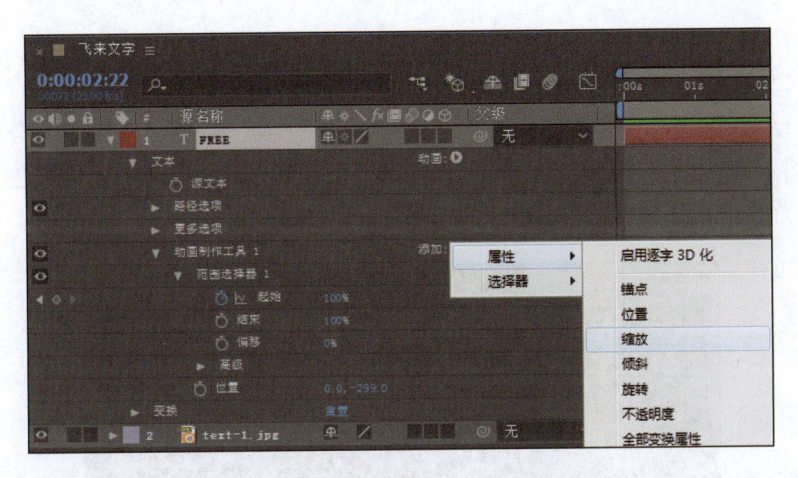

第 4 章　After Effects 字幕特效

图　4.24

图　4.25

图　4.26

4.2.2　文字特性动画

建立动画组时，就已经加入了所指定的特性，让文字产生活力。例如选择文字图层，

055

选择"动画"→"动画文本"→"填充颜色"→"RGB"命令，建立动画组，之后便可以在时间线窗口中看到，填充颜色的特性已经位于动画组之中了。

（1）启动 AE，选择菜单中的"合成"→"新建合成"命令，新建一个合成，命名为 Offset，如图 4.27 所示。单击"背景颜色"区域的色块，在弹出的"背景颜色"对话框中设置合成的背景颜色为黑色，如图 4.28 所示。

图 4.27

图 4.28

（2）按 Ctrl + T 键，调用文字工具，在合成窗口中输入一个任意的带小数点的数字，建立文字图层，并将图层命名为 Offset，如图 4.29 所示。

（3）保持对文字图层的选择状态，在字符面板中设置文字的字体为 Digital Readout，大小为 50，颜色为红色。然后将文字移动到合适的位置上，如图 4.30 所示。

（4）在时间线窗口中展开 Offset 图层的属性，然后在图层的"动画"菜单中选择"字符位移"命令，为图层添加动画组，Offset 文字图层中便会创建一个名为 Animator 1 的动画组，其中包含有字符位移特性和选择器 Range Selector 1，如图 4.31 所示。

图 4.29

图 4.30

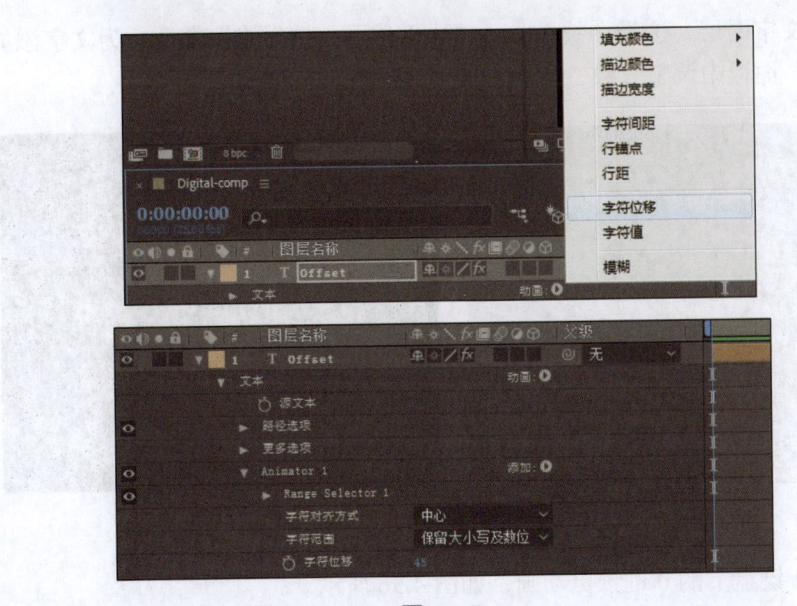

图 4.31

（5）将字符位移设置为45，观察画面中数字发生的变化，同时小数点也变成了其他的符号。在合成窗口将选择器右边的操控手柄拖动到小数点之前，如图4.32所示。

图 4.32

（6）在动画组 Animator 1 的"添加"菜单中选择"选择器"→"范围"命令，建立另一个选择器。然后在合成窗口中将选择器左边的操控手柄拖动到小数点之后。这样小数点就不会发生变化了。在"添加"菜单中选择"选择器"→"摆动"命令，添加一个 Wiggly Selector 1 选择器，如图4.33所示。预览动画，可以看到数字产生变换。展开 Wiggly Selector 1 的参数进行调节，设置摆动参数，如图4.34所示。

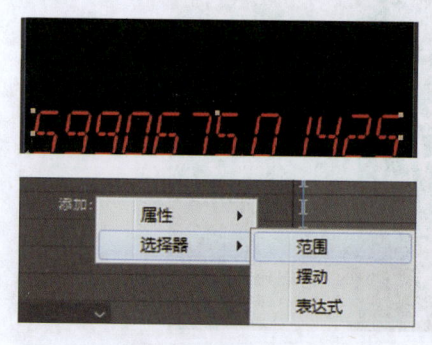

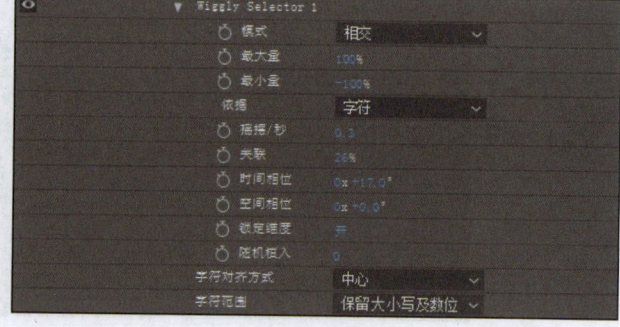

图 4.33　　　　　　　　　　　　　　　图 4.34

（7）选择文字图层，选择"效果"→"风格化"→"发光"命令，为文字添加一点辉光。在"效果"面板中调整参数，如图4.35所示。

图 4.35

（8）按数字键盘上的0键预览动画，如图4.36所示。

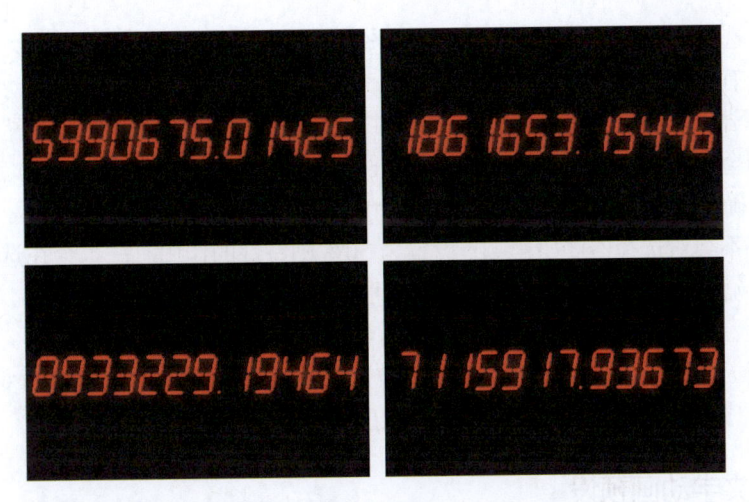

图 4.36

4.2.3 选择器的高级设置

在时间线窗口中展开 Range Selector 1 选择器的属性，可以看到其中有一项为"高级"的属性，展开高级属性，其中包含了很多参数，如图 4.37 所示。

- 单位：确定在指定选择器的起点、终点和偏移时所采用的计算方式。其菜单包含"百分比""索引"两种方式，如图 4.38 所示。

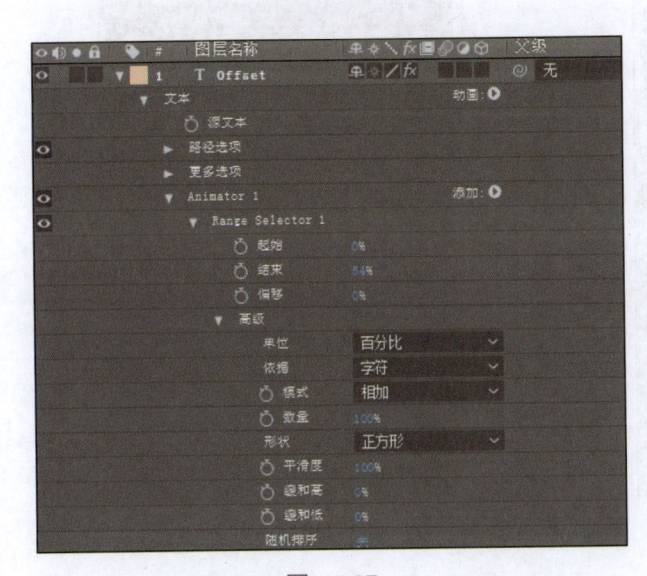

图 4.37

图 4.38

- 依据：确定将文本中的"字符""不包括字符的空格""词""行"作为一个单位计算。例如，设置选择器的"起始"参数为 0，"结束"参数为 2，将"单位"设置为"索引"，"依据"设置为"词"，那么选择器选择的便是文本中的前两个单词。如果"依据"设置为"字符"，那么选择的将是前两个字符。

- 模式：选择选择器和其他选择器之间采取的合成模式，这主要是一种类似蒙版的合成模式，有相加、相减、相交、最小、最大和相反几个选项。例如，在动画组中只有一个选择器，选择了最前面的两个字符并把它们放大，将合成模式设置为"相减"模式，则会反转选择的范围，画面中除被选择的前两个字符外，其他的字符都被放大。
- 数量：确定动画组中的特性对选择器中的字符影响的大小。设置为 0% 则动画组中的特性将不会对选择器产生影响；设置为 50% 则特性的作用有一半会在选择器中显现。
- 形状：确定在被选字符和未选字符之间以什么样的形式过渡。
- 平滑度：指定动画从一个字符到下一个字符所需要的过渡效果。
- 缓和高 / 缓和低：设定选择权从完全被选择器选择到完全不被选择的变化速度。
- 随机排序：设置为"开"状态，可以打乱动画组中特性的作用范围。

4.2.4 文字动画预设

在 AE 中，程序提供了大量的动画预设。

（1）选择"窗口"→"效果和预设"命令，打开"效果和预设"面板，如图 4.39 所示。单击"动画预设"左侧的小三角按钮，将其展开，在面板上部的文本框中输入"文字"，按 Enter 键。面板中会罗列出和文字相关的动画预设，如图 4.40 所示。

图 4.39　　　　　　　　　　　　　图 4.40

（2）单击文件夹左边的小三角按钮可以折叠文件夹。这些预设根据不同的类型放置在不同的文件夹中，如图 4.41 所示。

（3）继续 4.2.2 节的例子，在时间线窗口展开 Offset 文字图层，删除 Animator 1 和效果图层。此时，文字图层的动画和效果都将消失，使用预设动画来制作动画效果，如图 4.42 所示。

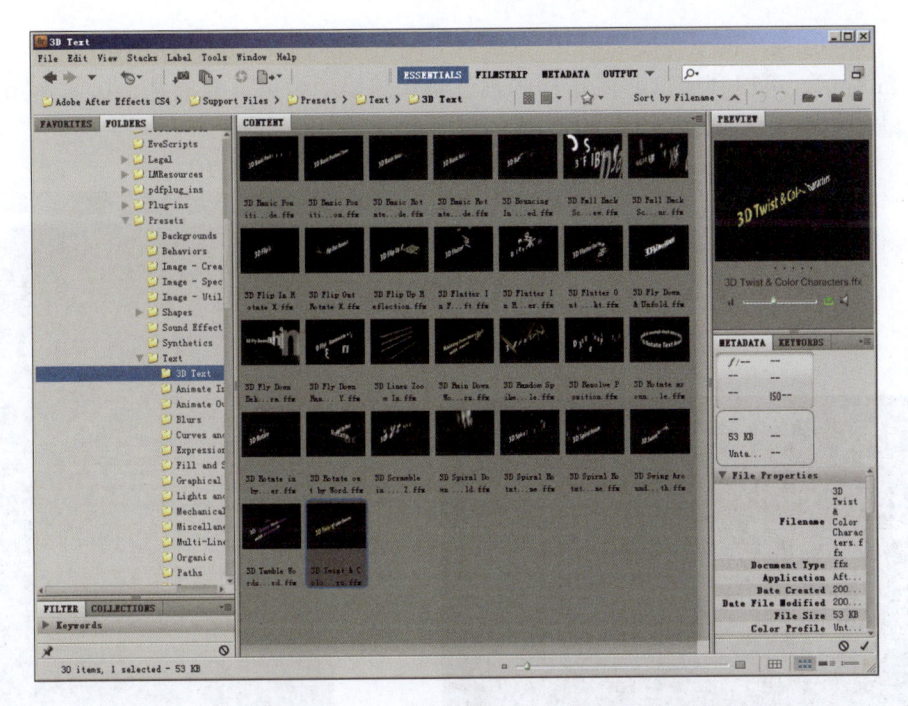

第 4 章　After Effects 字幕特效

图 4.41

（4）选择"窗口"→"效果和预设"命令，打开"效果和预设"面板。单击"动画预设"左侧的小三角按钮，将其展开，如图 4.43 所示。在面板上部的文本框中输入"3D 文字"，按 Enter 键。在面板中选择预设"回落混杂和模糊"，字符自动产生了动画，如图 4.44 所示。

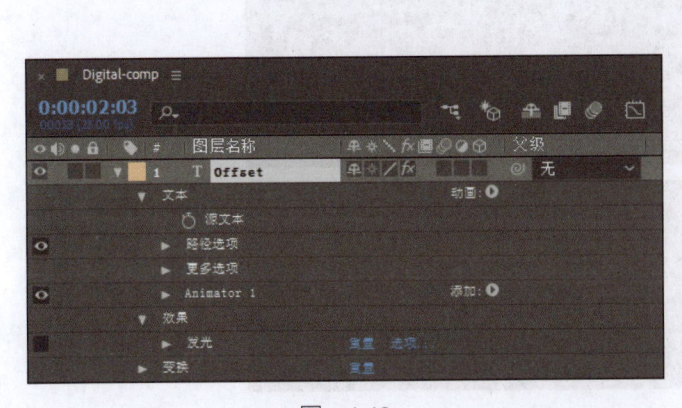

图 4.42 　　　　　　　　　　　图 4.43

（5）选择预设"向下盘旋和展开"。试着应用更多的预设，并在图层中修改局部参数，如图 4.45 所示。可以利用这些海量动画预设制作想要的效果，前提是要提前熟知这些预设的效果，如图 4.46 所示。

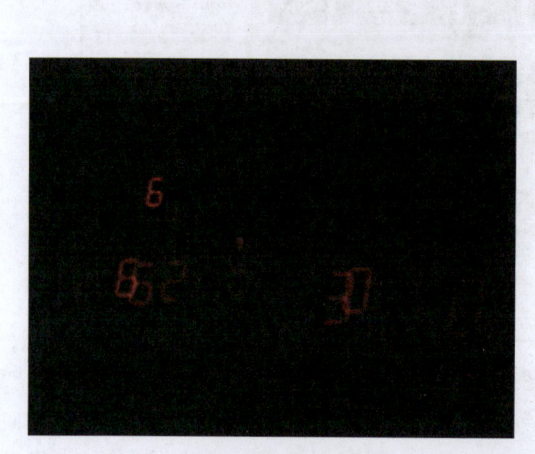

图 4.44

图 4.45

图 4.46

4.3 电光字幕

本例的制作以粒子和文字动画制作为主，利用文字的"启用逐字 3D 化"属性使文字具有三维效果。整个动画元素以冷色调为主，通过发光滤镜为粒子、文字等制作自发光效果，如图 4.47 所示。

图 4.47

（1）启动 AE，选择菜单中的"合成"→"新建合成"命令，新建一个合成。

（2）选择菜单中的"图层"→"新建"→"纯色"命令，新建一个黑色的固态层 Black Solid 1，如图 4.48 所示。同理，新建一个黄色的固态层 Yellow Solid 1，如图 4.49 所示。

图 4.48 　　　　　　图 4.49

（3）在时间线窗口中选中 Yellow Solid 1 层，单击工具栏中的 ◯ 工具，在合成面板中画一个蒙版；在时间线窗口中设置蒙版的参数，如图 4.50 所示。设置 Yellow Solid 1 层的"不透明度"参数为 45%，图 4.51 所示的即为合成面板的效果。

图 4.50

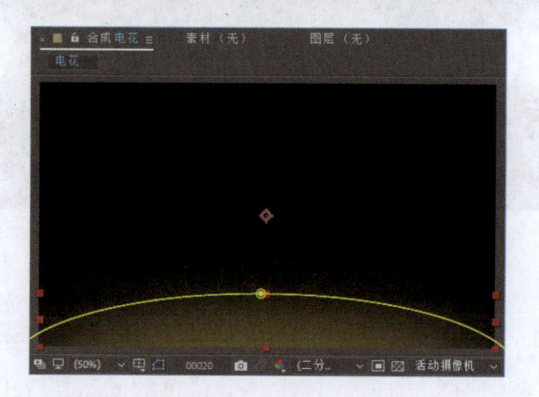

图 4.51

（4）制作文字。单击工具栏中的 T 工具，在合成面板中单击并输入文字；设置文字的参数和结果如图 4.52 所示。

图 4.52

（5）在时间线窗口中展开文字层的属性，单击 Animate 左侧的 ▶ 按钮，在弹出的菜单中选择"启用逐字 3D 化"选项，如图 4.53 所示。同样单击 ▶ 按钮，在弹出的菜单中选择"位置"选项和"旋转"选项，此时的效果设置如图 4.54 所示。

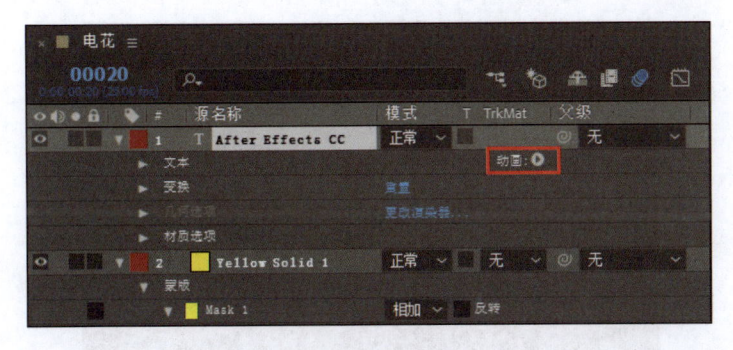

第 4 章　After Effects 字幕特效

图　4.53

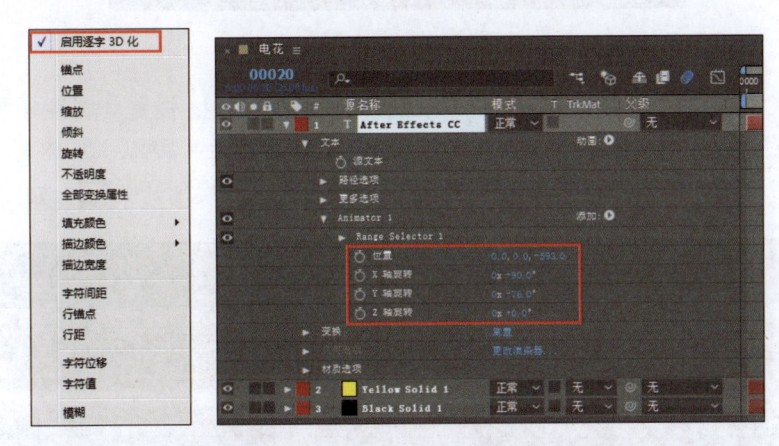

图　4.54

（6）选择菜单中的"图层"→"新建"→"摄像机"命令，新建一个摄像机层，如图 4.55 所示。单击工具栏中的摄像机控制工具，利用鼠标左、右、中键在合成面板中进行旋转、推拉、移动等操作来控制摄像机视场，其效果如图 4.56 所示。

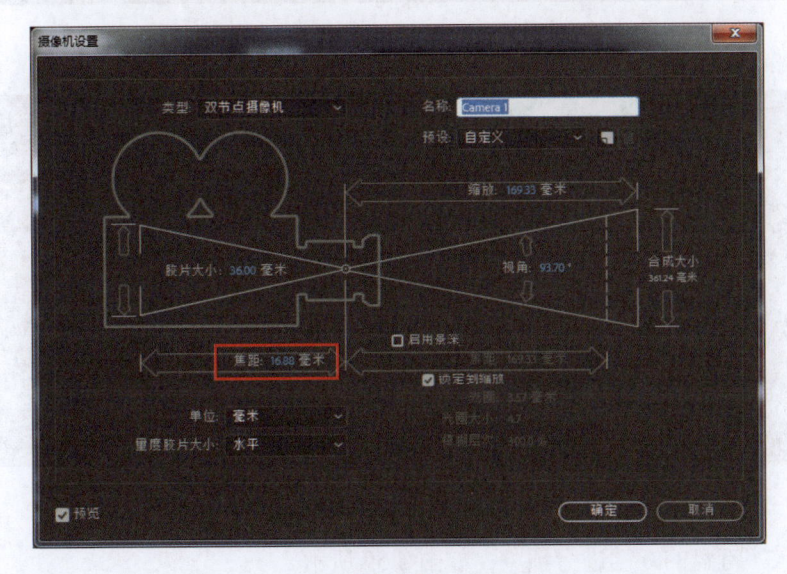

图　4.55

065

图 4.56

（7）为文字制作动画。在时间线窗口中展开文字层的属性，设置其属性参数，如图 4.57 所示。为"偏移"设置关键帧动画，设置其参数在 0 帧处为 -29%，在 18 帧处为 100%。在时间线窗口中按下运动模糊开关，并打开文字层的运动模糊开关，如图 4.58 所示。

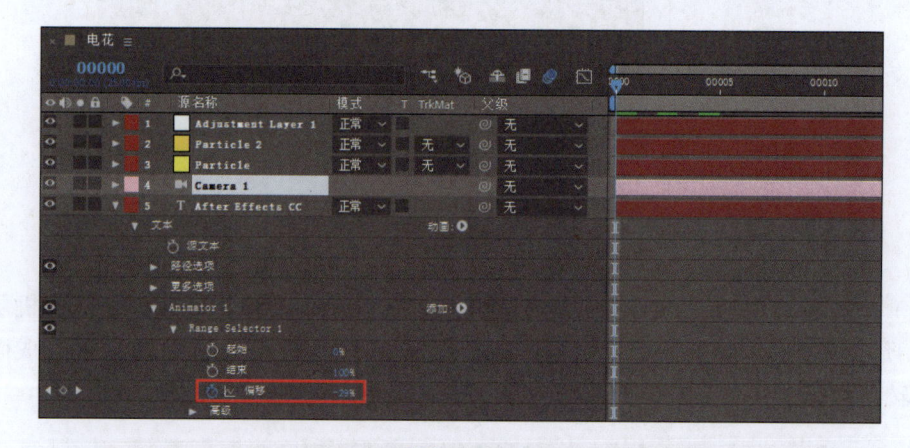

图 4.57

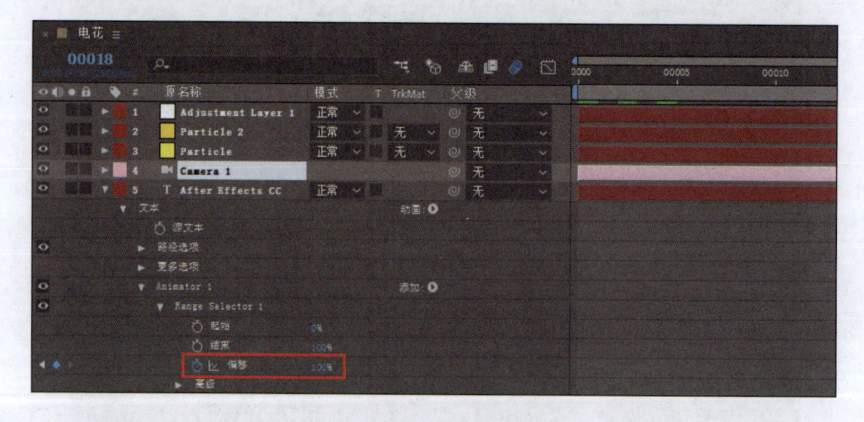

图 4.58

（8）按数字键盘的 0 键进行预览，如图 4.59 所示。

第 4 章　After Effects 字幕特效

图　4.59

（9）添加粒子火花。选择菜单中的"图层"→"新建"→"纯色"命令，新建一个固态层，如图 4.60 所示。

（10）在时间线窗口中选中 Particle 层，选择菜单中的"效果"→"模拟"→"CC Particle World"命令，为其添加 CC Particle World 滤镜；在"效果控件"窗口中设置参数，如图 4.61 所示。

（11）在时间线窗口中展开 Particle 层的 CC Particle World 滤镜的属性，分别对 Birth Rate 和 Position X 设置关键帧，如图 4.62 所示。

（12）预览合成面板的效果，如图 4.63 所示。

图　4.60

图　4.61

图 4.62

图 4.63

（13）选中 Particle 层，分别选择菜单中的"效果"→"颜色校正"→"曝光度"和"效果"→"风格化"→"发光"命令，为其添加曝光度和发光滤镜；分别设置它们的参数，如图 4.64 所示。

图 4.64

（14）按数字键盘的 0 键预览动画，如图 4.65 所示。

图 4.65

（15）在时间线窗口中选中 Particle 层，按 Ctrl+D 键，复制一个粒子图层；在"效果控件"窗口中设置参数，如图 4.66 所示。

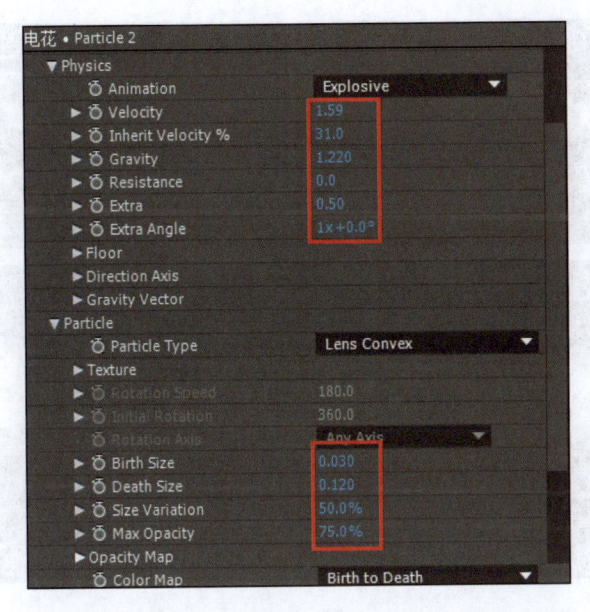

第 4 章　After Effects 字幕特效

图 4.66

（16）为文字制作动画。在时间线窗口中展开文字层的属性，设置其属性参数，如图 4.67 所示。为"偏移"设置关键帧动画，设置其参数在 0 帧处为 -29%，在 18 帧处为 100%。在时间线窗口中按下运动模糊开关，并打开文字层的运动模糊开关，如图 4.68 所示。

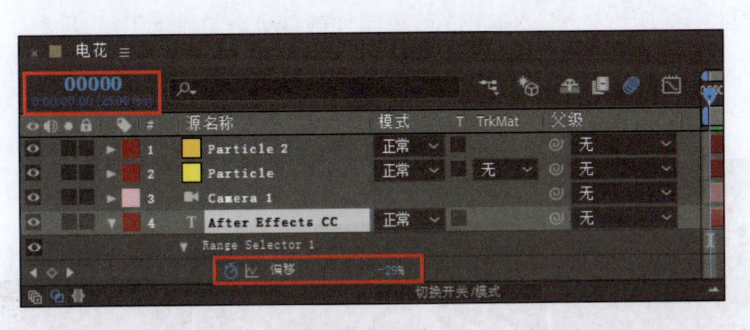

图 4.67

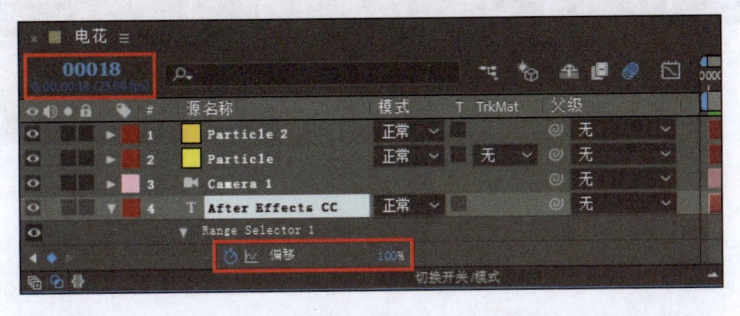

图 4.68

（17）此例制作完毕，按数字键盘的 0 键进行预览，如图 4.69 所示。

069

图　4.69

4.4　标板字幕

　　本例主要介绍图层自身属性调整和物体自发光处理的方法。在实际操作中，可通过频繁地调整图层的不透明度、缩放值、位移等属性改变元素在画面中的状态。在理解了图层的相关概念后，还将通过为动态图层着色使素材产生彩色的自发光效果，并通过设置不同的图层叠加模式使画面达到图 4.70 所示的预期效果。

图　4.70

　　（1）启动 AE，选择菜单中的"合成"→"新建合成"命令，新建一个合成，命名为"标板字幕"，如图 4.71 所示。在项目窗口中双击导入本书配套资源中的 Flourish_06.mov、Flourish_14.mov 文件。在时间线窗口中选择"新建"→"纯色"命令，新建一个棕色的固态层，命名为 BG，如图 4.72 所示。

第 4 章　After Effects 字幕特效

图 4.71 　　　　　　　　　　　　　　　　图 4.72

（2）制作背景。将项目窗口中的 Flourish_14.mov 拖到时间线窗口中。选中 Flourish_14.mov 层，按 S 键展开"缩放"属性列表，对其进行缩放，如图 4.73 所示。之后设置其图层的"不透明度"为 6%，图层叠加模式为"叠加"。查看此时合成面板的效果。在时间线窗口中右击，选择"新建"→"调整图层"命令，新建一个调节层。选中调节层，选择菜单中的"效果"→"风格化"→"CC Kaleida"命令，为其添加 CC Kaleida（万花筒）滤镜。在"效果控件"窗口中调整参数，如图 4.74 所示。查看此时合成面板的效果，如图 4.75 所示。

图 4.73

图 4.74 　　　　　　　　　　　　　　　图 4.75

（3）在时间线窗口中右击，选择"新建"→"纯色"命令，新建一个黑色的固态层，命名为 Mask，单击工具栏中的椭圆工具，在 Mask 层上绘制一个椭圆形的蒙版，设置

071

"蒙版羽化"的值为238，如图4.76所示。查看此时合成面板的效果，如图4.77所示。

图 4.76

（4）新建一个黑色的固态层，命名为Title。选中此固态层，单击工具栏中的椭圆工具按钮，在合成面板中绘制一个蒙版。查看此时合成面板的效果，如图4.78所示。

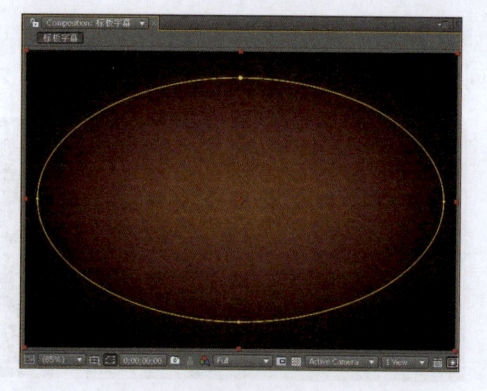

图 4.77 　　　　　　　　　　　　　　　　图 4.78

（5）添加生长素材。将项目窗口的Flourish_06.mov拖到时间线窗口中，调整其大小和位置。选中Flourish_06.mov层，选择菜单中的"效果"→"生成"→"填充"命令，在"效果控件"窗口中调整参数，如图4.79所示。查看此时合成面板的效果，如图4.80所示。

图 4.79

（6）选中Flourish_06.mov层，按Ctrl+D键对其进行复制。之后调整复制层的位置，如图4.81所示。

第 4 章　After Effects 字幕特效

图 4.80 　　　　　　　　　　　　　　图 4.81

（7）选中 Flourish_06.mov 层，按 Ctrl+D 键对其进行复制，调整复制层的大小和位置。在"效果控件"窗口中调整填充滤镜的属性参数，如图 4.82 所示。查看此时合成面板的效果，如图 4.83 所示。

图 4.82

（8）在时间线窗口中选中最近复制的层，设置其图层模式为"正常"。选择菜单中的"效果"→"风格化"→"发光"命令，在"效果控件"窗口中调整参数，如图 4.84 所示。查看此时合成面板的效果。为图层添加发光滤镜，使用默认的参数值可使图层产生自发光效果，如图 4.85 所示。

图 4.83 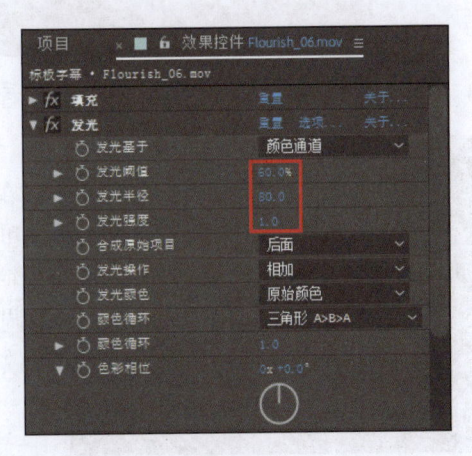　　　　　　　　　　　　　　图 4.84

(9)选中最近复制的层,按 Ctrl + D 键对其进行复制并调整位置和大小。查看此时合成面板的效果,如图 4.86 所示。

图 4.85  图 4.86

(10)在时间线窗口中右击,选择"新建"→"纯色"命令,新建一个红色的固态层,命名为 Glow。将其拖放到 Title 层的下方。单击工具栏中的椭圆工具,在此层上绘制一个椭圆形的蒙版并设置蒙版参数,如图 4.87 所示。查看此时合成面板的效果,如图 4.88 所示。

图 4.87

图 4.88

(11)在时间线窗口中选中 Title 层,选择菜单中的"效果"→"生成"→"梯度渐变"命令和"效果"→"透视"→"投影"命令为其添加渐变色滤镜和投影滤镜。在"效果控件"窗口中调整参数,如图 4.89 所示。查看此时合成面板的效果,如图 4.90 所示。

(12)添加粒子。在时间线窗口中右击,选择"新建"→"纯色"命令,新建一个淡黄色的固态层,命名为 Particles,将其拖放到 Title 层的下方。

第 4 章 After Effects 字幕特效

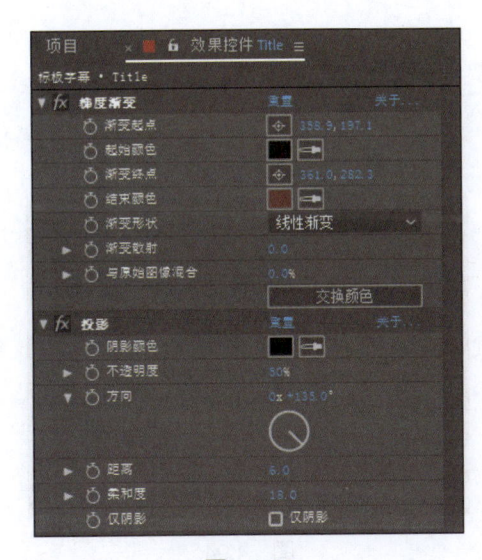

图 4.89

图 4.90

选中固态层，选择菜单中的"效果"→"模拟"→"CC Particle World"（三维粒子）命令，在"效果控件"窗口中调整参数，如图 4.91 所示。查看此时合成面板的效果，如图 4.92 所示。

图 4.91

图 4.92

（13）选择菜单中的"效果"→"风格化"→"发光"命令，在"效果控件"窗口中调整参数，如图 4.93 所示。查看此时合成面板的效果，如图 4.94 所示。

075

图 4.93 　　　　　　　　　　　　　　图 4.94

（14）创建文字。单击工具栏中的 T 工具，在合成面板中单击输入文字"After Effects"，并设置文字属性，如图 4.95 所示。查看此时合成面板的效果，如图 4.96 所示。

图 4.95 　　　　　　　　　　　　　　图 4.96

（15）选中文字层，选择菜单中的"效果"→"透视"→"投影"命令，为文字添加投影。在"效果控件"窗口中调整参数，如图 4.97 所示。查看此时合成面板的效果，如图 4.98 所示。

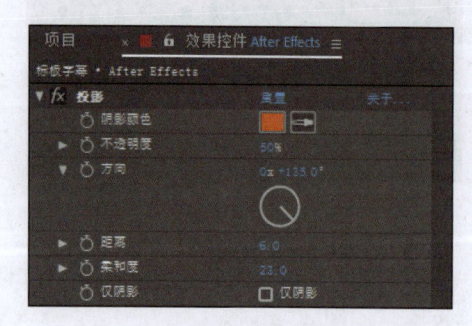

图 4.97 　　　　　　　　　　　　　　图 4.98

4.5 背景字幕特效

本例主要介绍使用 AE 三维图层的方法。例如，通过三维图层制作出无限广阔的场景，利用 CC Particle World、梯度渐变、CC Radial Blur 制作出场景中的元素和色彩效果等。最后介绍创建三维文字和摄像机动画的方法，包括设置 Null 1 层的三维属性，为 Null 1 层的"位置"属性记录关键帧动画，以及通过父子层级的连接使得 Camera 1 层成为 Null 1 的子级层，从而产生摄像机动画，如图 4.99 所示。

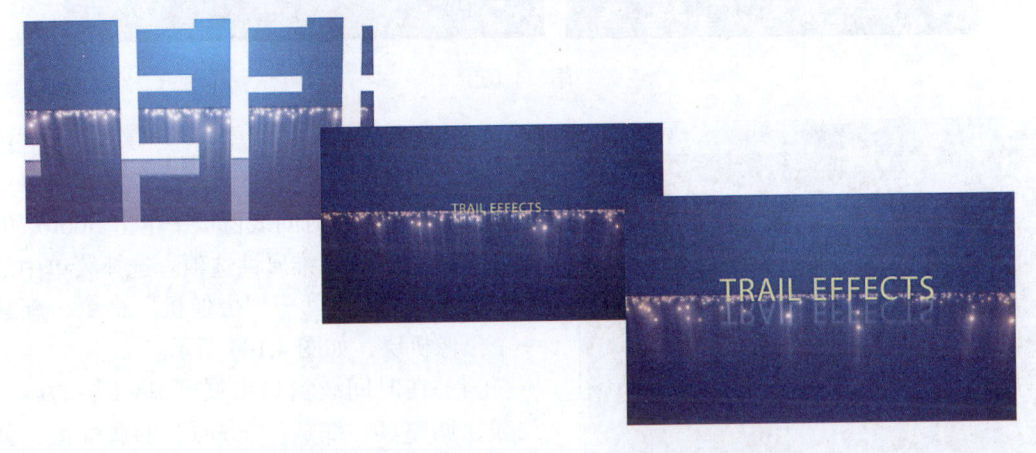

图 4.99

（1）启动 AE，选择菜单中的"合成"→"新建合成"命令，新建一个合成，命名为 Golden，如图 4.100 所示。选择菜单中的"图层"→"新建"→"纯色"命令，新建一个固态层，命名为 BG，如图 4.101 所示。

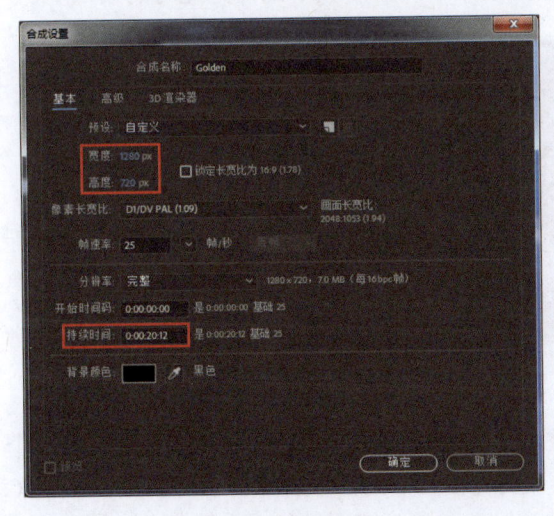

图 4.100　　　　　　图 4.101

（2）制作背景。选中 BG 层，选择菜单中的"效果"→"生成"→"梯度渐变"命令，为其添加梯度渐变滤镜。在"效果控件"窗口中设置渐变色的参数，如图 4.102 所示。

图 4.102

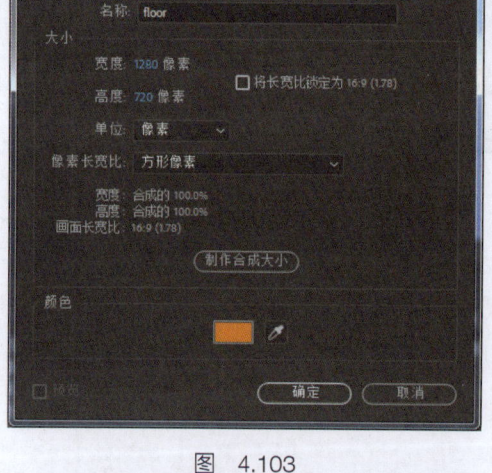

（3）选择菜单中的"图层"→"新建"→"纯色"命令，新建一个固态层，命名为 floor，如图 4.103 所示。在时间线窗口中单击 floor 层的 按钮，打开其三维属性选项。选择菜单中的"图层"→"新建"→"摄像机"命令，新建一个摄像机层，如图 4.104 所示。

（4）在时间线窗口中展开 floor 层的属性列表，调整其"缩放""方向"的属性值，如图 4.105 所示。

（5）选中 floor 层，选择菜单中的"效果"→"生成"→"梯度渐变"命令，为其添加梯度渐变滤镜。在"效果控件"窗口中设置渐变色的参数，图 4.106 所示的即为此时的效果。

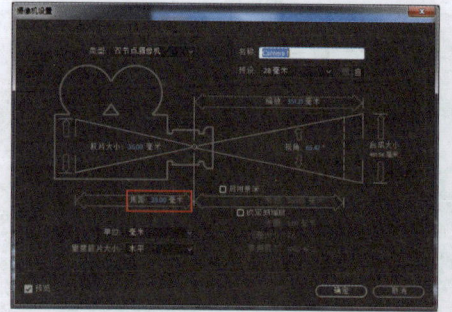

图 4.103

图 4.104

（6）创建星光粒子。选择菜单中的"图层"→"新建"→"纯色"命令，新建一个固态层，命名为 Particle。选中 Particle 层，选择菜单中的"效果"→"模拟"→"CC Particle World"命令，为其添加 CC Particle World（三维粒子）滤镜，如图 4.107 所示。查看此时合成面板的效果，如图 4.108 所示。

图 4.105

图 4.106

图 4.107

图 4.108

（7）在"项目"窗口中双击导入本书配套资源中的 glow.png 文件。将 glow.png 文件拖曳到时间线窗口中，并放置在最底层，单击 按钮将其显示属性关闭且选中 Particle 层。按 F3 键显示"效果控件"窗口，在其中调整粒子的参数，如图 4.109 所示。

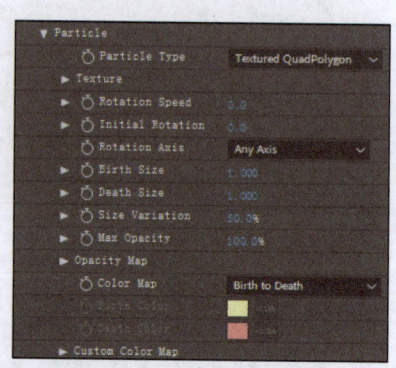

图 4.109

图 4.110

（8）设置 Particle 层的图层叠加模式为"屏幕"。查看此时合成面板的效果，如图 4.110 所示。

（9）创建粒子拖尾。在时间线窗口中选中 Particle 层，按 Ctrl+D 键复制出一个新层，命名为 Particle 2。选中 Particle 2 层，按 F3 键显示"效果控件"窗口，在其中修改粒子的参数，如图 4.111 所示。设置 Particle 2 层的图层叠加模式为"相加"。查看此时合成面板的效果，如图 4.112 所示。

图 4.111

图 4.112

（10）选中 Particle 2 层，选择菜单中的"效果"→"模糊和锐化"→"CC Radial Blur"命令，为其添加 CC Radial Blur（放射模糊）滤镜。在"效果控件"窗口中设置参数，如图 4.113 所示。查看此时合成面板的效果，如图 4.114 所示。

（11）创建文字元素。单击工具栏中的 T 工具按钮，在合成面板中输入文字，在"段落"面板中设置文字的参数，如图 4.115 所示。查看此时合成面板的效果，如图 4.116 所示。

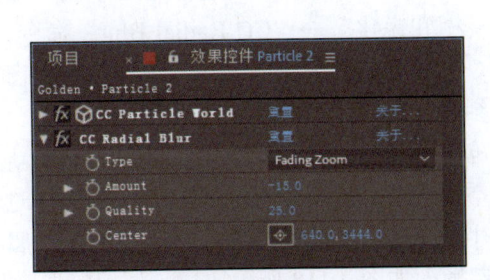

第 4 章　After Effects 字幕特效

图　4.113

图　4.114

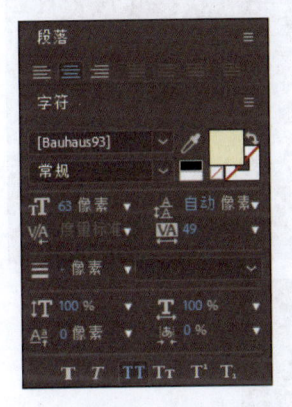

图　4.115

图　4.116

（12）创建文字倒影。在时间线窗口中选中文字层，按 Ctrl+D 键复制出另一个文字层。打开两个文字层的三维选项，并设置原文字层的图层叠加模式为"相加"，调整其旋转参数值将其作为倒影，如图 4.117 所示。

图　4.117

081

（13）选中文字的倒影层，选择菜单中的"效果"→"模糊和锐化"→"CC Radial Blur"命令，为其添加 CC Radial Blur 滤镜。在"效果控件"窗口中调整参数，如图 4.118 所示。

（14）创建动画。选择菜单中的"图层"→"新建"→"空对象"命令，新建一个 Null 层。在时间线窗口中打开其三维选项，为其"位置"属性记录关键帧，如图 4.119 所示。

图 4.118

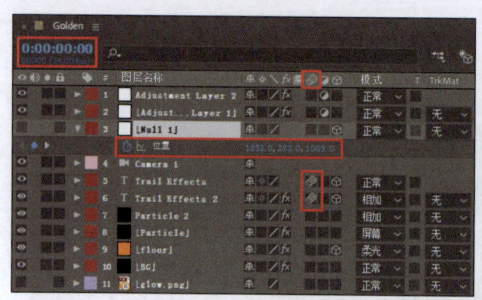

图 4.119

（15）在时间线窗口中设置 Camera 1 层为 Null 1 层的子级层。此时摄像机将跟随 Null 1 层的位移属性的改变，从而产生摄像机位移动画。

（16）为了增强动画的可视效果，需要打开场景中文字层的运动模糊选项，如图 4.120 所示。

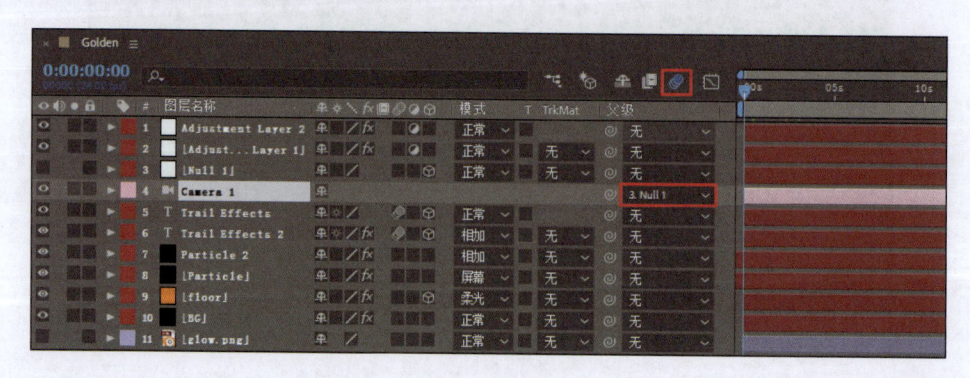

图 4.120

第 4 章　After Effects 字幕特效

（17）给画面调色。选择菜单中的"图层"→"新建"→"调整图层"命令，新建一个调整图层。选中该层,选择菜单中的"效果"→"颜色校正"→"曲线"命令，为其添加曲线滤镜。在"效果控件"窗口中调整曲线的形状，如图 4.121 所示。

（18）再次选择菜单中的"图层"→"新建"→"调整图层"命令，新建一个调整图层。选中该层，选择菜单中的"效果"→"颜色校正"→"曲线"命令，为其添加曲线滤镜。在"效果控件"窗口中调整曲线的形状，如图 4.122 所示。将时间滑块拖动到时间 0:00:00:02 处，单击"效果控件"窗口中"曲线"左侧的 按钮，为曲线形状记录关键帧。将时间滑块拖动到 0:00:00:07 时间处，在"效果控件"窗口中调整曲线的形状，如图 4.123 所示。此时曲线形状已经在第 2 帧到第 7 帧之间产生了动画。

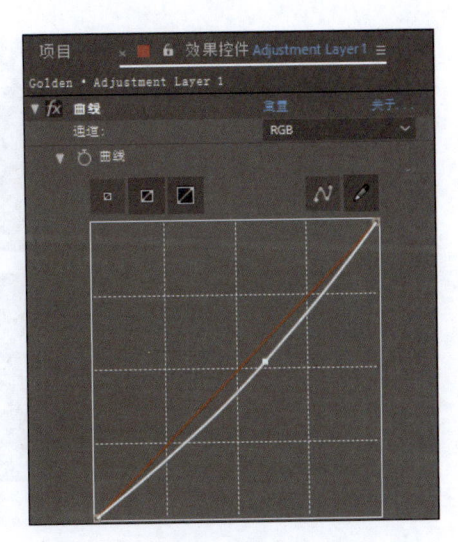

图　4.121

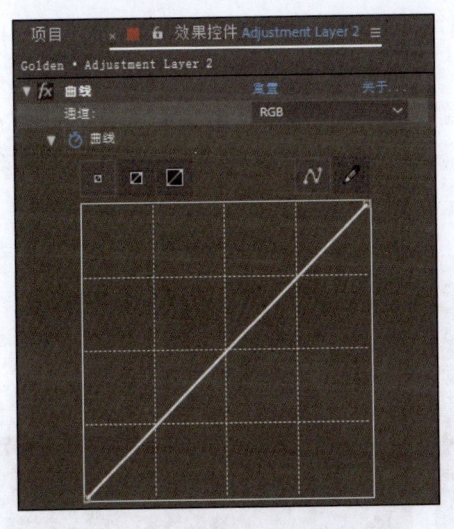

图　4.122

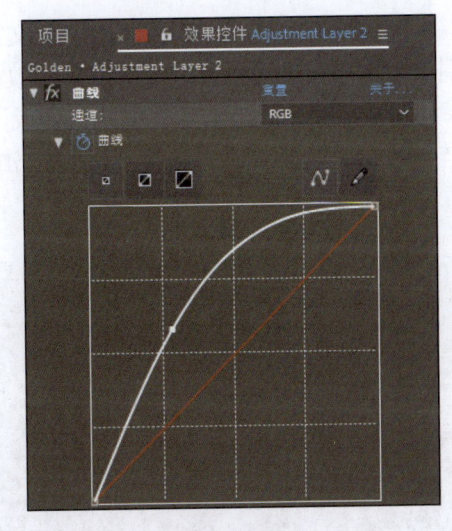

图　4.123

（19）按数字键盘的 0 键预览最终效果，如图 4.124 所示。

图　4.124

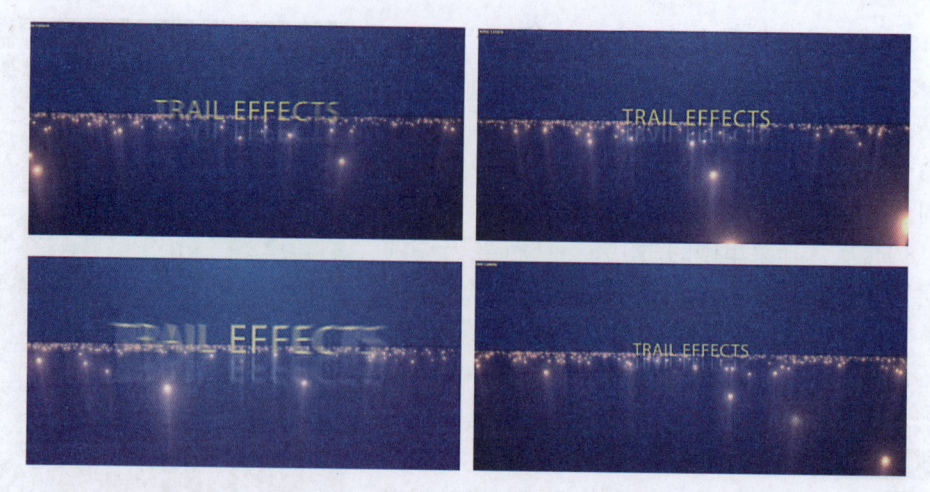

图 4.124（续）

4.6 文字旋转动画

本例主要练习使用 AE 强大的特效文字动画功能，通过调整更多选项的参数以及控制范围选择器来完成旋转文字飞入的动画效果。

（1）启动 AE，选择菜单中的"合成"→"新建合成"命令，新建一个合成，命名为"旋转文字"，如图 4.125 所示。导入本书配套资源中的 text-1.jpg 文件，并拖动到时间线窗口，如图 4.126 所示。

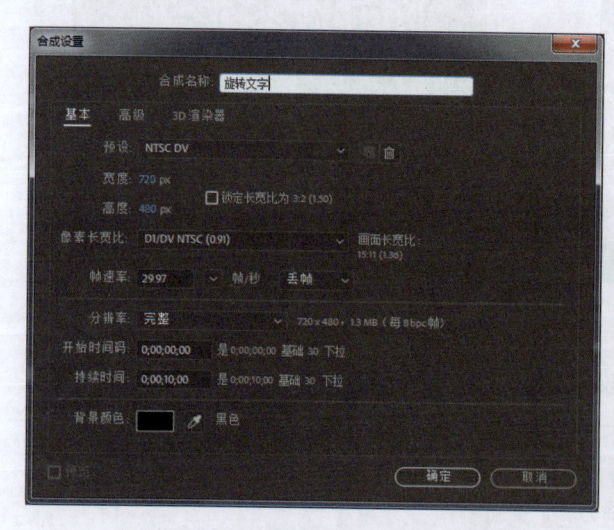

图 4.125 　　　　　　　　　　　图 4.126

（2）单击工具栏中的文字工具按钮 T，在合成窗口单击，并输入文字"职场要冲刺"。如图 4.127 所示，设置字符面板中的参数。此时合成窗口的效果如图 4.128 所示。

第 4 章　After Effects 字幕特效

图　4.127

图　4.128

（3）在时间线窗口中展开文字层的属性，单击动画右侧的 ▶ 按钮，在弹出的菜单中选择"旋转"，为文字层添加旋转动画，并设置旋转参数为 4×（旋转 4 周），如图 4.129 所示。

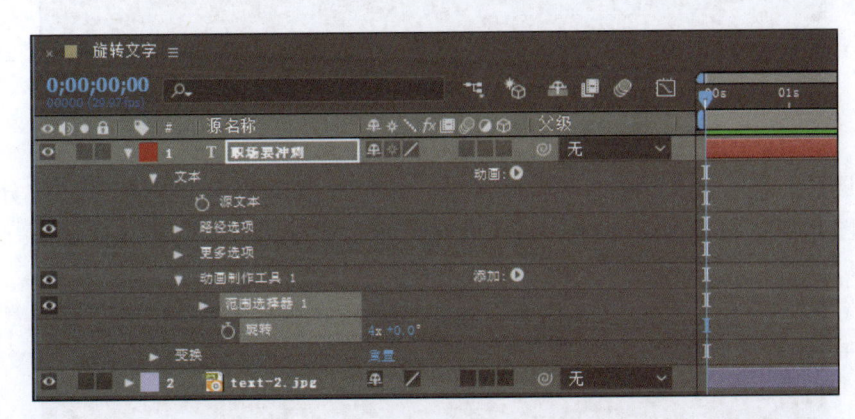

图　4.129

（4）展开文字层的属性，单击动画制作工具 1 右侧的"添加"旁的 ▶ 按钮，在弹出的菜单中选择"不透明度"，为文字添加不透明度动画，将不透明度的值设为 0，设置"范围选择器 1"属性中的结束参数为 68，如图 4.130 所示。

图　4.130

085

（5）展开"动画制作工具 1"下面的"范围选择器 1"属性，并为偏移属性设置关键帧。在时间 0:00:00:00 处设置偏移参数为 –55，单击 ⏱ 按钮设置关键帧。在时间 0:00:03:00 处设置偏移参数为 100。单击时间线窗口中的 ⚙ 图标，打开运动模糊按钮，同时选中图层的 ⚙ 复选框。此时按数字键盘的 0 键预览合成窗口的效果，如图 4.131 所示。

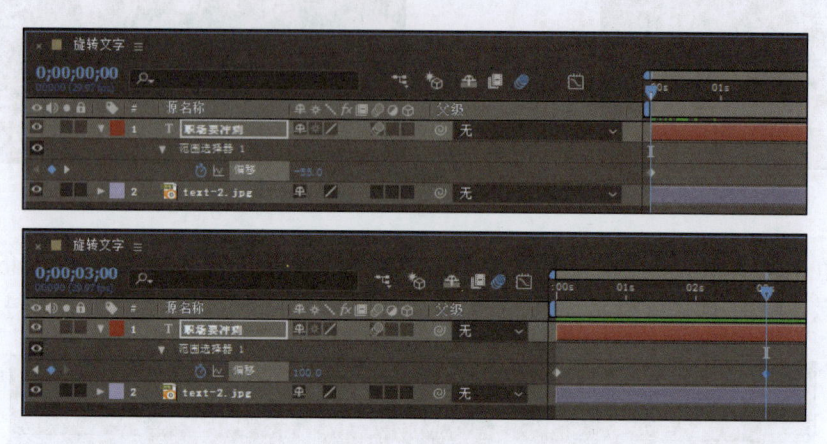

图　4.131

（6）展开文字层的"更多选项"属性，将"锚点分组"设置为"行"，设置"分组对齐"参数，如图 4.132 所示。此时按数字键盘的 0 键进行预览，如图 4.133 所示。

图　4.132

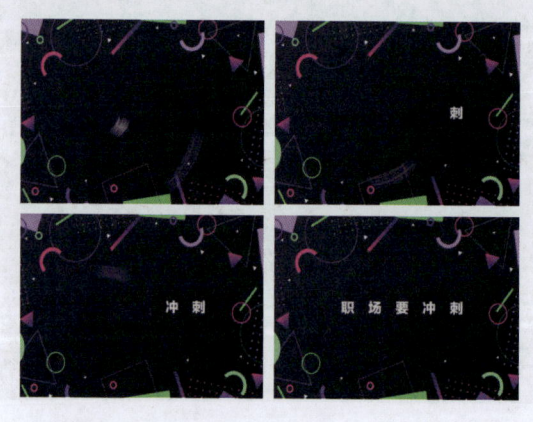

图　4.133

第 4 章　After Effects 字幕特效

4.7　路径文字动画

本例主要练习使用 AE 强大的特效文字动画功能，让图层中的文字跟随路径排列，设置路径动画。

（1）启动 AE，选择菜单中的"合成"→"新建合成"命令，新建一个合成，命名为"路径文字"。导入本书配套资源中的 text-4.jpg 文件，并拖动到时间线窗口，如图 4.134 所示。

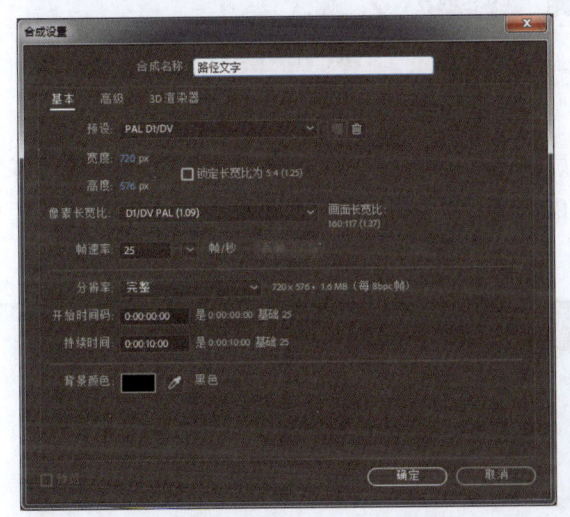

图　4.134

（2）单击工具栏中的文字工具按钮■，在合成窗口中输入一段长文字。按 G 键，调用钢笔工具，在合成窗口中建立路径，如图 4.135 所示。

图　4.135

（3）在时间线窗口中展开文字图层的"路径选项"参数，在右边的下拉列表中选择"蒙版 1"，将创建的路径指定为文字的路径，如图 4.136 所示。

087

图 4.136

（4）在时间线窗口中设置文字图层的"反转路径"为"关"，"垂直于路径"为"开"，"强制对齐"为"关"，"首字边距"为-100，"末字边距"为0.0。此时文字已经跟随路径排列，如图4.137所示。

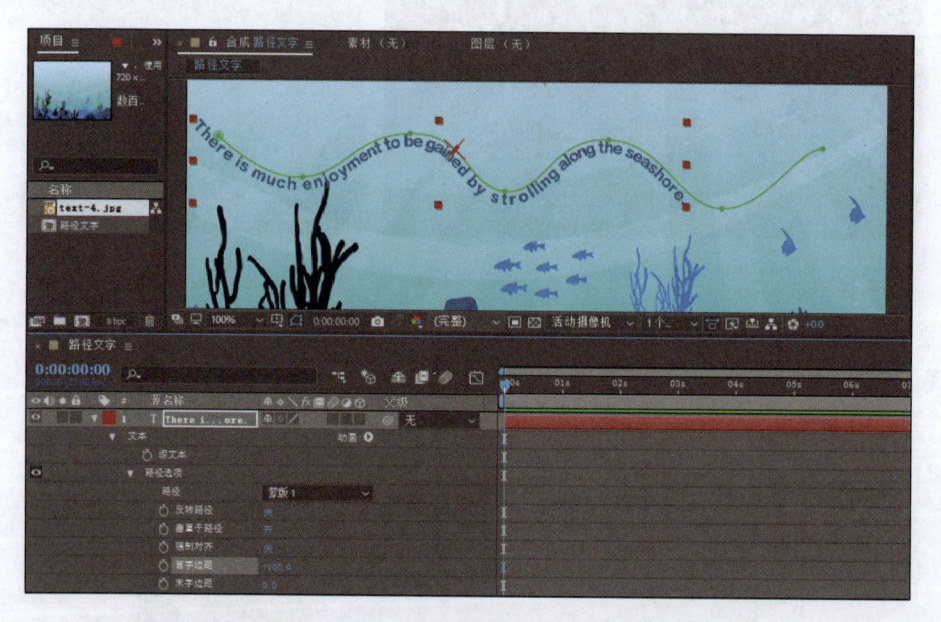

图 4.137

（5）在动画的第1帧将"末字边距"参数设置为-610（文字开始进入轨道），创建动画关键帧，在最后1帧设置为815（文字走出轨道），如图4.138所示。此时按数字键盘的0键进行预览，如图4.139所示。

（6）将"垂直于路径"设置为"开"，"强制对齐"设置为"关"，文字强制与路径起始端对齐，如图4.140所示。

（7）除了"路径选项"栏中的参数外，"更多选项"栏中的一些参数同样影响路径文字排列的方式，如图4.141所示。在"锚点分组"参数中选择"词"方式，文字将以单词为单位跟随路径运动，如图4.142所示。

第 4 章　After Effects 字幕特效

图　4.138

图　4.139

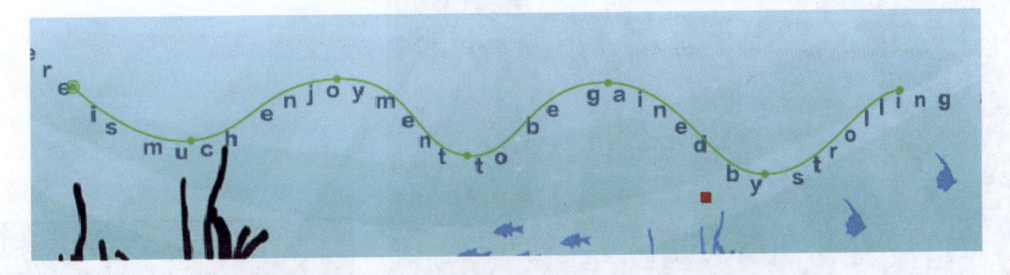

图　4.140

图　4.141

089

图 4.142

4.8 涂鸦文字动画

本例主要练习使用 AE 强大的特效文字动画功能，介绍如何使用 AE 制作一段涂鸦动画。

（1）启动 AE，选择菜单中的"合成"→"新建合成"命令，新建一个合成，命名为"涂鸦"，如图 4.143 所示。在项目窗口中双击导入本书配套资源中的"地面 .tga""墙 .tga"文件，如图 4.144 所示。

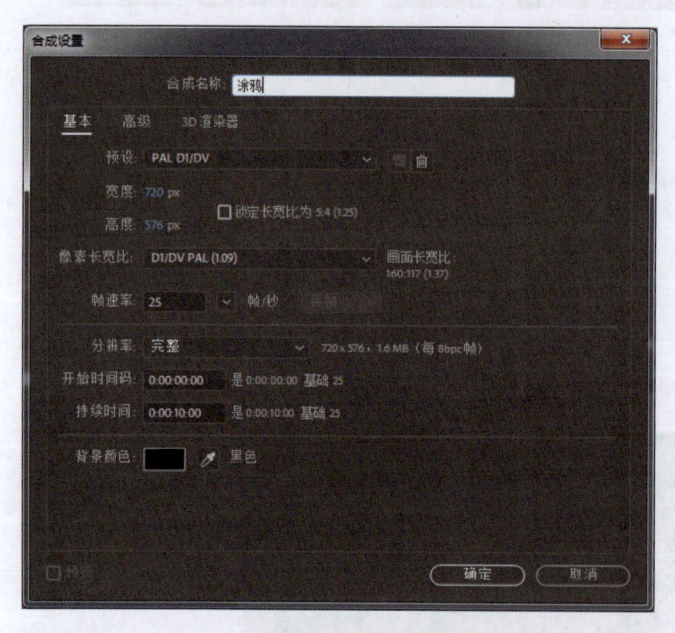

图 4.143 　　　　　图 4.144

（2）单击工具栏中的文字工具按钮，在合成窗口中输入一段文字，如图 4.145 所示。

（3）单击钢笔工具按钮，在合成窗口中对文字进行描边，画一个蒙版，如图 4.146 所示。

（4）选中文字层，选择菜单中的"效果"→"发生"→"描边"命令，为蒙版添加描边特效。在特效控制面板中调整参数，如图 4.147 所示。

第 4 章　After Effects 字幕特效

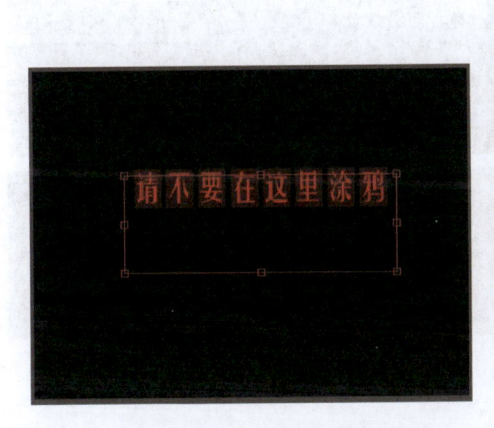

图 4.145

图 4.146

图 4.147

（5）在时间线窗口中展开描边特效的"结束"参数，单击 ◎ 按钮记录关键帧，如图 4.148 所示。

（6）按 Ctrl+N 键，新建一个合成，命名为"涂鸦 1"，将项目窗口的"地面 .tga""墙 .tga"拖到时间线窗口中，打开它们的三维属性开关。利用旋转工具和移动工具分别调整两个图层在视图中的位置，如图 4.149 所示。

（7）在时间线窗口中右击，选择"新建"→"摄像机"创建一架摄像机，如图 4.150 所示。

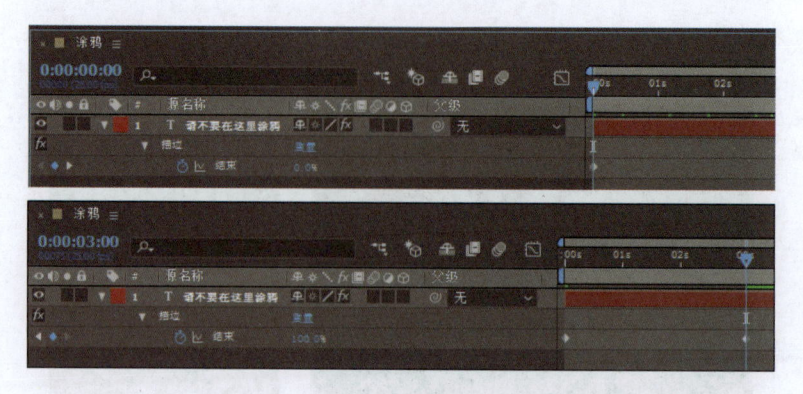

图 4.148

图 4.149

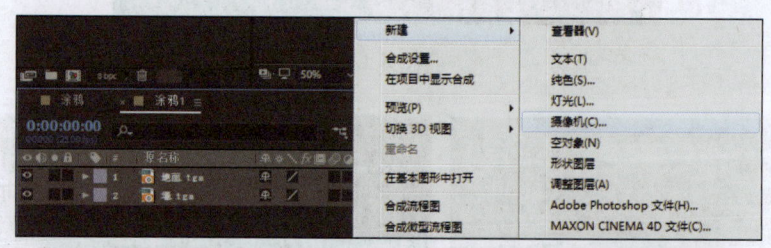

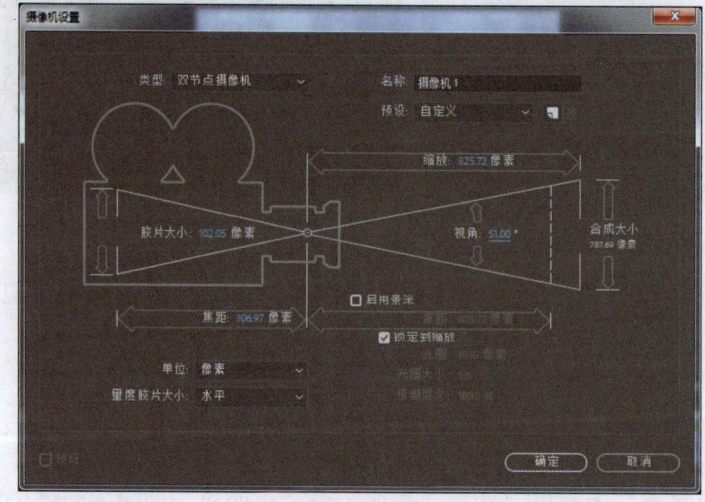

图 4.150

第 4 章　After Effects 字幕特效

（8）在时间线窗口中右击，选择"新建"→"调整图层"命令新建一个调节层，选择菜单中的"效果"→"颜色校正"→"曲线"命令，为此层添加曲线调节。在效果控件面板中调节曲线的形状，如图 4.151 所示。

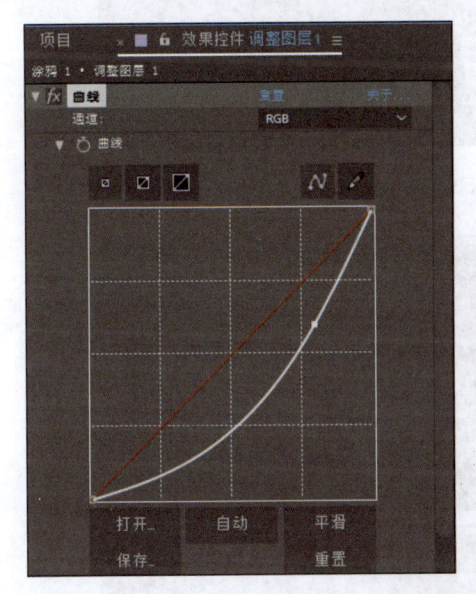

图　4.151

（9）在时间线窗口中右击，选择"新建"→"灯光"命令创建一盏灯，将文字图层从项目窗口拖到时间线窗口中，如图 4.152 所示。

图　4.152

（10）将刚才制作的文字图层复制并粘贴到"涂鸦 1"合成的时间线窗口中，展开摄像机的缩放属性，为该属性制作镜头伸缩的动画，如图 4.153 所示。

（11）按数字键盘的 0 键进行预览，如图 4.154 所示。

图 4.153

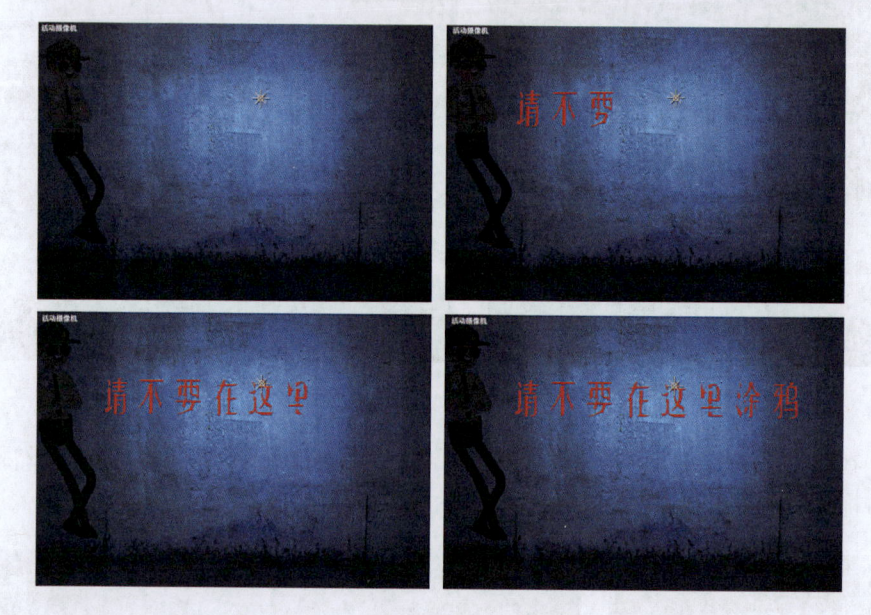

图 4.154

第 5 章

After Effects 表达式动画

5.1 认识表达式动画

表达式可大幅提升工作效率,值得花时间学习。

5.1.1 理解表达式

表达式能做些什么?在给 10 个不同对象设置 10 个各不相同的旋转动画关键帧时,可以先建立一个对象的旋转动画,然后用一个简单的表达式为其余对象的旋转设置不同的特点。整个操作过程并不需要用 Java 语言编写语句,运用 AE 的 Pick Whip 功能就能自动生成表达式。为属性添加表达式有以下几种方法。

方法 1:在时间线窗口中,展开图层的某一属性参数,然后选择"动画"→"添加表达式"命令。

方法 2:选择对象,在按住 Alt 键的同时单击该参数左边的 ○ 按钮即可在右边 Expression Field 区域中创建表达式,如图 5.1 所示。

图 5.1

下面介绍在添加表达式后才出现的按钮以及其对应的功能。

(1) ■ 表示表达式起作用,单击该按钮,按钮将会变为 ■,表示表达式不起作用。

(2) 单击 ■ 按钮,可以打开表达式的图表。其中表达式控制的图表采用红色显示,以区别于由关键帧控制的绿色图表,如图 5.2 所示。

(3) 将 ◎ 按钮拖动到另外一个参数上就可以建立二者之间的连接,如图 5.3 所示。

(4) 单击 ▶ 按钮弹出表达式的语言菜单,即可在其中选择表达式经常使用的程序变量和语句等元素,如图 5.4 所示。

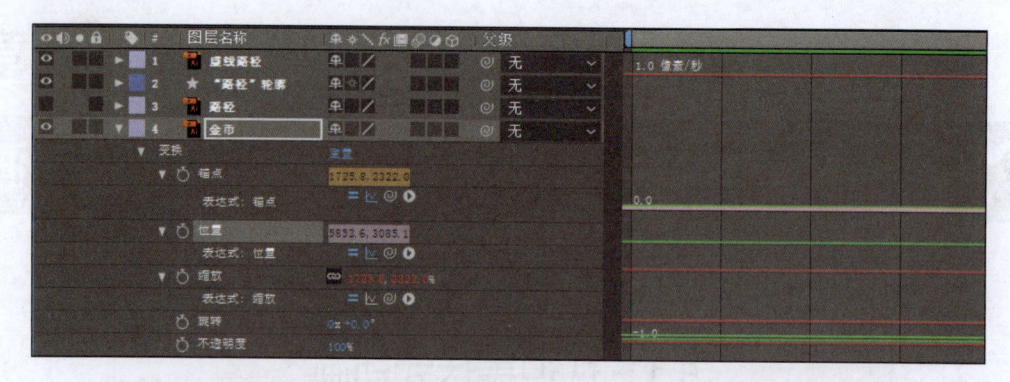

图 5.2

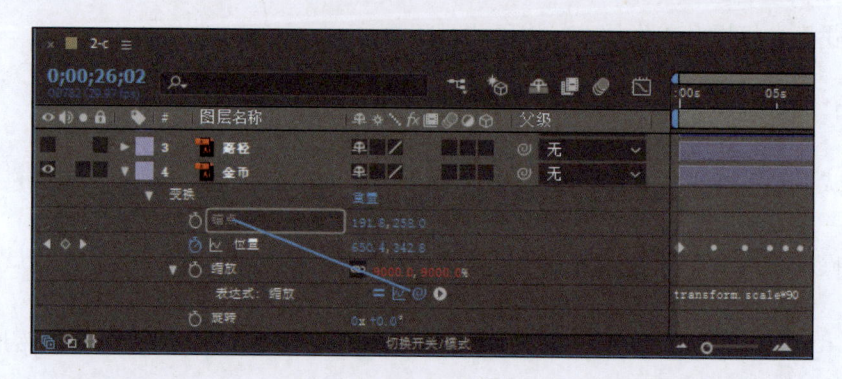

图 5.3

图 5.4

（5）时间条的区域内是表达式输入框，其中会显示表达式的内容，可以在其中直接编辑表达式。拖动边框可以调节其高度，也可以在其他的文本工具中编辑表达式，然后再复制、粘贴到表达式输入框中。在 AE 中，若要将图层指定为 3D 图层，可以在时间线窗口

第 5 章　After Effects 表达式动画

中单击该图层的 按钮，也可以选择"图层"→"3D 图层"命令。3D 图层相对于普通图层会相应增加如下一些图层参数：方向、X 轴旋转、Y 轴旋转、Z 轴旋转、材质选项等，如图 5.5 所示。

图　5.5

5.1.2　建立表达式

本例将使用 工具创建表达式动画，实现用表达式来控制一个图层的旋转以及另一个图层的缩放。

（1）打开本书配套资源中的 Frist.aep 文件，此时发现在合成中包含了 layerA 和 layerB 两个图层，如图 5.6 所示。

图　5.6

（2）首先制作 layerB 图层的旋转动画。在时间线窗口中选择 layerB 图层，然后按 R 键，展开图层的旋转属性。把时间帧移动到第 1 帧，确定旋转的值为 0，再单击 ⏱ 按钮，建立图层旋转的关键帧，如图 5.7 所示。

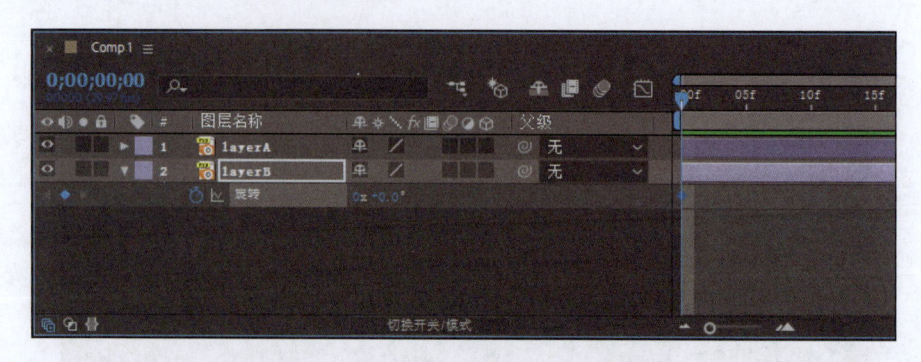

图 5.7

（3）把时间指针移动到最后一帧处，设置 layerB 图层的旋转属性值为 100，建立旋转的第 2 个关键帧，如图 5.8 所示。

图 5.8

（4）选择 layerA 图层，按 S 键展开其缩放属性，然后在按住 Alt 键的同时，单击 ⏱ 按钮，创建表达式，如图 5.9 所示。

图 5.9

（5）将 layerA 图层缩放属性的 ⊚ 工具按钮拖动到 layerB 图层的旋转属性上，再释放鼠标，如图 5.10 所示。

（6）layerA 的缩放属性与 layerB 图层的旋转属性已连接，如图 5.11 所示。这样一来，随着图层 layerB 的旋转，图层 layerA 也会发生缩放变化，如图 5.12 所示。

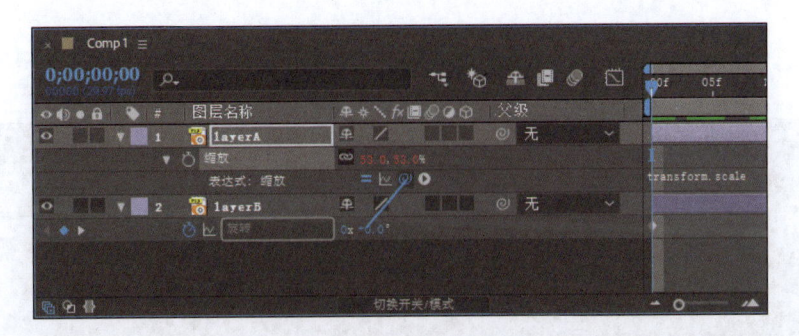

图 5.10

图 5.11

图 5.12

5.2　解读表达式

在学习表达式的过程中，既可以使用预设，也可以自定义表达式。本节将通过案例来解读表达式的含义。

继续前面的项目，前面通过 ⊕ 工具为 layerA 图层的缩放参数创建的表达式如下：

```
temp = thisComp.layer("layer B").rotation;
[temp, temp]
```

以上两行程序会让 layerA 图层的缩放跟随 layerB 图层的旋转属性发生变化。表达式是如何传达信息的呢？下面就来揭秘。

首先，程序会创建一个变量 temp，并且给变量赋值，让它等于 layerB 图层的旋转值。之后，在表达式第二行用一个二维数组为 layerA 图层的缩放参数赋值，如图 5.13 所示。

{thisComp.Layer("layerB").Ration,thiscomp.layer("layerB").Ration}

图 5.13

5.2.1 错误提示

输入的表达式发生错误在所难免。当表达式出现错误不能运行时，程序会弹出一个错误提示。

（1）继续刚才的操作，在时间线窗口中，参照图 5.14 把 layerB 图层的名字修改为 layerC，则程序会弹出错误提示。

图 5.14

（2）此时的错误提示会告知 layerC 图层缺失或不存在，并指出错误出现在表达式的第 1 行中，因此，该表达式无效。时间线窗口使用 ⚠ 图标表示该表达式有问题，单击该图标可以打开错误提示，如图 5.15 所示。

图 5.15

将图层名字改回原来的 layerB，则⚠图标消失，表达式恢复正常。

5.2.2 数组和表达式

有的图层参数只需要一个数值就能表示（例如不透明度），因此被称为一维数组；有的需要两个数值才能表示（例如二维图层的缩放性能，分别用两个数值表示图层在 X 轴和 Y 轴方向上的缩放），因此被称为二维数组；而颜色信息用 RGB 三个分量来表示，被称为三维数组。

当表达式将一个一维数组参数（如不透明度）和一个二维数组的参数（如位置）相连接时，AE 将不知所措。为了解决这个问题，可以通过在参数后面添加一个用方括号标注数值在数组中的位置，来确定提取数组中的相应数值。

可以在表达式中对数值进行运算，以便画面变大、变小，或者让变化效果加快、减慢。

（1）继续刚才的操作。在时间线窗口 layerA 图层的缩放参数的表达式输入框中，将原来的表达式修改为：

```
temp=thisComp.Layer("layerB").rotation;
[temp,temp*2]
```

从中可以看到在表达式的第二行最后添加了"*2"的数值运算。在合成窗口中 layerA 变成了矩形，layerA 的缩放参数显示图层 Y 轴方向上的缩放是 X 轴方向上的两倍，这正是刚才添加数值后运算的结果，如图 5.16 所示。

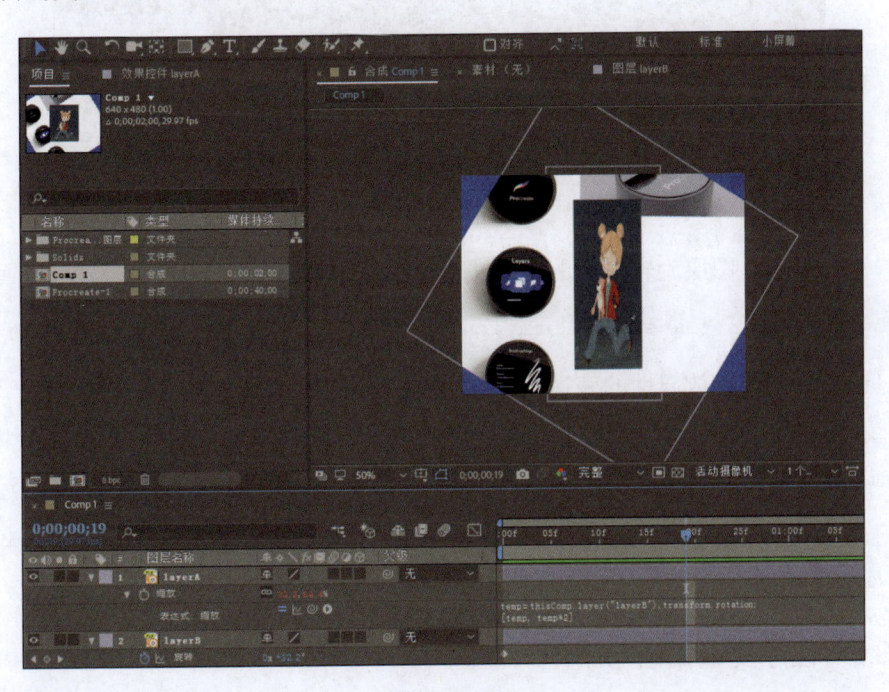

图 5.16

（2）选择 layerA 图层，然后按 Ctrl+D 键复制出一个 layerA2 图层。保持对 layerA2

图层的选择，按 S 键展开图层的缩放属性，可以看见它已经有了一个表达式。然后按 Shift+R 键，即可增加 layer2 图层的旋转属性的显示，如图 5.17 所示。

图 5.17

（3）为 layerA2 图层的旋转属性添加一个表达式，并且用 ⊙ 工具将它和 layerB 图层的旋转属性相连接，如图 5.18 所示。

图 5.18

（4）把 layerA2 图层旋转属性的表达式修改为：

ThisComp,layer("layerB").Rotation

把 layerA2 图层缩放属性的表达式修改为：

temp=thisComp.Layer("layerB").Rotation;
[temp-7,temp-7]

（5）在合成窗口中预览动画，可以看见 layerA2 图层始终小于 layerA 图层，并且旋转方向和 layerB 图层正好相反，如图 5.19 所示。

5.2.3 程序变量和语句

AE 表达式中经常会用到程序变量。当属性之间发生关联时，某一属性的改变会自然地引发与之相关联的属性变化。

第 5 章　After Effects 表达式动画

（1）创建一个新项目，如图 5.20 所示。然后在项目窗口单击 ![] 按钮建立合成，并将其命名为 Comp-Rand，如图 5.21 所示。

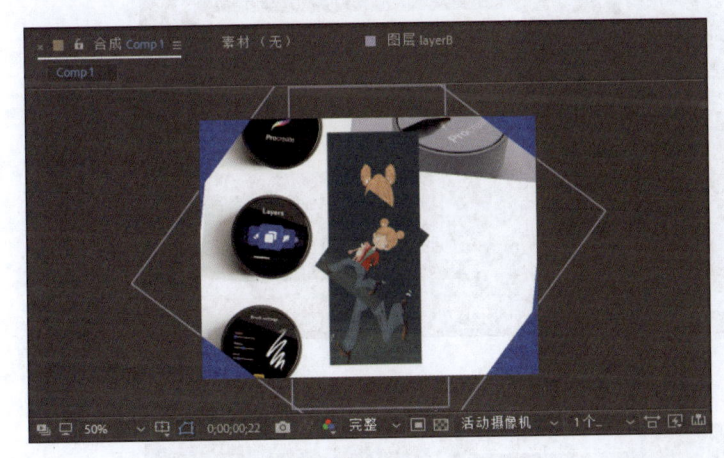

图　5.19

图　5.20

（2）在 Comp-Rand 的时间线窗口中，按 Ctrl+Y 键弹出 "纯色设置" 对话框。如图 5.22 所示，创建纯色图层，设颜色为黄色，并将其命名为 LA，得到图 5.23 所示的效果。

图　5.21

图　5.22

（3）选择 LA 图层，按 T 键，展开其不透明度属性，在按住 Alt 键的同时单击 ![] 按钮创建表达式。在表达式输入框中输入表达式：random(100)，注意，表达式中的符号皆为英文状态下的半角符号，如图 5.24 所示。

在该表达式中，random 是一个语句，使用它可以得到在指定范围中的随机数值。其后面的圆括号中可输入范围数值，在这里是 100。在 AE 的表达式中，除了常用到的程序变量外，有时为了完成一些特定的任务，还会用到语句。例如 rgbToHsl 语句，并不提供具体的数值，但可以将图层颜色的 RGB 数值转换成 HSL 数值。因此可以将这类语句看作特殊的运算符号，如图 5.25 所示。

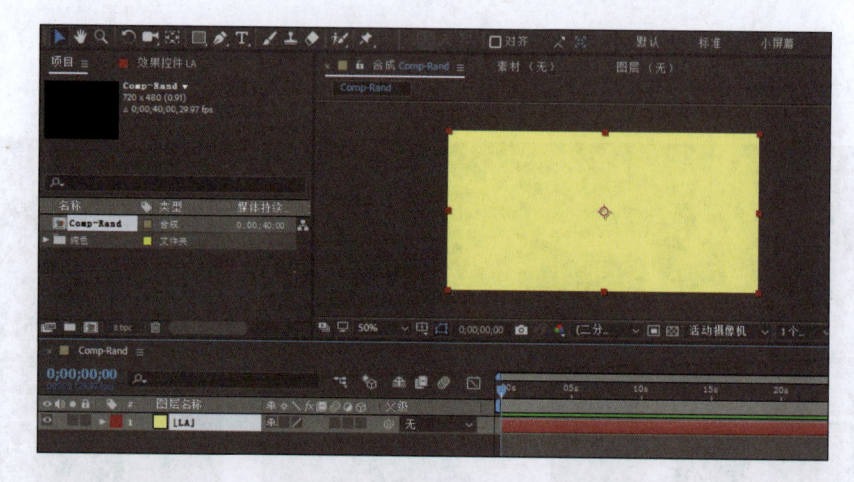

图 5.23

图 5.24

图 5.25

5.3 表达式控制器

AE 提供了多种不同的表达式控制器，通过这些控制器可以制作程序动画。若对属性设定父子关系，使用父级功能，则图层的所有参数都会直接应用到子层中，然而使用表达式可有选择性地指定父子关系。创建表达式控制器的命令位于菜单栏中的"效果"→"表达式控制"命令之下。如果把这些命令与表达式强强联合，便能发挥巨大的作用。

5.3.1 Time 表达式

在 AE 中，Time（时间）表达式可以控制动画的持续时间，还可以用来设置时间的偏移、速度等与时间相关的信息。

（1）打开本书配套资源中的 Time.aep 文件，如图 5.26 所示。将时间指针移动到第 1 帧，选择 LA 图层，按 Ctrl + D 键 4 次将图层复制 4 次，如图 5.27 所示。然后选择复制的图层，按 P 键，展开它们的位移参数，单击 ⏱ 图标，去掉关键帧，这样就没有了位移动画，如图 5.28 所示。

图 5.26

图 5.27

图 5.28

（2）如图 5.29 所示，为复制图层的所有位移参数都建立表达式，在表达式输入框中输入如下语句：

```
thisComp.layer(thisLayer,+1).position.valueAtTime(time-0.2)
```

图 5.29

（3）在合成窗口中预览动画，可以发现复制的图层一个接一个紧随着 LA 图层运动，如图 5.30 所示。

图 5.30

表达式中的"thisLayer, + 1"是指本图层的下面一个图层。时间线窗口中的每一个图层都有一个序号，序号越大图层越靠下，在本图层序号上加 1 即表示本图层下方的第一个图层。"Position.valueAtTime(time-0.2)"是指在哪一时间点的位移参数的值。

5.3.2 Wiggle 表达式

用 Wiggle（摆动）表达式可以在指定范围内随机产生一个数字。Wiggle 表达式与 Random 表达式不同之处在于，前者还可以指定数值变化的频率。

（1）打开本书配套资源中的 Wiggle.aep 文件，如图 5.31 所示。

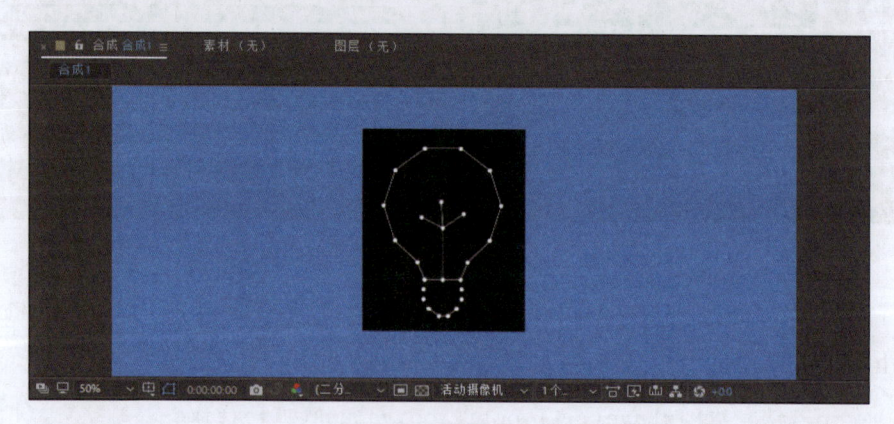

图 5.31

（2）在时间线窗口中选择 LA 图层，按 P 键展开位置参数，然后为位置参数添加图 5.32 所示的表达式（注意大小写）：

```
wiggle(3.50)
```

图 5.32

（3）在合成窗口中预览动画，单击 按钮显示表达式动态线，如图 5.33 所示。在其中还可以输入新的数值来观察图层的变化，通过对位移旋转颜色运用 Wiggle 表达式，可以让图层的动画效果更添活力。

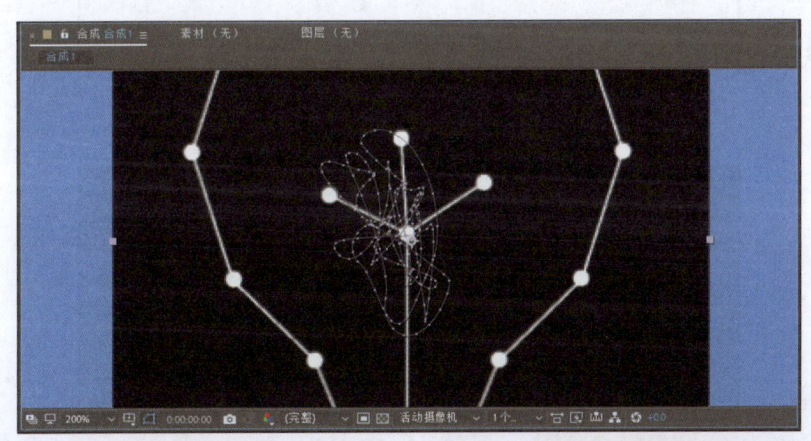

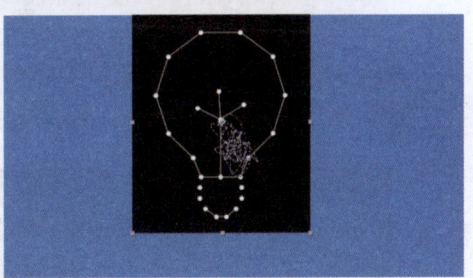

图 5.33

5.3.3 将表达式动画转换成关键帧

虽然表达式功能很强大，但有时也必须用到关键帧动画。通过本例的介绍，希望大家能够对 AE 中的表达式有一定的了解，并初步体会它的神奇功能以及它和关键帧各自的优点。

（1）继续前面的项目，在时间线窗口中选择图层的位置属性。选择"动画"→"关键帧辅助"→"将表达式转换为关键帧"命令,如图 5.34 所示。这样就将表达式转换成了关键帧,如图 5.35 所示。

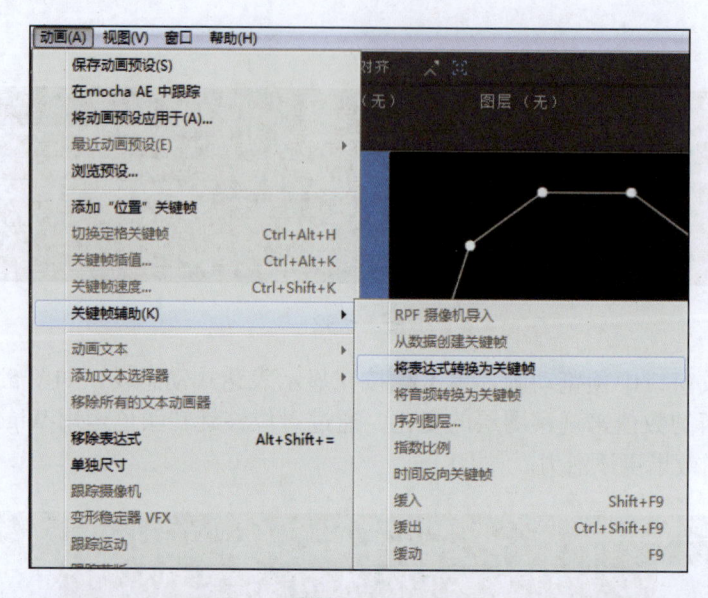

图 5.34

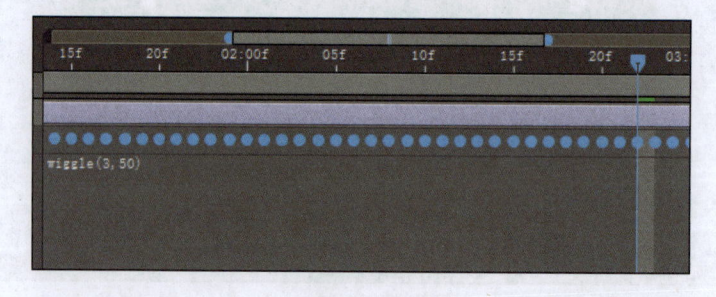

图 5.35

(2)按住 Alt 键的同时单击位置参数前的■按钮,去除表达式,如图 5.36 所示。然后将位置参数最开始和最后的几个关键帧删掉,如图 5.37 所示。

图 5.36

(3)按 V 键调用选取工具,在合成窗口中将动画第 1 帧的方块移动到画面之外,在最后 1 帧也将方块移动到画面之外,之后建立两个位移的关键帧,如图 5.38 所示。

最终形成一个方块进入画面并在画面中抖动然后离开画面的动画,如图 5.39 所示。

图 5.37

图 5.38

图 5.39

5.4 表达式控制器案例实操

下面通过表达式控制器来学习一些常用的动画操作。

5.4.1 控制表达式动画

可以用 Control 表达式控制物体的滑动效果。

（1）打开本书配套资源中的 Control.aep 文件，其时间线窗口中共有 20 个图层，每个图层的位置参数中都有一个 wiggle（3,320）表达式用来控制图层的运动，如图 5.40 所示。

（2）选择"图层"→"新建"→"空对象"命令，建立一个空层，并命名为 Controller。在时间线窗口中选择 Controller 图层，然后选择"效果"→"表达式控制器"→"滑块控制"命令，为图层添加表达式控制器，如图 5.41 所示。

（3）在时间线窗口中单击 Controller 图层的 按钮，关闭其显示属性。在"效果控件"窗口中选择颜色控制滤镜，按 Enter 键，然后输入文字 How Often，为滤镜重命名，如图 5.42 所示。选择 How Often，然后按 Ctrl + D 键复制该滤镜，并将其重命名为 How Much，如图 5.43 所示。

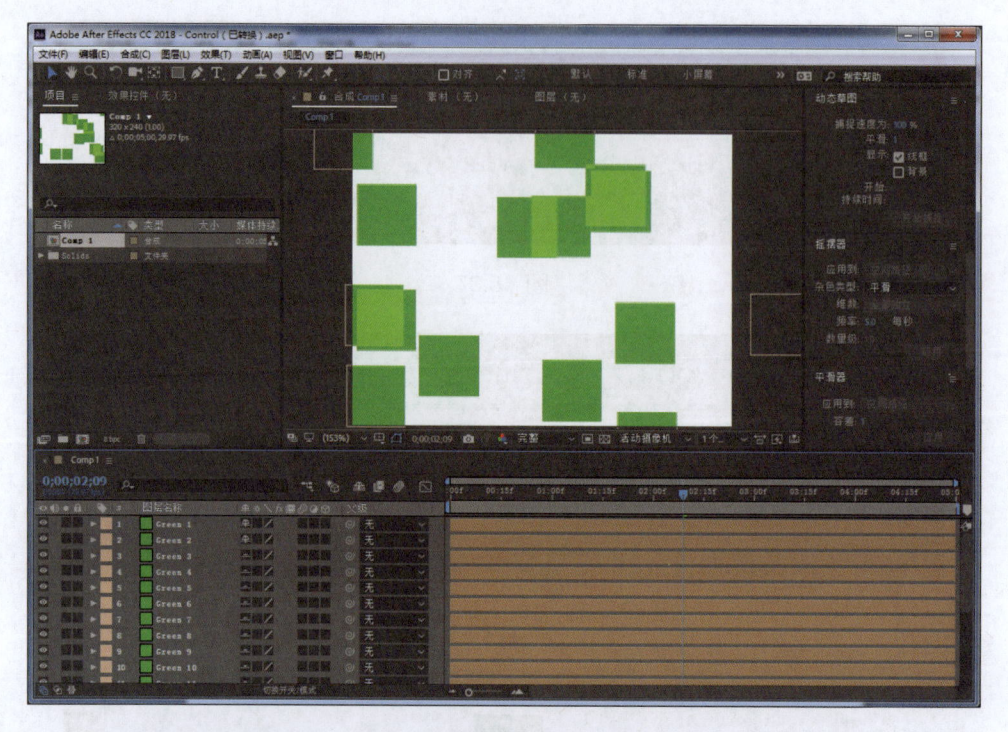

图 5.40

图 5.41

图 5.42 　　　　　　　　　　　　　图 5.43

（4）选择 Green 1 图层，按 P 键展开位置参数，在表达式输入框中删除原来的表达式，并输入 "wiggle("。如图 5.44 所示，将 ⌖ 工具按钮拖动到 Controller 图层的 How Often 的滑块控制器上，此时表达式为：

```
temp = thisComp.layer("Controller").effect("How Often")("滑块")
```

110

第 5 章　After Effects 表达式动画

图　5.44

（5）如图 5.45 所示，在表达式后加上逗号，然后再用 🖱 工具按钮将 Controller 图层的 How Much 滤镜的滑块控制器添加到表达式中，最后在表达式结尾处加上括号。最终表达式如下：

图　5.45

```
wiggle(thisComp.layer("Controller").effect("How Often")
("滑块"),thisComp.layer("Controller").effect("How Much")("滑块"))
```

（6）在除了 Controller 图层之外所有图层的位置参数中复制该表达式，这样就可以通过调节 Controller 图层的 How Often 和 How Much 的值来控制这 20 个层的运动。设置 How Often 的值为 1.5，并为 How Much 设置关键帧，第 0 帧为 350，最后 1 帧为 0，如图 5.46 所示。

图　5.46

111

（7）按数字键盘的 0 键预览动画，发现画面上闪烁的方块会逐渐向中心聚集，并慢慢停下来，如图 5.47 所示。

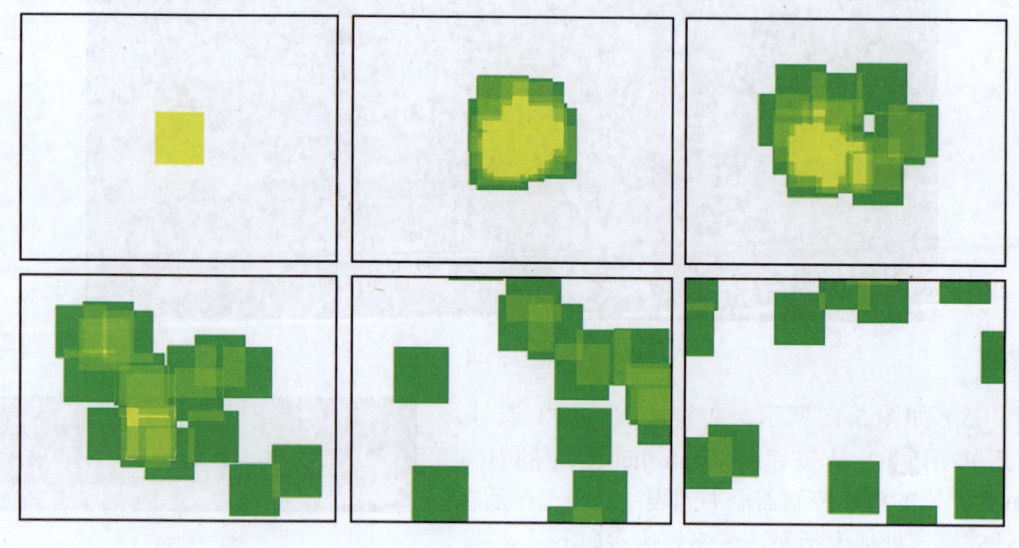

图　5.47

5.4.2　雷电表达式

本例主要复习表达式的应用。利用物体的位置和滤镜位置产生连接，得到出色的动画效果，如图 5.48 所示。

图　5.48

（1）新建项目，在项目窗口导入本书配套资源中的 ball.psd 文件，双击 ball 合成，将其在时间线窗口打开，如图 5.49 所示。将时间线窗口内的 3 个图层分别命名为"背景""云朵""飞机"，如图 5.50 所示。

（2）选择主菜单中的"合成"→"合成设置"命令，打开"合成设置"对话框，设置新的尺寸，如图 5.51 所示。

（3）选择"背景"图层，将其放大，并将"飞机"图层和"云朵"图层分别放置于不同的位置，如图 5.52 所示。

第 5 章　After Effects 表达式动画

图 5.49

图 5.50

图 5.51

图 5.52

（4）选中"云朵"图层，按 S 键展开缩放属性，并设置其缩放值为 60%。选择菜单中的"窗口"→"动态草图"命令，打开"动态草图"面板，设置参数，如图 5.53 所示。

（5）单击"开始捕捉"按钮，然后拖动鼠标在合成窗口中描绘路径，此时软件将根据鼠标的移动记录运动位置并应用到该层的位置属性。松开鼠标，按 P 键展开"云朵"层的位置属性，可以看到"云朵"层中位置属性的关键帧已经根据刚才鼠标的移动自动生成，如图 5.54 所示。

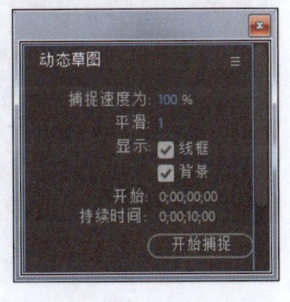

图 5.53

113

图 5.54

（6）按数字键盘的 0 键进行预览，合成窗口中已经有一个球体在不停地运动。参照"云朵"层的方法设置"飞机"层。继续按数字键盘的 0 键进行预览，如图 5.55 所示。

图 5.55

（7）选择菜单中的"图层"→"新建"→"纯色"命令，新建一个固态层，命名为 Light。选中 Light 层，选择菜单中的"效果"→"过时"→"闪光"命令，为其添加 Lighting 滤镜，保留闪光滤镜参数不变，如图 5.56 所示。将 Light 层的叠加方式设定为"相加"，如图 5.57 所示。

（8）选中 Light 层，在时间线窗口中打开闪光滤镜的参数。选中起始点属性，选择菜单中的"动画"→"添加表达式"命令，为该属性增添表达式。选中所有图层，连续按 U 键，直到打开所有动画属性。然后将 Light 层起始点属性右边的 ◎ 按钮拖动到"云朵"层的位置属性处，

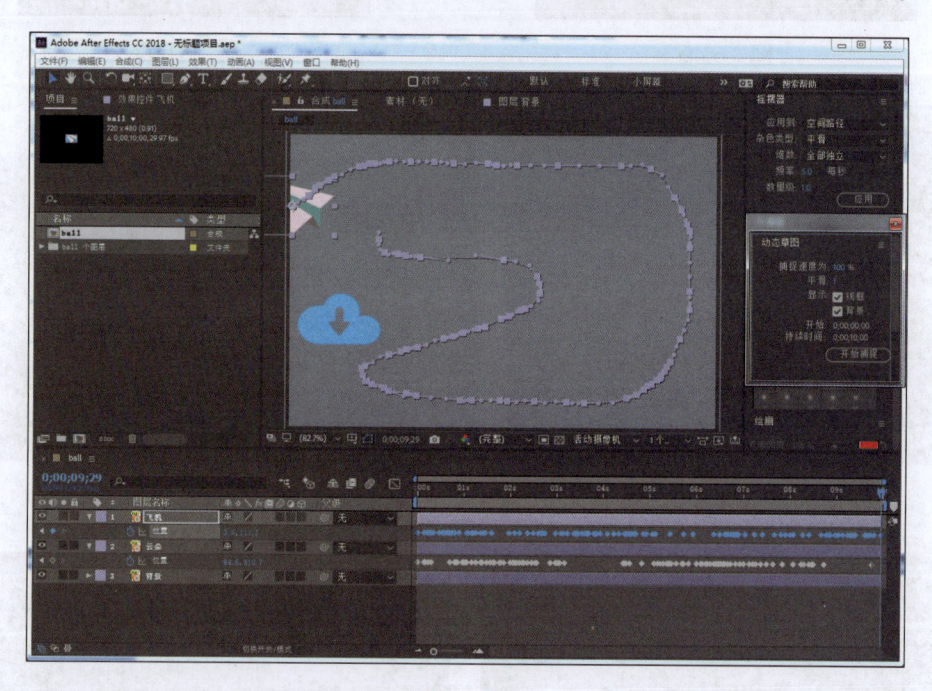

图 5.56

114

松开鼠标，如图 5.58 所示。

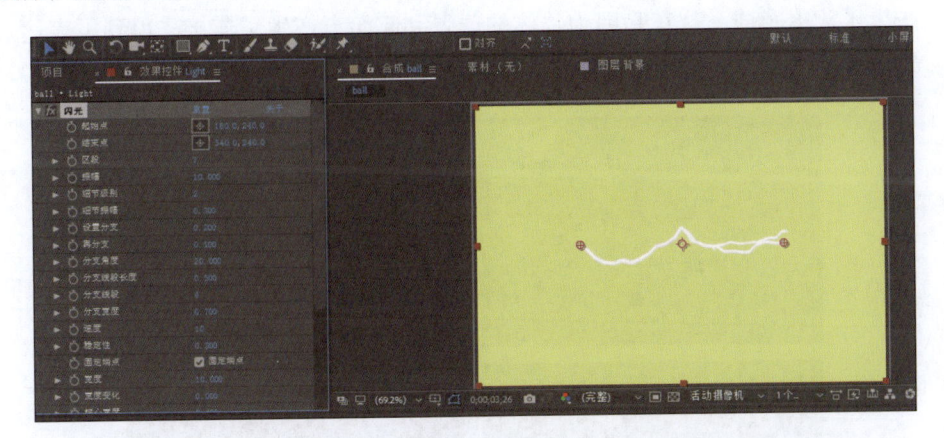

图 5.57

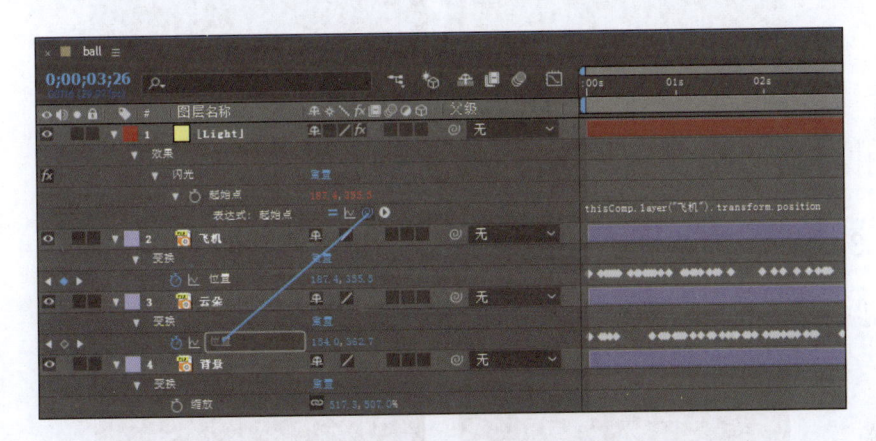

图 5.58

（9）同样，选中 Light 层的结束点属性，选择菜单中的"动画"→"添加表达式"命令，为该属性增添表达式。按照相同的方法将结束点属性关联到"飞机"层的位置属性，如图 5.59 所示。

图 5.59

（10）单击 Light 图层右边的 ◎ 按钮进行滤色。按数字键盘的 0 键进行预览，飞机和云朵均产生了放电感应。这正是因为物体的位置和起始点产生了连接，得到了表达式动画效果，如图 5.60 所示。

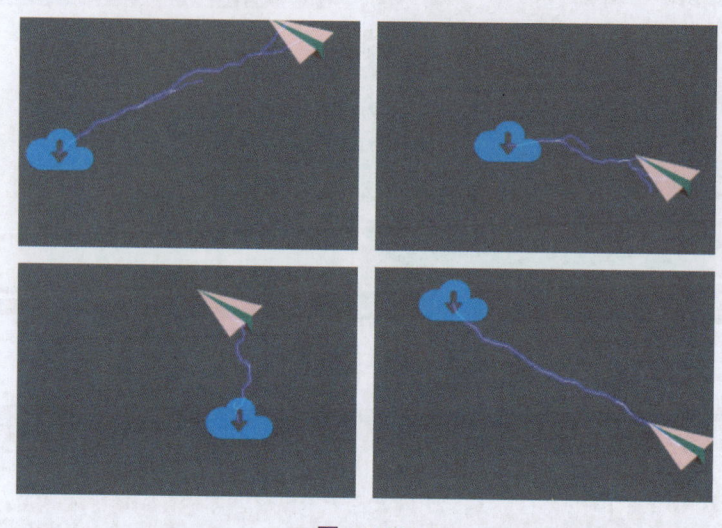

图　5.60

5.4.3　线圈运动表达式

本例练习线圈运动表达式的应用，如图 5.61 所示。

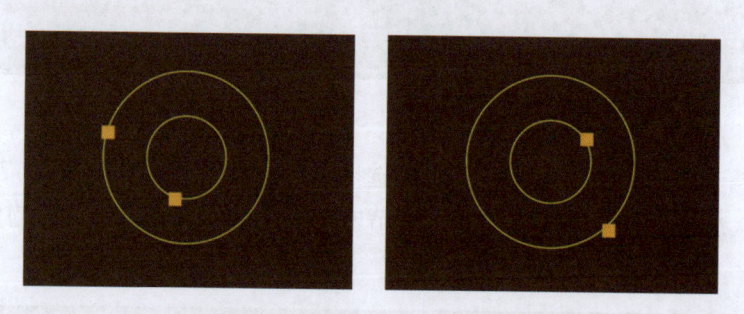

图　5.61

（1）选择菜单中的"合成"→"新建合成"命令，新建一个合成，并命名为"线圈运动"，如图 5.62 所示。选择菜单中的"图层"→"新建"→"纯色"命令,新建一个固态层，命名为"背景"，如图 5.63 所示。

（2）选择菜单中的"图层"→"新建"→"纯色"命令，新建一个固态层，命名为 Circle，如图 5.64 所示。选择 ◎ 工具按钮，按住 Shift 键的同时单击，即可在合成窗口中绘制一个正圆形蒙版，之后将此蒙版移动到合成窗口中，如图 5.65 所示。

（3）选中 Circle 层，选择菜单中的"效果"→"生成"→"描边"命令，为其添加一个描边滤镜，如图 5.66 所示，在特效控制面板中调整参数（注意设置"绘画样式"为"在透明背景上"），如图 5.67 所示。

第 5 章　After Effects 表达式动画

图　5.62

图　5.63

图　5.64

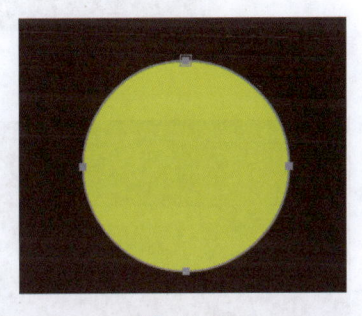

图　5.65

图　5.66

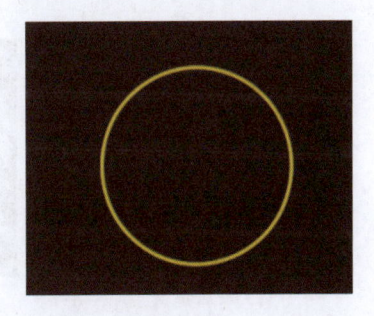

图　5.67

（4）选择菜单中的"图层"→"新建"→"纯色"命令，新建一个固态层，并命名为"块"，如图 5.68 所示。选中"块"层，按 P 键展开"块"层的位置属性。选中位置属性，再选择菜单中的"动画"→"添加表达式"命令，为当前属性添加表达式，在表达式输入栏中输入以下表达式（调整表达式中的 Radius 值可以改变"块"层的运动半径），如图 5.69 所示。

```
radius = 185;                                      // 环绕旋转的圆的半径
cycle = 3;                                         // 完成旋转一圈所需的秒数
if (cycle == 0) {cycle = 0.001;}                   // 避免除法运算中除数为0
phase =90;                                         // 从底部算起的初始相位(角度)
reverse = -1;                                      // 1为逆时针旋转,-1为顺时针旋转
X = Math.sin(reverse * degrees_to_radians(time * 360 / cycle + phase));
Y = Math.cos(degrees_to_radians(time * 360 / cycle + phase));
add(mul(radius, [X,Y]),position)
```

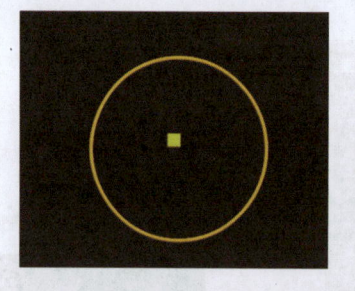

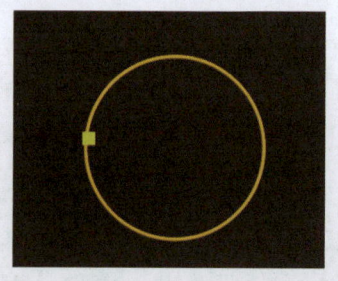

图 5.68

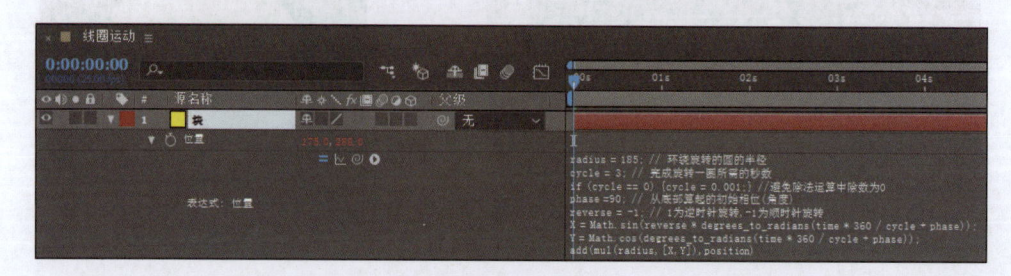

图 5.69

（5）按数字键盘的 0 键进行预览，如图 5.70 所示。

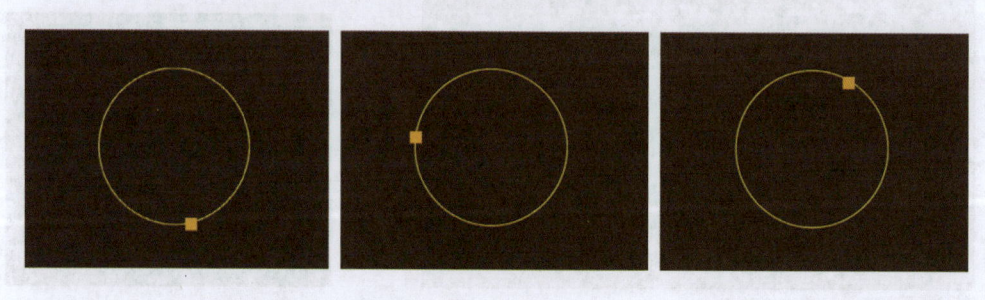

图 5.70

（6）用同样的方法再创建一个圆圈和一个块，使在内圈的方块绕着内圈旋转；在块的表达式中调整 Radius 和 Phase 的值，使得内外方块运动的顺序有先后之分，如图 5.71 所示。

5.4.4　音频指示器

本例练习音频指示器表达式的应用，如图 5.72 所示。

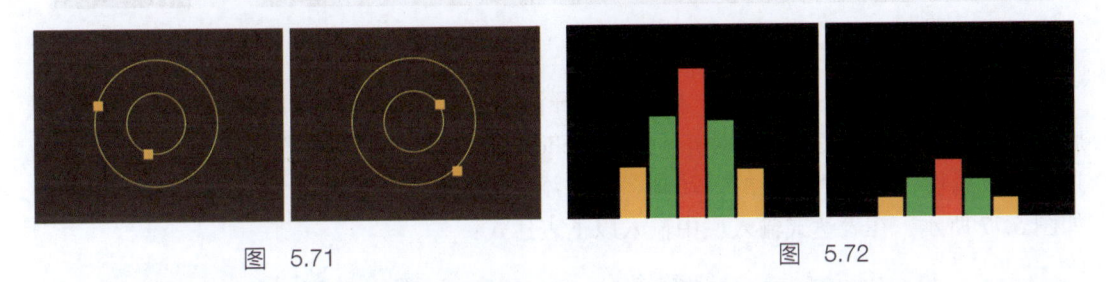

图　5.71　　　　　　　　　　　　　　图　5.72

（1）选择菜单中的"合成"→"新建合成"命令，新建一个合成，命名为"音频指示器"，如图 5.73 所示。选择菜单中的"文件"→"导入"→"文件"命令，导入本书资源中的 DJ.mp3 文件，如图 5.74 所示，并将其拖动到时间线窗口中。

图　5.73　　　　　　　　　　　　　　图　5.74

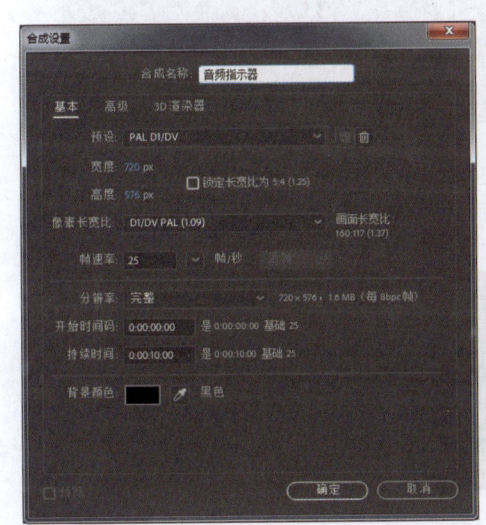

（2）选中 DJ.mp3 层，选择菜单中的"动画"→"关键帧辅助"→"将音频转换为关键帧"命令。应用命令后，时间线窗口会自动产生一个新层"音频振幅"，此时按 U 键，可以看到"音频振幅"层已添加的关键帧，如图 5.75 所示。

（3）选择菜单中的"图层"→"新建"→"纯色"命令，新建一个固态层，命名为 Yellow Solid 1。选中 Yellow Solid 1 层，单击工具栏中的■按钮，在合成窗口中将 Yellow Solid 1 层的轴心点移动到图层底部，如图 5.76 所示。

图 5.75　　　　　　　　　　　　　　　　　　　　图 5.76

（4）选中 Yellow Solid 1 层，按 P 键展开该层的位置属性，调整位置参数，使得图层底部恰好与合成窗口底部边缘对齐。选中 Yellow Solid 1 层，按 S 键展开该层的缩放属性。选中缩放属性，选择菜单中的"动画"→"添加表达式"命令，为缩放属性添加表达式。如图 5.77 所示，在表达式输入栏中输入以下表达式：

```
temp = thisComp.layer("音频振幅").effect("Left Channel")("Slider")+20;
[100, temp]
```

图 5.77

（5）按数字键盘的 0 键进行预览，如图 5.78 所示。

图 5.78

（6）用同样的方法，再新建几个固态层，并调整其位置，使其组合成音频波形指示器。为了使中间的红色指示器波动幅度最大，绿色次之，黄色波动幅度最小，需调整各表达式中的参数。其中，绿色指示器表达式如下：

```
temp = thisComp.layer("音频振幅").effect("左声道")("滑块")+20;
[100, temp*2]
```

红色指示器的表达式如下：

```
temp = thisComp.layer("音频振幅").effect("两个通道")("滑块")+20;
[100, temp*3]
```

在制作右半边的波形指示时，要将右边的黄色和绿色波形指示层的表达式中的"左声道"换成"右声道"。按数字键盘的 0 键预览最终效果，如图 5.79 所示。

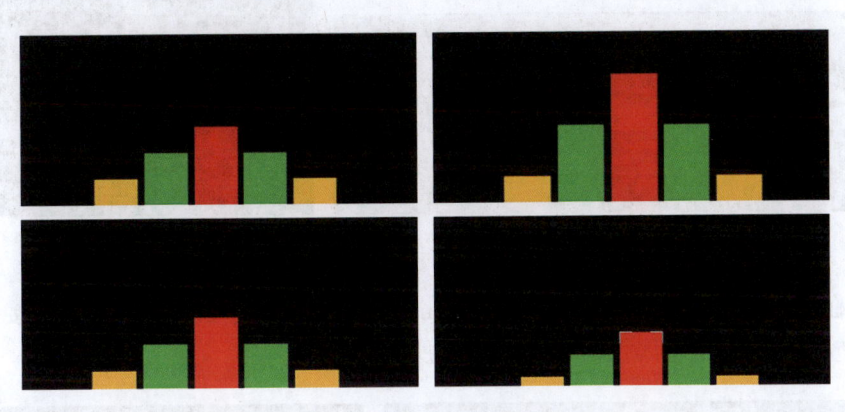

图 5.79

5.4.5 锁定目标表达式

本例练习锁定目标表达式的应用，如图 5.80 所示。

图 5.80

（1）选择菜单中的"合成"→"新建合成"命令，新建一个合成，命名为"导弹"。选择菜单中的"文件"→"导入"→"文件"命令，导入本书资源中的 flames.mov、rockei.psd 和 target.psd 文件，如图 5.81 所示。

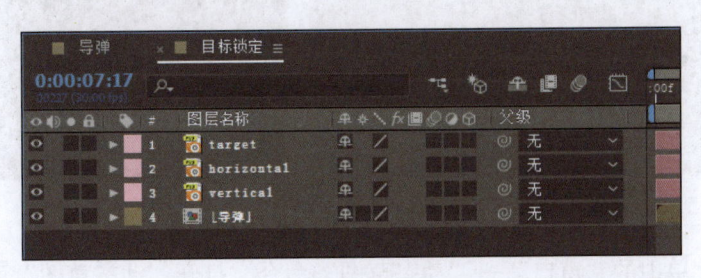

图 5.81

（2）将项目窗口中的 flames.mov 和 rocket.psd 拖到时间线窗口中，并将 flames.mov 放在底层。在时间线窗口中选中这两个图层，按 S 键展开这两层的缩放属性，如图 5.82 所示。

图 5.82

（3）在选中这两个图层的情况下，按 Shift+R 键展开这两层的旋转属性。接着设置这两层的缩放、位置和旋转属性值，如图 5.83 所示。

图 5.83

（4）选择菜单中的"合成"→"新建合成"命令，新建一个合成，命名为"目标锁定"。将项目窗口中的"导弹"拖到"目标锁定"合成的时间线窗口中，如图 5.84 所示。

图 5.84

（5）选择菜单中的"窗口"→"动态草图"命令，打开"动态草图"面板，单击图中的"开始捕捉"按钮，如图 5.85 所示，开始记录。在合成窗口中根据需要拖动鼠标描绘路径，如图 5.86 所示。

图 5.85

图 5.86

（6）描绘路径后，选择菜单中的"图层"→"变换"→"自动方向"命令，在弹出的对话框中选择"沿路径定向"选项，如图 5.87 所示。此时，按数字键盘的 0 键进行预览，如图 5.88 所示。

图 5.87

图 5.88

（7）选中"导弹"层，按 U 键展开"导弹"层已经添加关键帧的属性，可以看到位置属性在每帧均产生了关键帧，接下来，将这些关键帧中的冗余部分去掉。单击位置属性，可以看见所有的关键帧均已选中。选择菜单中的"窗口"→"平滑器"命令，单击"应用"按钮，如图 5.89 所示。这时再打开位置属性可以发现，关键帧已经减少，如图 5.90 所示。

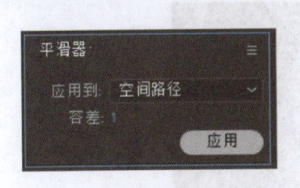

图 5.89

图 5.90

（8）将项目窗口中属于 target.psd 的 3 个独立层文件拖动到"锁定目标"的时间线窗口中，并根据图形分别将各层重命名为 target、vertical 和 horizontal。选中 target 层，按 P 键展开 target 层的位置属性。选中位置属性,再选择菜单中的"动画"→"添加表达式"命令，为当前属性添加表达式。如图 5.91 所示，在表达式输入栏中输入以下表达式：

```
thisComp.layer("导弹").position
```

图 5.91

（9）选中 target 层，按 T 键展开 target 层的不透明度属性，并将不透明度属性值改为 85%。按数字键盘的 0 键进行预览，如图 5.92 所示。

图 5.92

（10）选中 vertical 层，按 P 键展开 vertical 层的位置属性。选中位置属性，再选择菜单中的"动画"→"添加表达式"命令，为当前属性添加表达式。在表达式输入栏中输入以下表达式：

[thisComp.layer("导弹").position[0],120]

（11）选中 horizontal 层，按 P 键展开 horizontal 层的位置属性。选中位置属性，再选择菜单中的"动画"→"添加表达式"命令，为当前属性添加表达式，在表达式输入栏中输入以下表达式：

[160,thisComp.layer("导弹").position[1]]

（12）按数字键盘的 0 键进行预览，如图 5.93 所示。

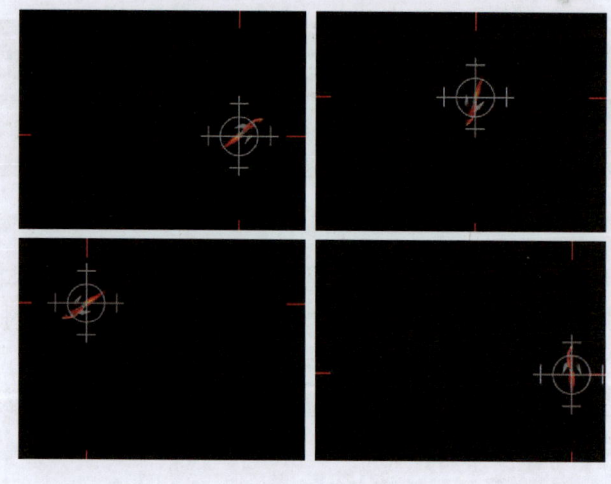

图 5.93

5.4.6 螺旋花朵表达式

本例练习螺旋花朵表达式的应用,如图 5.94 所示。

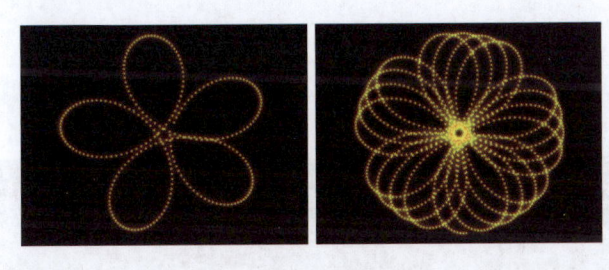

图 5.94

（1）选择菜单中的"合成"→"新建合成"命令,新建一个合成,命名为"螺旋花朵",如图 5.95 所示。选择菜单中的"图层"→"新建"→"纯色"命令,新建一个固态层,并命名为"螺旋",如图 5.96 所示。

图 5.95

图 5.96

（2）选中"螺旋"层,选择菜单中的"效果"→Generate→"写入"命令,为其添加写入滤镜,如图 5.97 所示。在特效控制面板中调整参数,选中"螺旋"层,在时间线窗口中展开写入滤镜的参数,选中 Brush 位置属性,选择菜单中的"动画"→"添加表达式"命令,为其添加表达式。如图 5.98 所示,在表达式输入栏中输入以下表达式：

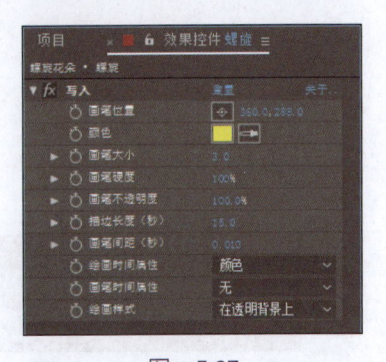

图 5.97

```
rad1=87; rad2=-18; offset=80; v=23; s=2;
x=(rad1+rad2)*Math.cos(time*v) -(rad2+offset)*Math.cos((rad1+rad2)
  *time*v/rad2);
y=(rad1+rad2)*Math.sin(time*v) - (rad2+offset)*Math.sin((rad1+rad2)
  *time*v/rad2);
[s*x+this_comp.width/2,s*y+this_comp.height/2];
```

图 5.98

（3）按数字键盘的 0 键进行预览，如图 5.99 所示。

图 5.99

（4）选中"螺旋"层，选择菜单中的"效果"→"模糊和锐化"→"高斯模糊"命令，为其添加高斯模糊滤镜，在特效控制面板中调整参数，如图 5.100 所示。选中"螺旋"层，选择菜单中的"效果"→"风格化"→"发光"命令，为其添加发光滤镜，在特效控制面板中调整参数，如图 5.101 所示。

图 5.100    图 5.101

（5）按数字键盘的 0 键进行预览，如图 5.102 所示。

图 5.102

5.4.7 钟摆运动表达式

本例练习钟摆运动表达式的应用，如图 5.103 所示。

图 5.103

（1）选择菜单中的"合成"→"新建合成"命令，新建一个合成，命名为"钟摆运动"，如图 5.104 所示。选择菜单中的"图层"→"新建"→"纯色"命令，新建一个固态层，并命名为"钟摆支点"，如图 5.105 所示。

图 5.104

图 5.105

（2）选择菜单中的"文件"→"导入"→"文件"命令，导入本书配套资源中的"钟摆背景.tga"文件，并将其拖曳到时间线窗口中，放在最底层作为背景，如图 5.106 所示。

图 5.106

（3）选择菜单中的"图层"→"新建"→"纯色"命令，新建一个固态层，命名为"钟摆指针"。单击工具栏中的■工具按钮，在合成窗口中单击绘制一个矩形的蒙版，再单击工具栏中的○工具按钮，按住 Shift 键的同时单击再画一个圆形蒙版。移动"钟摆指针"的两个 Mask 以及"钟摆支点"的位置，使得此时合成窗口内的图形组成钟摆的形状，如图 5.107 所示。

（4）选中"钟摆指针"层，在时间线窗口中将其父层指定为"钟摆支点"层，选中"钟摆支点"层，按 R 键展开"钟摆支点"层的旋转属性。选中旋转属性，选择菜单中的"动画"→"添加表达式"命令，为该属性添加表达式。如图 5.108 所示，在表达式输入栏中输入以下表达式：

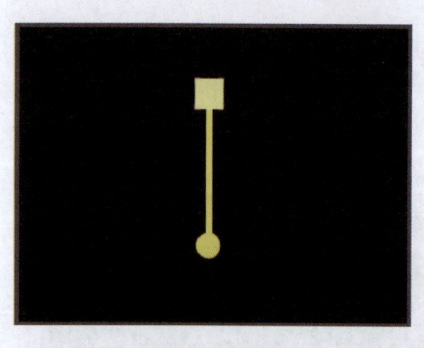

图 5.107

```
veloc=7;
amplitude=80;
decay=.6;
amplitude*Math.sin(veloc*time)/Math.exp(decay*time)
```

（5）在时间线窗口中打开"钟摆支点"层和"钟摆指针"层的运动模糊开关，并确认时间线窗口中的运动模糊按钮已被按下，如图 5.109 所示。

（6）按数字键盘的 0 键预览最终效果，如图 5.110 所示。

第 5 章　After Effects 表达式动画

图　5.108

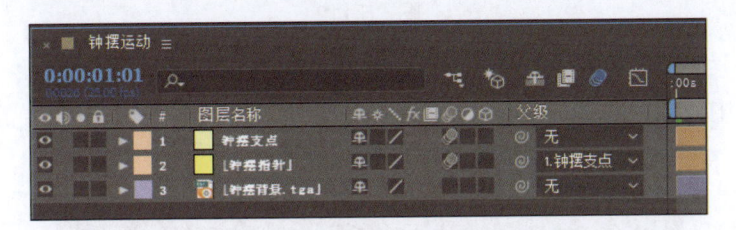

图　5.109

图　5.110

5.4.8　放大镜表达式

本例练习使用表达式以及球面化滤镜模拟放大镜效果，如图 5.111 所示。

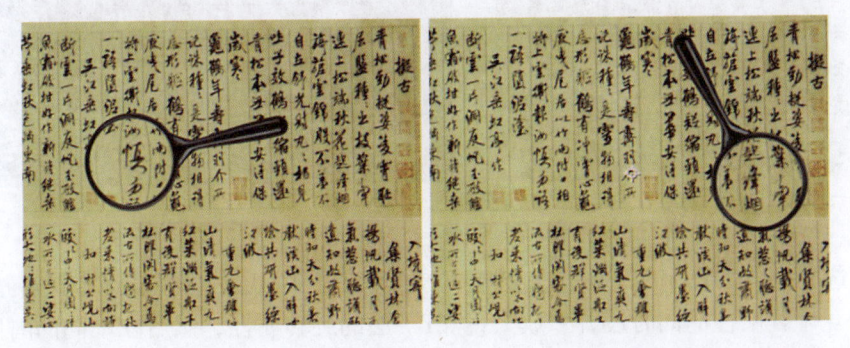

图　5.111

（1）选择菜单中的"合成"→"新建合成"命令，新建一个合成，命名为"放大镜"，选择菜单中的"文件"→"导入"→"文件"命令,导入本书配套资源中的"放大镜.tif"和"书法字.tga"文件,并将其拖曳到时间线窗口,将"放大镜.tif"文件放在上层,如图 5.112 所示。

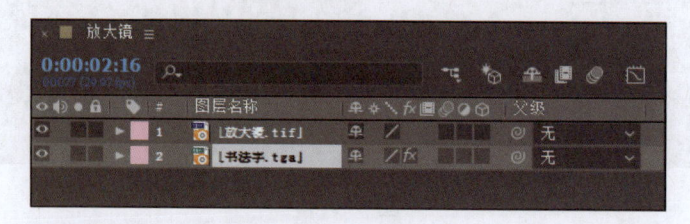

图 5.112

(2)选中"放大镜.tif"层,按 S 键展开"放大镜.tif"层的缩放属性,并将缩放值设为 50%。在选中"放大镜.tif"层的情况下,按 A 键展开"放大镜.tif"层的 Anchor Point 属性,并设置 Anchor Point 值,如图 5.113 所示。

图 5.113

(3)单击工具栏中的 ⬤ 工具按钮,在合成窗口中沿放大镜镜片内圈画一个蒙版,如图 5.114 所示。选中"放大镜.tif"层,按 M 键展开"放大镜.tif"层的蒙版属性,并勾选蒙版属性里的"反转"项,如图 5.115 所示。

图 5.114 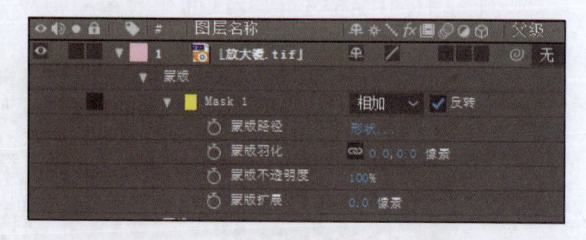   图 5.115

(4)选中"放大镜.tif"层,按 P 键展开"放大镜.tif"层的位置属性。接着按 Shift+R 键,在展开位置属性的同时展开"放大镜.tif"层的旋转属性,然后在不同的时间点为位置和旋转参数设置关键帧。按数字键盘的 0 键进行预览,如图 5.116 所示。

(5)选中"书法字.tga"层,选择菜单中的"效果"→"扭曲"→"球面化"命令,为其添加球面化滤镜。在特效控制面板中调整参数,在时间线窗口中展开球面化滤镜的参

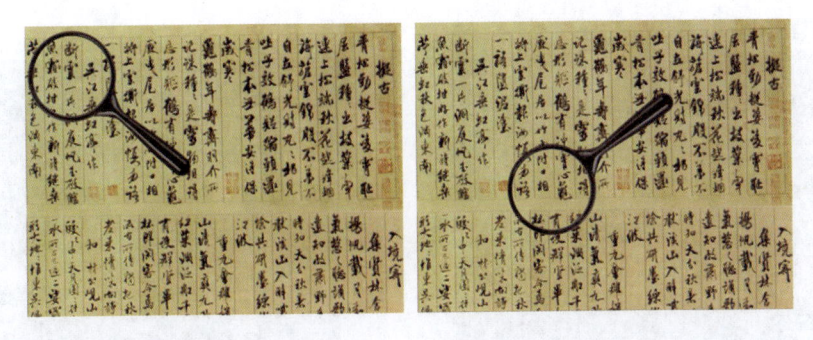

图 5.116

数。选中"球面中心"属性,选择菜单中的"动画"→"添加表达式"命令,为"球面中心"属性添加表达式。如图 5.117 所示,在表达式输入栏中输入以下表达式:

```
this_comp.layer("放大镜.tif").position
```

按数字键盘的 0 键进行预览。

图 5.117

5.5 在 AE 中实现动效缓动

加速运动和减速运动都可以为平庸的动态添加一些乐趣。在 AE 中可以使用运动曲线让物体沿着路径运动,而整个路径动画的缓动则需要通过贝塞尔点曲线来控制。

5.5.1 手机的 UI 动效制作

下面通过一组简单的 UI 动画案例,学习 AE 强大的运动曲线调节功能。

(1)启动 AE,按 Ctrl + Alt + N 键新建一个项目窗口。双击项目窗口的空白处,在弹出的"导入文件"对话框中打开本书配套资源中的"运动曲线 .psd"文件。如图 5.118 所示,在弹出的窗口中单击"确定"按钮退出对话框。之后可以在项目窗口中看到导入的"运动曲线"合成,如图 5.119 所示。

(2)双击"运动曲线"合成,将该文件导入时间线窗口。目前画面中有两个圆角方块,我们要制作的动画内容是:上面的方块缓慢放大并移动到窗口中部,同时下面的方块变红并向上移动,填补上面方块的位置,如图 5.120 所示。

131

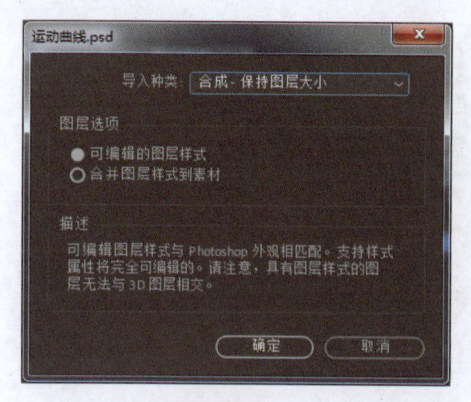

图 5.118

图 5.119

图 5.120

（3）首先制作上方块的动画。选择"上方块"层，将时间指针移至第 0 秒，分别激活"位置"和"缩放"左边的 按钮，打开关键帧记录功能，如图 5.121 所示。

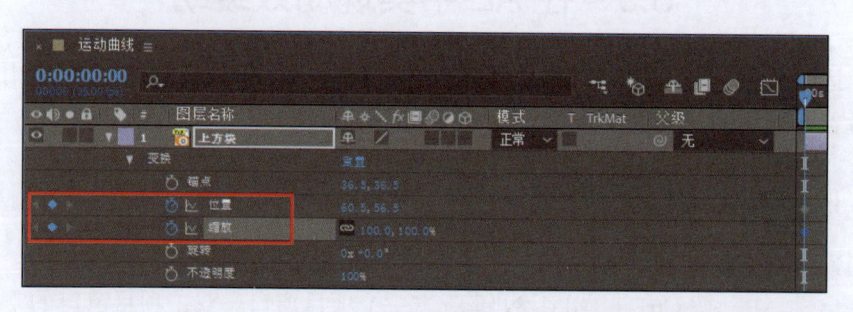

图 5.121

（4）将时间指针移至第 1 秒，将上方块移至画面中间，如图 5.122 所示。放大其尺寸，如图 5.123 所示。单击工具栏转换顶点工具按钮 ，拖动路径两头的贝塞尔手柄，将直线路径改成弧线路径，如图 5.124 所示。

（5）接着制作下方块的动画。选择"下方块"层，将时间指针移至第 0 秒，分别激活"位置"和"不透明度"左边的 按钮，设置"不透明度"为 50，打开关键帧记录功能，如图 5.125 所示。

第 5 章　After Effects 表达式动画

图　5.122 　　　　　　　图　5.123 　　　　　　　图　5.124

（6）将时间指针移至第 1 秒，分别单击"位置"和"不透明度"左边的◆按钮，添加关键帧，如图 5.126 所示。将时间指针移至第 2 秒，将方块移至上方块的位置，并设置"不透明度"为 100，如图 5.127 所示。两秒钟的动画制作完成。

图　5.125 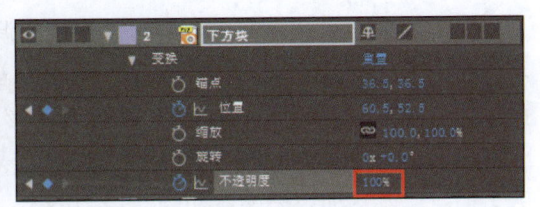　　　　　　　　　　　　　　图　5.126

5.5.2　动效缓动曲线调整

目前的动画还只是一个比较生硬的动态旋转，还需要制作得更加舒缓。

（1）按 Ctrl+A 键全选所有物体，按 U 键将所有做过动画的图层显示出来，用鼠标在时间线窗口框选这些关键帧，右击并选择"关键帧辅助"→"缓动"命令（按 F9 键也可以直接执行缓动操作）。此时时间线上的所有关键帧都变成了漏斗造型，动画就制作完成了。继续播放动画会发现动态旋转比刚才柔和多了。AE 可以智能化地将所有生硬的动画处理得非常流畅，如图 5.128 所示。

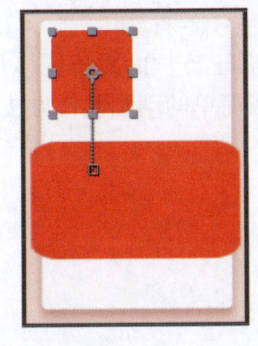

图　5.127 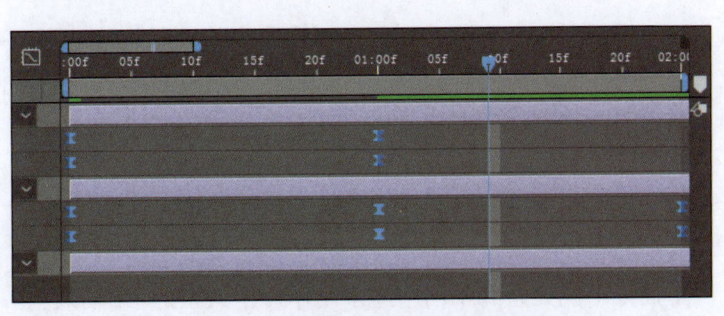　　　　　　　　　　　图　5.128

133

（2）选择上方块的位置参数，单击 ■ 按钮显示图表编辑器，如图 5.129 所示。在这里可以调整动画的平顺度。选择左边的贝塞尔手柄向右拖动，将曲线调整成如图 5.130 所示的效果。

图 5.129

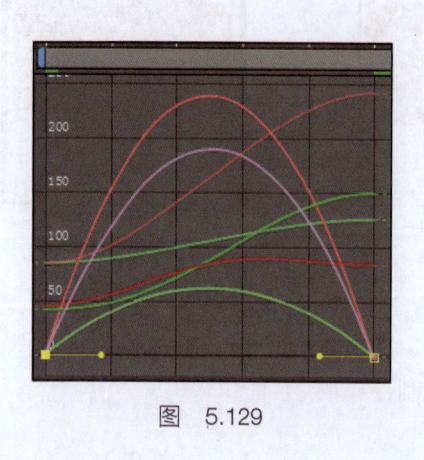

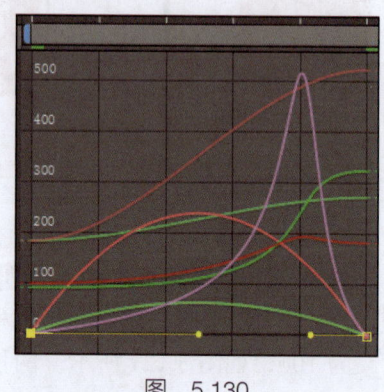

图 5.130

（3）放大显示"上方块"层，会发现在调整运动曲线的时候，动画曲线上的节点从均匀分布变成了间距不同，如图 5.131 所示。这些间距代表了时间的加速度。在合成窗口选择"下方块"，之后图表编辑器中会显示出该图层的运动曲线，选择位置参数颜色相对应的紫色曲线（不同颜色的曲线对应不同的参数，更方便选择），向左拖动右边的贝塞尔曲线手柄，让方块加速运动，如图 5.132 所示。

图 5.131

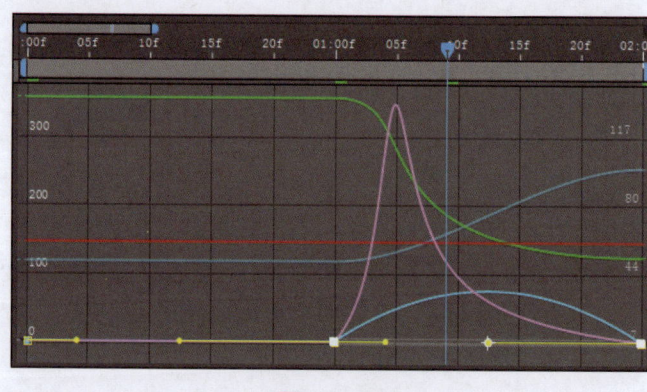

图 5.132

（4）播放动画，即可看到两种不同速度的动画位移动画，一种是上方块的减速位移并放大，一种是下方块的加速位移并改变透明度。缓动动画是一种比较简单的动画制作方法，但是对于 UI 动效来讲却是必不可少的。

5.6　动效高级实践

下面分不同元素和不同用途来制作几个典型的 UI 动效。

第 5 章　After Effects 表达式动画

5.6.1　闹铃抖动动效制作

本例中的闹钟以椭圆为基本形状。在绘制闹钟的过程中，我们将一同学习椭圆的减法运算，再配以时针、底座等完成效果，最后使用抖动表达式制作抖动效果。

（1）启动 Photoshop 软件，执行"文件"→"新建"命令，创建 567 像素 ×425 像素、分辨率为 300 像素的空白文档，按 Ctrl+R 键，打开标尺工具，拉出辅助线，如图 5.133 所示。

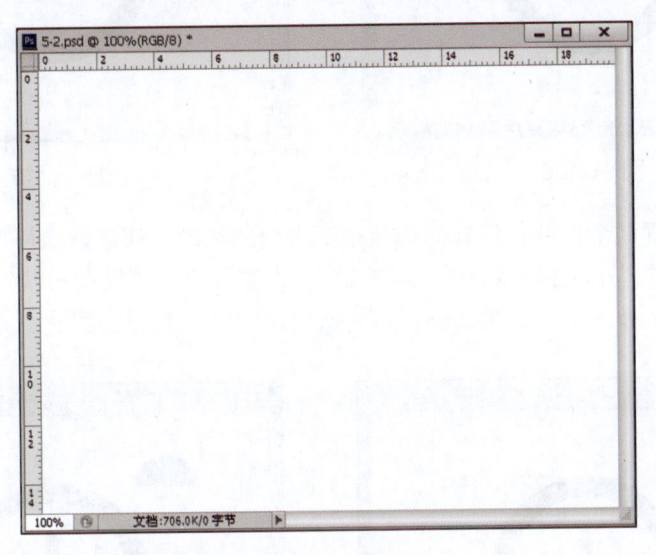

图　5.133

（2）选择椭圆工具，设置颜色为绿色，在中心点的位置按住 Shift+Alt 键拖动鼠标绘制正圆，如图 5.134 所示。在选项栏中选择"减去顶层形状"，在中心点的位置按住 Shift+Alt 键拖动鼠标绘制同心圆，如图 5.135 所示。

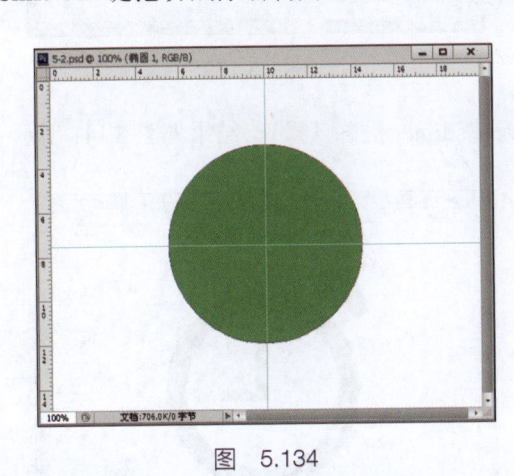

图　5.134　　　　　　　　　　图　5.135

（3）绘制时针。接下来会遇到第一个难题，闹钟是分时针和分针的，将二者设为一个像素宽，让整体效果显得比较合理。选择矩形工具，绘制分针，如图 5.136 所示。再在选项栏中选择"合并形状"，在正圆中绘制时针，如图 5.137 所示。

135

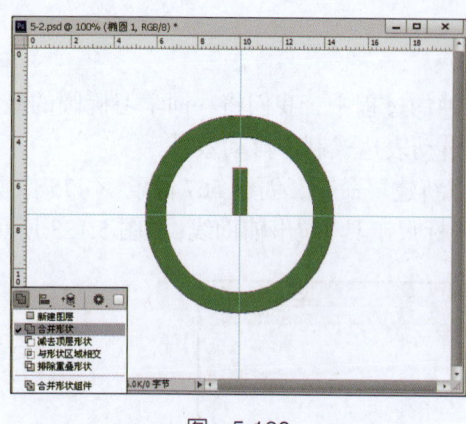

图 5.136 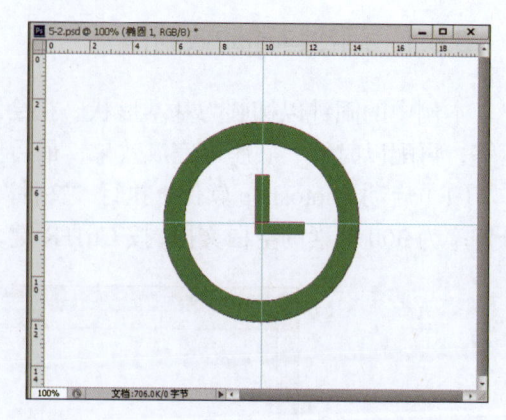 图 5.137

（4）接下来画两个铃铛，铃铛的形状是不规则的圆形，那该怎么样控制路径呢？选择椭圆工具，在选项栏中选择"新建图层"选项，在图像上绘制椭圆形状，如图 5.138 所示。然后再选择直接选择工具，稍微调整锚点构造出铃铛的形状，如图 5.139 所示。

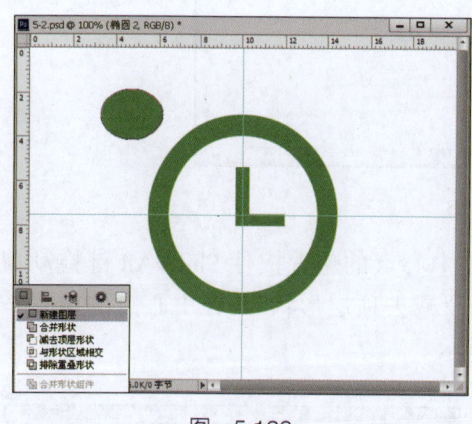

图 5.138 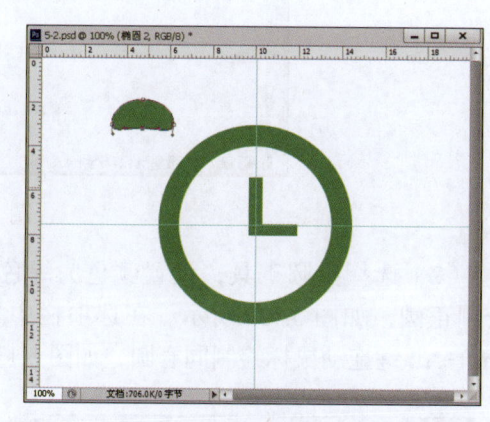 图 5.139

（5）按 Ctrl+T 键，旋转角度，如图 5.140 所示。按 Enter 键确认操作，结果如图 5.141 所示。

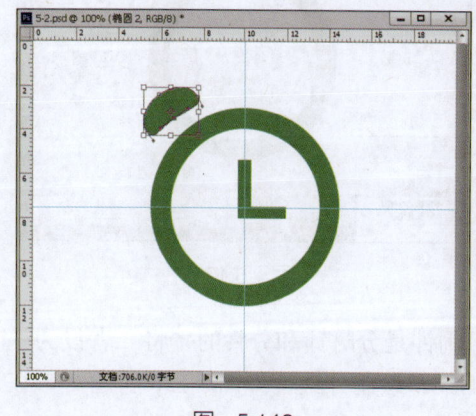

图 5.140  图 5.141

第 5 章　After Effects 表达式动画

（6）复制该图层，按 Ctrl+T 键，并在控制框内右击，选择"水平翻转"命令，如图 5.142 所示。按 Enter 键确认，再选择移动工具，按住 Shift 键水平拖动，如图 5.143 所示。因为这一步会涉及变形和翻转，所以在绘制时一定要使用矢量路径工具。如果图片是位图，则会在变形后失真。

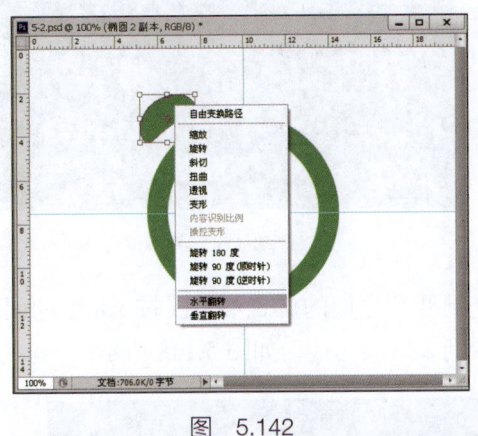

图　5.142　　　　　　　　　　　图　5.143

（7）选择椭圆工具绘制支脚，并使用直接选择工具改变形状，如图 5.144 所示。使用同样的方法对其进行旋转、复制、移动等操作，完成闹钟图形的制作，如图 5.145 所示。

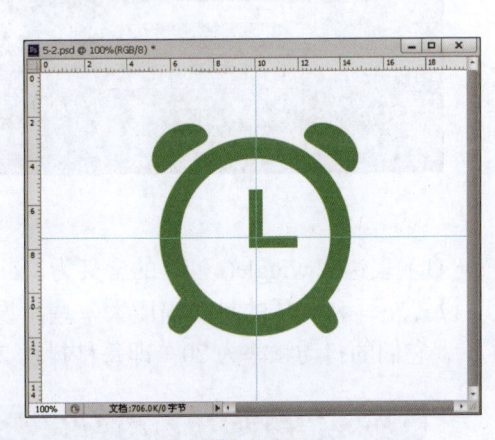

图　5.144　　　　　　　　　　　图　5.145

（8）将闹钟两边的闹铃分别放在不同的图层："左耳"和"右耳"，并将闹钟的其他部位合并为一层，如图 5.146 所示。将该文件保存为"闹钟.psd"，再接着制作动画。启动 AE，按 Ctrl + Alt + N 键新建一个项目窗口。双击项目窗口的空白处，在弹出的导入文件对话框中打开本书配套资源中的"闹钟.psd"文件，单击"确定"按钮，如图 5.147 所示。

（9）双击"闹钟"合成，将该文件导入时间线窗口。目前画面中除了背景层外，还有 3 个图层代表了闹钟的 3 个部分。接下来准备制作闹钟的抖动动画，其中两个闹铃抖动幅度最大，闹钟身体抖动幅度小一些。

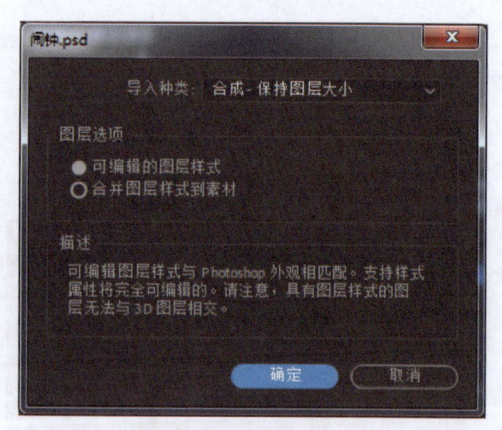

图 5.146　　　　　　　　　　　　　　　图 5.147

（10）选择除了背景的其他3个图层，按P键展开它们的位置参数。按Alt键的同时分别单击位置参数左边的按钮，为3个图层分别添加表达式，如图5.148所示。

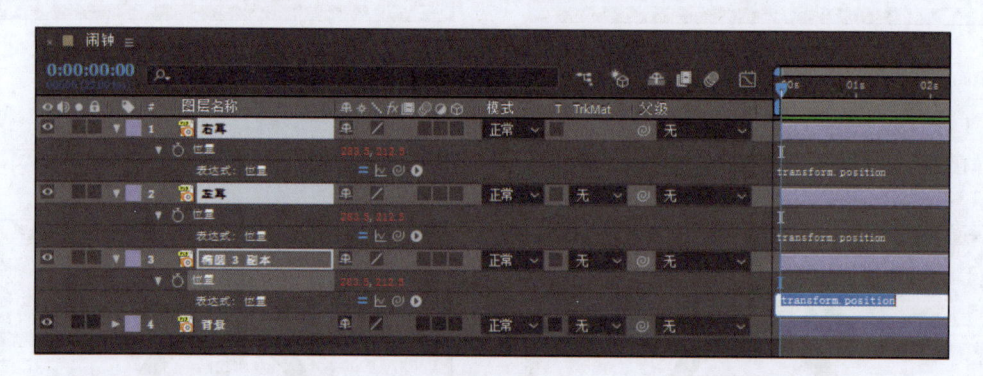

图　5.148

（11）表达式wiggle(x，y)的含义为：x表示频率（即1秒抖动多少次），y表示抖动幅度。设置左耳和右耳的抖动幅度大一些（设置为5），闹钟身体的抖动幅度小一些（设置为2），它们的抖动频率为20（即每秒抖动20次），如图5.149所示。

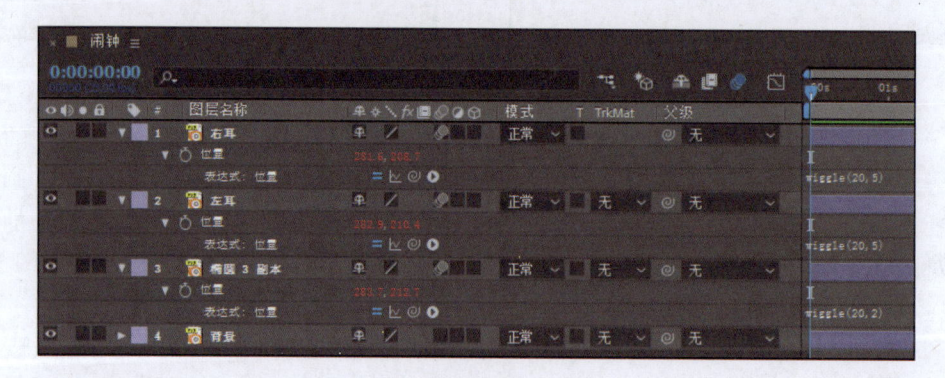

图　5.149

（12）按空格键播放动画，即可看到闹铃抖动的效果，不同部位的抖动效果各有不同。

第 5 章　After Effects 表达式动画

表达式是一种非常好用的动画制作工具，使用它可以将复杂的动画制作流程简化。

5.6.2　圆形旋转进度条 UI 动效制作

本例将学习如何制作简单的进度条界面，通过椭圆工具、圆角矩形工具、自定义形状工具、横排文字工具以及图层样式工具等快速制作大方美观的加载界面。

（1）启动 PS 软件，执行"文件"→"新建"命令，创建 874 像素 ×653 像素的文档，设置前景色的颜色，如图 5.150 所示。为背景填充前景色，如图 5.151 所示。将"背景"图层解锁，如图 5.152 所示。

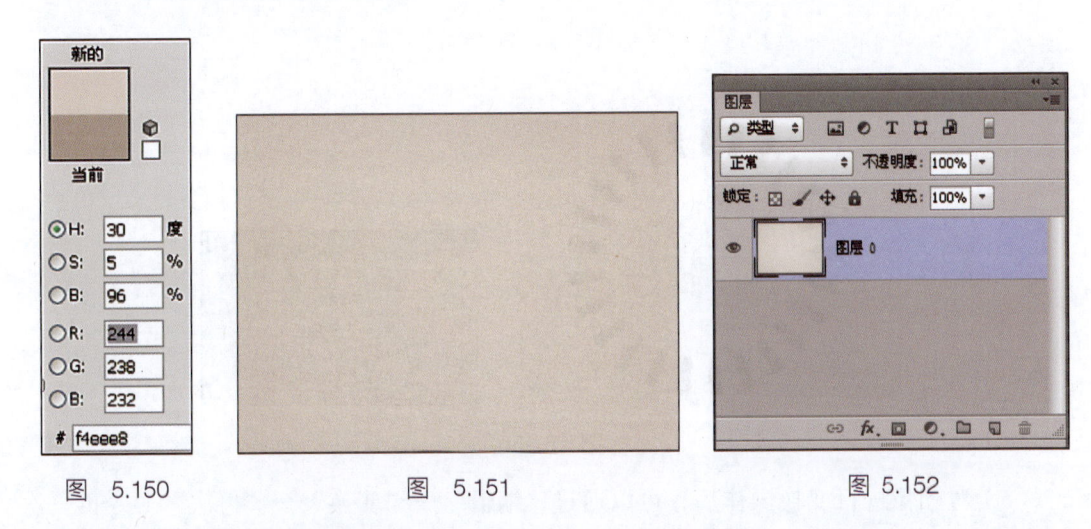

图 5.150　　　　　图 5.151　　　　　图 5.152

（2）按 Ctrl+R 键，打开标尺工具，拉出水平线和垂直线。选择钢笔工具，在图像上建立锚点，绘制形状，如图 5.153 所示。

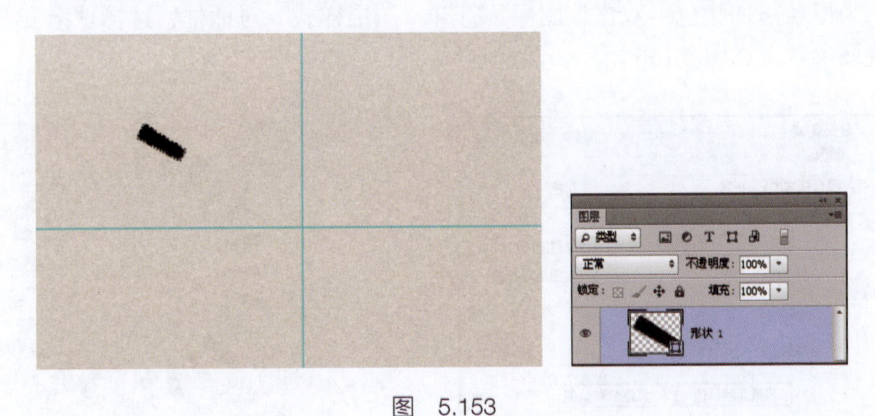

图 5.153

（3）复制"形状 1"图层，得到"形状 1 副本"图层，按 Ctrl+T 键，自由变换、旋转角度，并将中心点移到标尺中央位置，如图 5.154 所示。

（4）下面复制旋转。移动中心点位置后，按 Enter 键确认操作，再按 Ctrl+Alt+Shift+T 键对该形状进行旋转复制。完成后，合并图层，如图 5.155 所示。

139

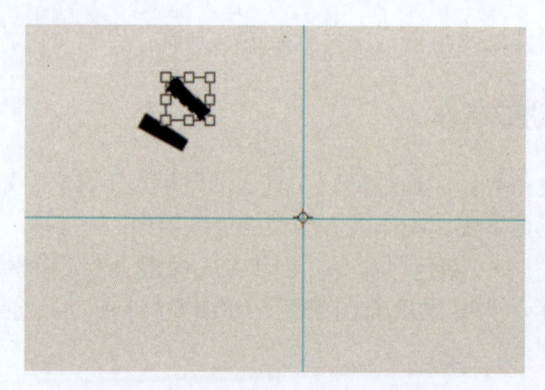

图 5.154

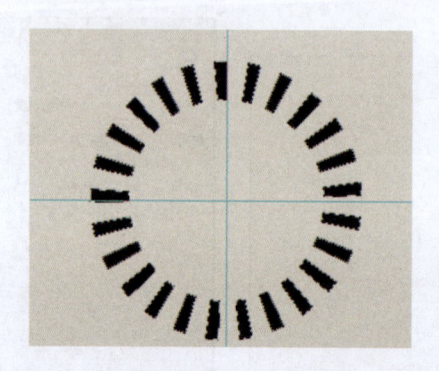

图 5.155

（5）对图像进行变换操作后，可以通过"编辑"→"变换"→"再次"命令再一次应用相同的变换。如果按Alt+Shift+Ctrl+T键，则不仅会变换图像，还会复制出新的图像内容。

（6）为形状添加颜色。双击该图层，打开"图层样式"对话框，选择"渐变叠加"选项，设置该参数，如图5.156所示。绘制加载进度，如图5.157所示。

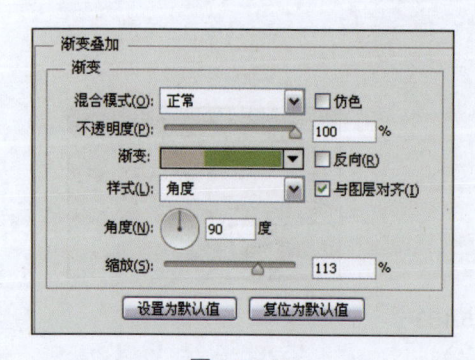

图 5.156 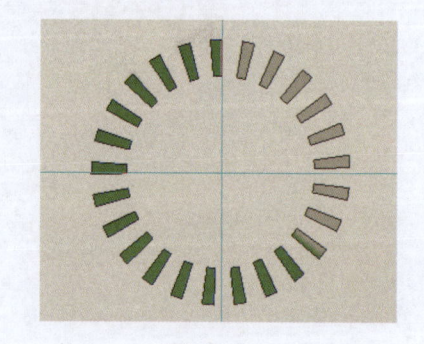　　　　　　　　　　图 5.157

（7）选择椭圆选框工具，在参考线交接的地方单击并按Alt+Shift键绘制正圆，如图5.158所示。"图层"面板中的3个图层分别为"圆盘""进度""背景"，如图5.159所示。选择横排文字工具，输入文字（这里仅输入百分比符号，数字需要在AE中做成动画），如图 5.160 所示。

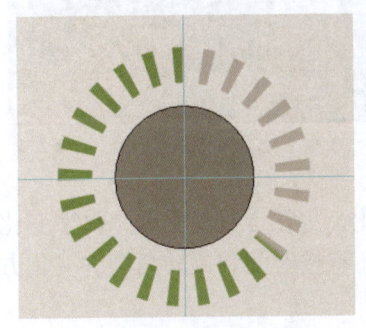

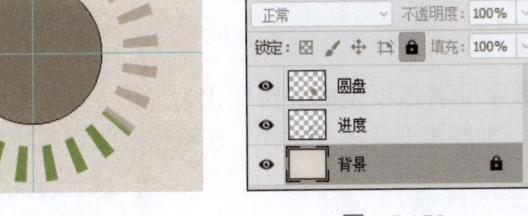

图 5.158　　　　　　　　　图 5.159 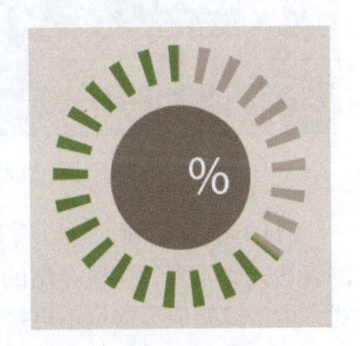　　　　　　　　　图 5.160

（8）启动 AE，新建一个项目窗口。导入"进度条 .psd"文件，双击"进度条"合成，将该文件导入时间线窗口。接下来制作进度条动画，选择"进度"层，按 R 键展开旋转参数，在第 0 秒单击左边的 ⬤ 按钮，打开自动关键帧。移动时间指针到第 5 秒，设置旋转参数为 5×（旋转 5 周），如图 5.161 所示。

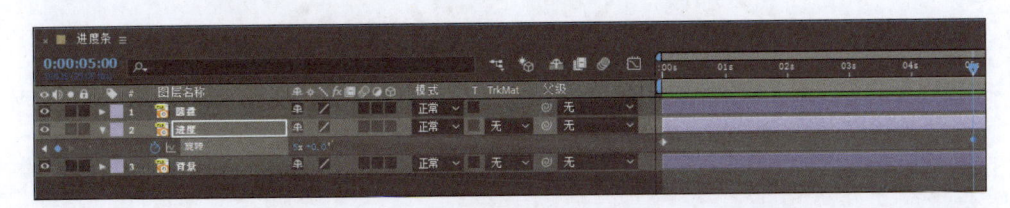

图 5.161

（9）单击工具栏中的 T 按钮，输入数字 00，并将其移动到百分比符号的左边，如图 5.162 所示。在"字符"面板设置文字为白色，如图 5.163 所示。

图 5.162 　　　　　　　　　图 5.163

（10）在时间线窗口单击文本的动画按钮 ▶，选择"字符位移"选项为文字添加位移动画，如图 5.164 所示。单击"字符位移"参数左边的 ⬤ 按钮，添加表达式，如图 5.165 所示。在表达式输入框输入 wiggle(1,100)，其中 1 代表变化幅度，100 为变化频率，可以根据需要自行修改。

图 5.164　　　　　　　　　　　图 5.165

（11）播放动画，可以看到数字随着进度条的旋转变化，如图 5.166 所示。数字变化的表达式非常多，这里介绍的是一种随机变化的表达式，还有按时间和旋转角度的变化方式，由于篇幅原因这里不再赘述。

图 5.166

第 6 章

After Effects 标板特效

6.1 光斑动画

本例主要介绍在 AE 中制作动画元素以及实现连续动画的过程，通过圆角矩形动画的制作熟悉 AE 的综合制作技巧。示例以制作动画元素、背景和粒子光斑为主，最终效果是否完美取决于这三个要点的制作质量。通过该光斑动画的制作可了解一段完整的动画制作过程，如图 6.1 所示。

图 6.1

（1）启动 AE，选择菜单中的"文件"→"项目设置"命令，设置"时间显示样式"的"帧计数"为"开始位置 0"，这样就可以以帧为时间单位制作动画了。选择菜单中的"合成"→"新建合成"命令，新建一个合成，命名为 Composite，如图 6.2 所示。

（2）创建图层。选择菜单中的"图层"→"新建"→"纯色"命令，新建一个白色固态层，命名为 01，如图 6.3 所示。

（3）在时间线窗口中选中 01 层，按 T 键展开其"不透明度"属性列表，设置其"不透明度"值为 75%，如图 6.4 所示。

（4）创建蒙版。单击工具栏中的圆角矩形工具按钮■，按住 Shift 键，在合成面板中绘制一个圆角正方形的蒙版。在时间线窗口中展开 01 层的属性列表，设置蒙版的模式为"差值"，查看此时合成面板的效果，如图 6.5 所示。

（5）在时间线窗口中选中"蒙版 1"层，按 Ctrl + D 键进行复制，复制出一个"蒙版 2"层，单击工具栏中的▶工具按钮，在合成面板中双击"蒙版 2"显示自由变换框。按 Ctrl+Shift 键并拖动变换框的任意一个角，将自由变换框缩放到合适大小，按 Enter 键确认。查看此时合成面板的效果，如图 6.6 所示。

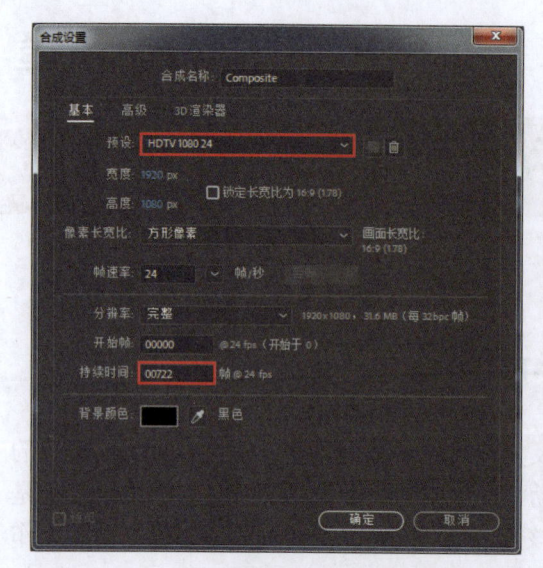

图 6.2 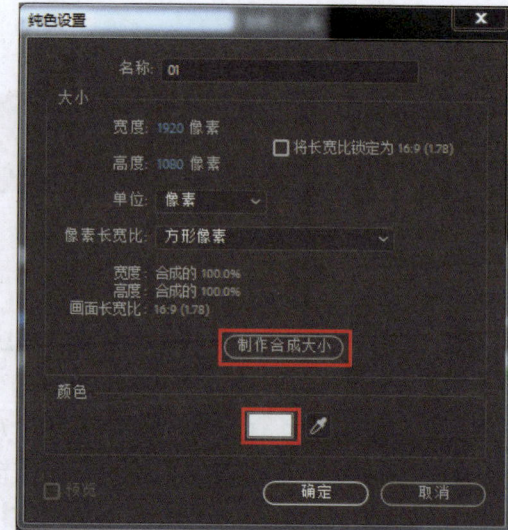　　　　　　　　　　　　　　图 6.3

图 6.4

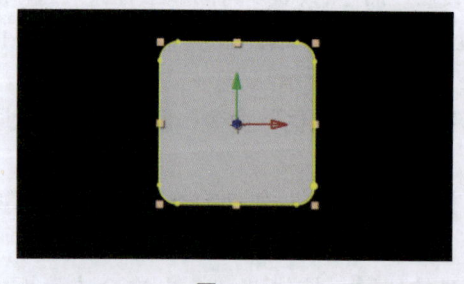

图 6.5 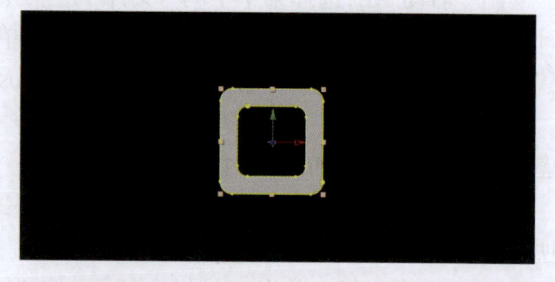　　　　　　　　　　　　　　图 6.6

（6）复制图层。在时间线窗口中选中 01 层，按 Ctrl + D 键进行复制。选中复制的新层，按 P 键展开图层的"位置"属性列表，调整其 Z 轴方向上的参数，使两个图层之间产生距离，如图 6.7 所示。查看此时合成面板的效果，如图 6.8 所示。

（7）在时间线窗口中选中两个图层，将这两个图层作为一组，按 Ctrl + D 键复制出 18 个图层（形成阵列），并调整复制的每一组图层在合成面板中的位置，如图 6.9 所示。

第 6 章　After Effects 标板特效

图 6.7

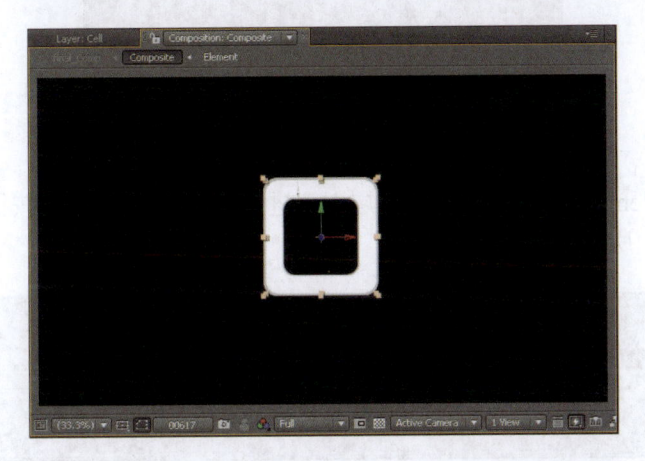

图 6.8

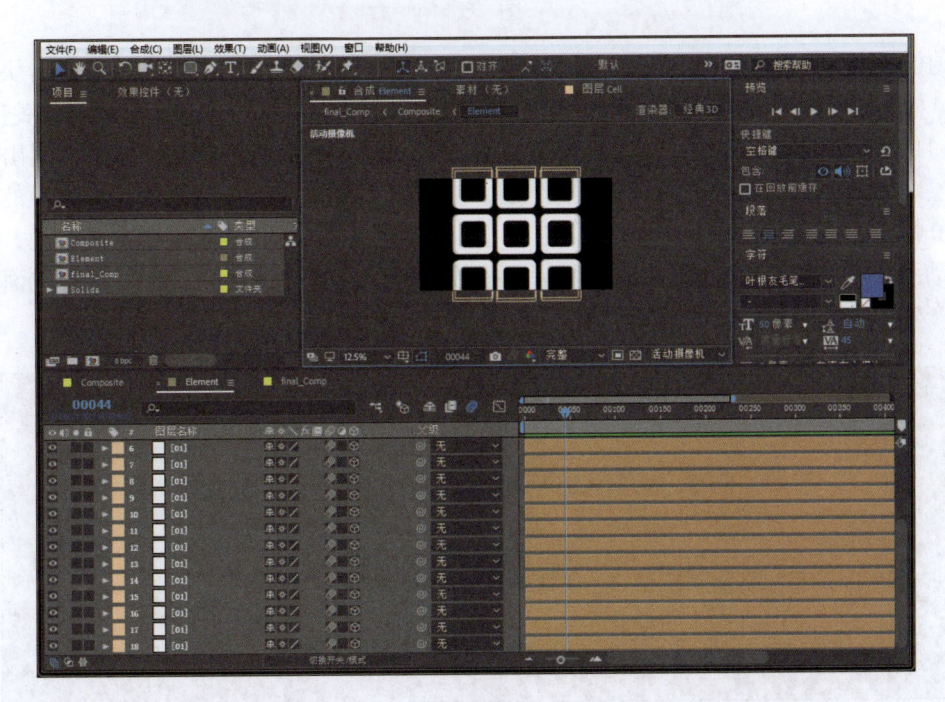

图 6.9

（8）合成嵌套。在时间线窗口中选中全部图层，选择菜单中的"图层"→"预合成"

145

命令进行合成嵌套，在弹出的窗口中将新合成命名为 Element，如图 6.10 所示。

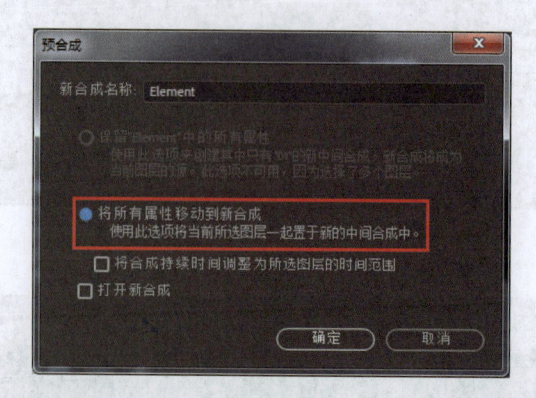

图 6.10

（9）此时，Element 被合成为一个图层嵌套进来。单击图层的 按钮，读取图层的原始属性，如图 6.11 所示。

图 6.11

（10）制作动画。选中 Element 层，按 P 键展开其"位置"属性列表；将时间滑块拖动到第 0 帧处，单击"位置"左侧的 按钮，调整 Element 层的位置，系统将自动记录关键帧。

（11）复制 Element 层。在时间线窗口中选中 Element 层，按 Ctrl + D 键复制出若干个图层。用鼠标拖动图层，对其在时间线窗口中的出入顺序进行排列，使合成面板的画面从第 0 帧开始便显示动画元素。各层在时间线上按照入点时间间隔 76 帧依次排列，使各层的动画元素紧密衔接，如图 6.12 所示。按数字键盘的 0 键预览效果，可见合成面板中已经产生了连续的动画，如图 6.13 所示。

图 6.12

第 6 章　After Effects 标板特效

（12）创建摄像机。选择菜单中的"图层"→"新建"→"摄像机"命令，新建一个摄像机层 Camera1，如图 6.14 所示。

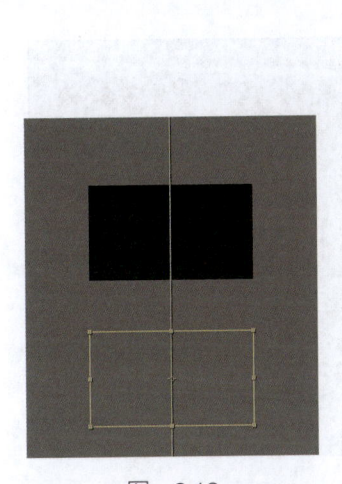

图 6.13

图 6.14

（13）单击工具栏中的摄像机工具按钮，在合成面板中拖动鼠标调整摄像机的视角，如图 6.15 所示。

（14）选择菜单中的"合成"→"新建合成"命令，新建一个合成，命名为 final_Comp，如图 6.16 所示。

（15）创建背景层。选择菜单中的"图层"→"新建"→"纯色"命令，新建一个固态层，命名为 BG，如图 6.17 所示。

图 6.15

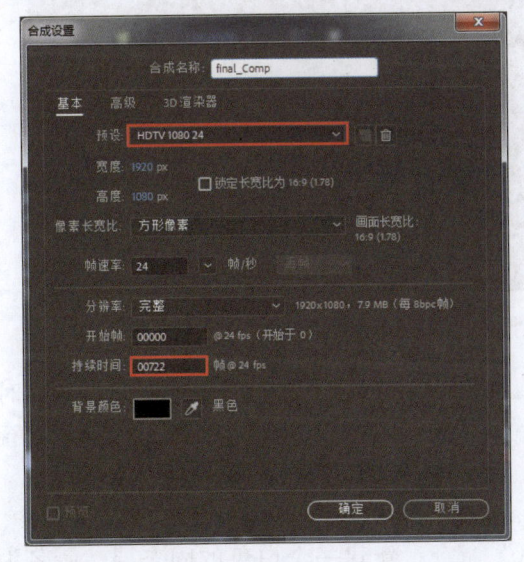

图 6.16

图 6.17

147

（16）在时间线窗口中选中 BG 层，选择菜单中的"效果"→"生成"→"梯度渐变"命令，为其添加梯度渐变滤镜。在"效果控件"窗口中设置渐变的颜色，并调整渐变在合成面板中的位置，如图 6.18 所示。

图 6.18

（17）创建背景纹理。选择菜单中的"图层"→"新建"→"纯色"命令，新建一个黑色的固态层，命名为 Cell。在时间线窗口中选中 Cell 层，选择菜单中的"效果"→"生成"→"单元格图案"命令，为其添加单元格图案滤镜。在"效果控件"窗口中调整参数，如图 6.19 所示。

图 6.19

（18）选中 Cell 层，单击工具栏中的 ▢ 工具，在合成面板绘制一个矩形的蒙版。在时间线窗口中展开 Cell 层的蒙版属性列表，设置蒙版的模式为"相减"，如图 6.20 所示。查看合成面板此时的效果，如图 6.21 所示。

（19）创建粒子层。在项目窗口选中 final_Comp 合成，将其拖曳到时间线窗口中。选择菜单中的"图层"→"新建"→"纯色"命令，新建一个白色的固态层，命名为 Particles，查看合成面板此时的效果，如图 6.22 所示。

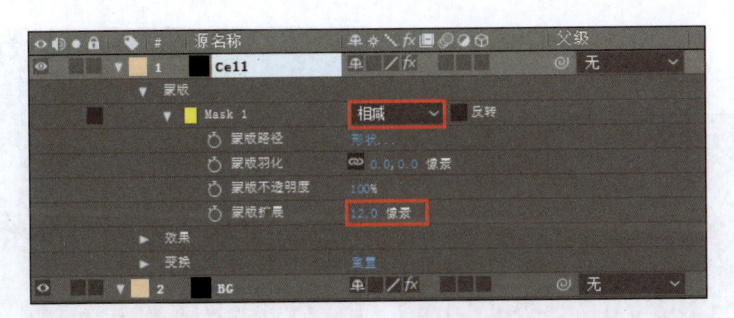

第 6 章　After Effects 标板特效

图　6.20

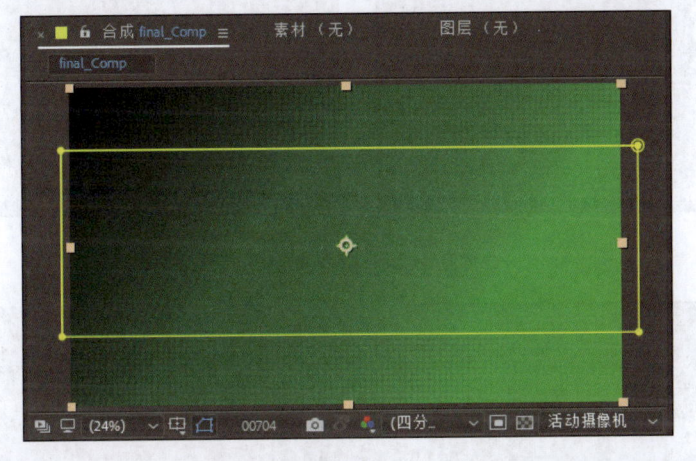

图　6.21

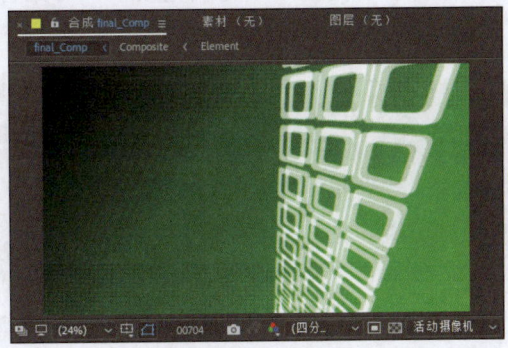

图　6.22

（20）选中 Particles 层，选择菜单中的"效果"→"模拟"→CC Particle World 命令，为其添加 CC Particle World 滤镜。在"效果控件"窗口中调整参数，如图 6.23 所示。

（21）在时间线窗口中用鼠标拖动 Particles 层，调整其在时间线上的出入时间，使粒子从第 0 帧开始便出现在画面中，如图 6.24 所示。

149

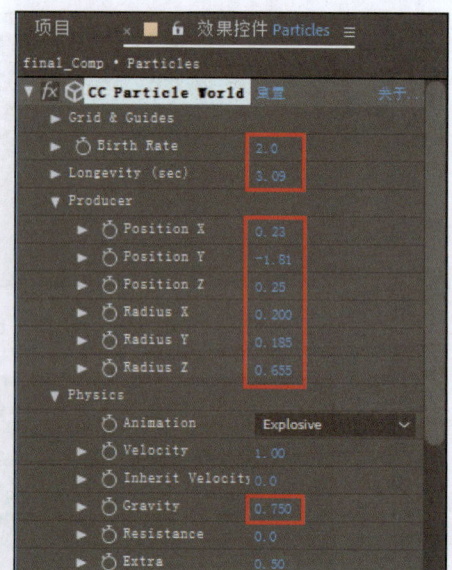

图 6.23

图 6.24

（22）按数字键盘的0键预览效果，可见合成面板中已经产生粒子缓缓下落的动画效果，如图6.25所示。

图 6.25

（23）为粒子添加光晕。选中Particles层，选择菜单中的"效果"→"模拟"→"发光"命令，为其添加发光滤镜。在"效果控件"窗口中调整参数，如图6.26所示。

（24）制作切场。选择菜单中的"图层"→"新建"→"纯色"命令，新建一个固态层并命名为Start，如图6.27所示。

（25）选中Start层，选择菜单中的"效果"→"生成"→"镜头光晕"命令，为其添加镜头光晕滤镜。在"效果控件"窗口中调整参数，如图6.28所示。

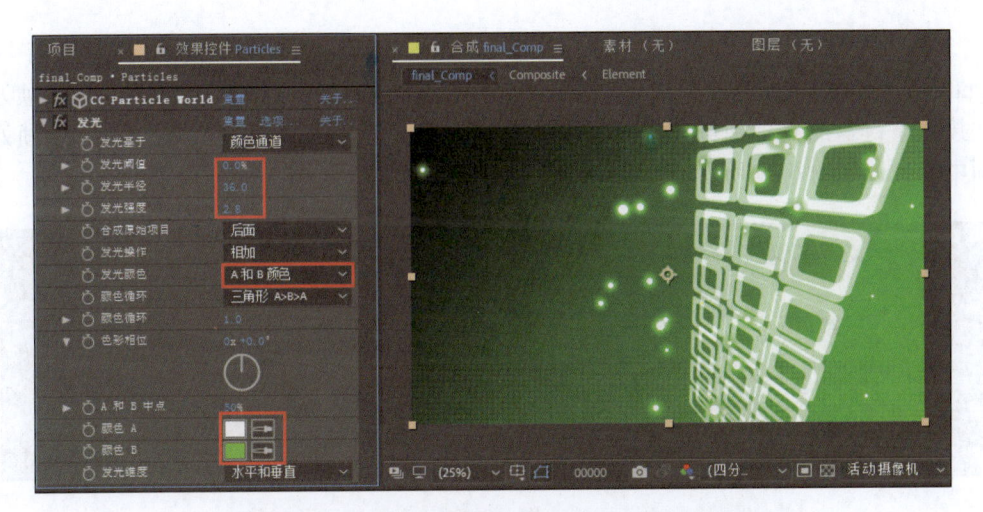

第 6 章 After Effects 标板特效

图 6.26

图 6.27

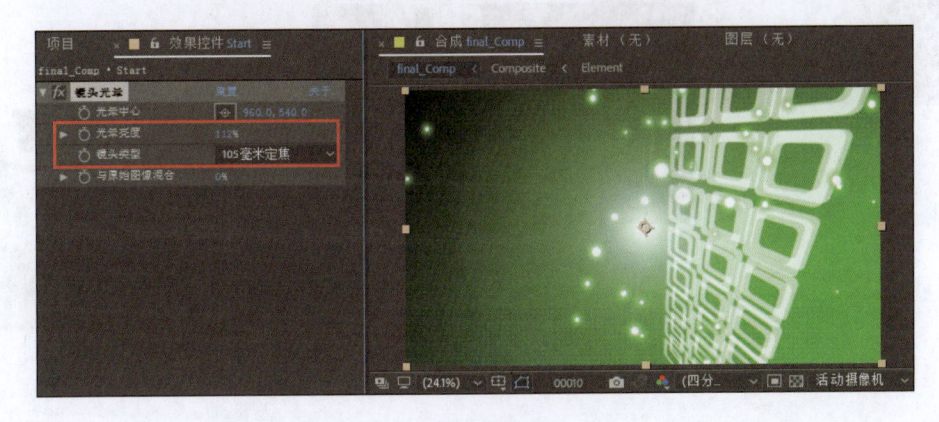

图 6.28

（26）在时间线窗口中展开 Start 层的"光晕亮度"滤镜属性列表，单击 Flare Brightness 左侧的 按钮，为其记录关键帧。使镜头光斑从第 0 帧处开始，在第 21 帧处结束。按数字键盘的 0 键预览效果，可以看见画面从白场切入渐变的光斑，在第 21 帧处从画面中消失，如图 6.29 所示。

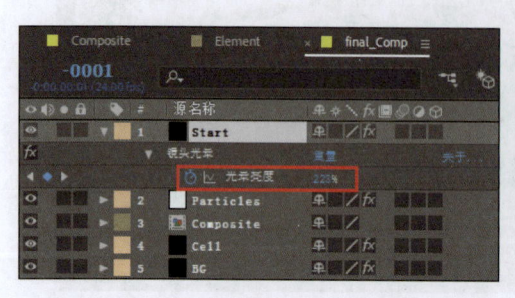

图 6.29

（27）选中 Start 层，按 Ctrl+D 键复制。在时间线窗口中展开"光晕亮度"滤镜属性列表，调整其关键帧位置，如图 6.30 所示。

图 6.30

（28）此时画面渐变为白场淡出，按数字键盘的 0 键预览最终效果，如图 6.31 所示。

图 6.31

6.2 合成动画

本例以三维图层的应用为主,通过为"位置"属性记录关键帧,实现盒子的组合动画,再配以摄像机的镜头旋转动画,完成整个动画的制作。示例的核心技术要点是在 AE 中使用平面图像制作动画的方法和技巧,最终目的是将多幅图像合成为一个美丽的动画场景,并借此熟悉 AE 图层的应用,通过图层之间的叠加和摄像机的运用,为场景制作出动画,如图 6.32 所示。

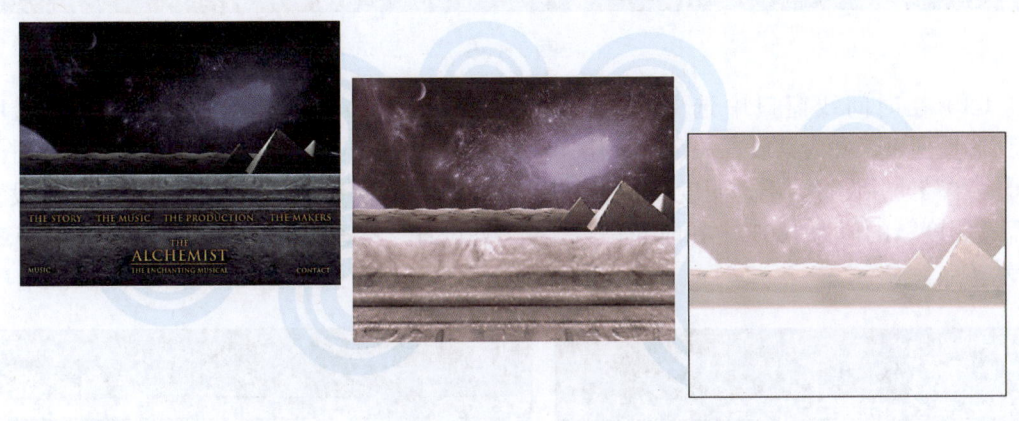

图 6.32

(1)启动 AE,选择菜单中的"合成"→"新建合成"命令,新建一个合成,如图 6.33 所示。导入本书配套资源中的"Night-Pyramids.png""nightSand.png""NightSky.png" "night-Wall.png""night-Wall-with-writing.png"文件并将它们拖曳到时间线窗口中,如图 6.34 所示。

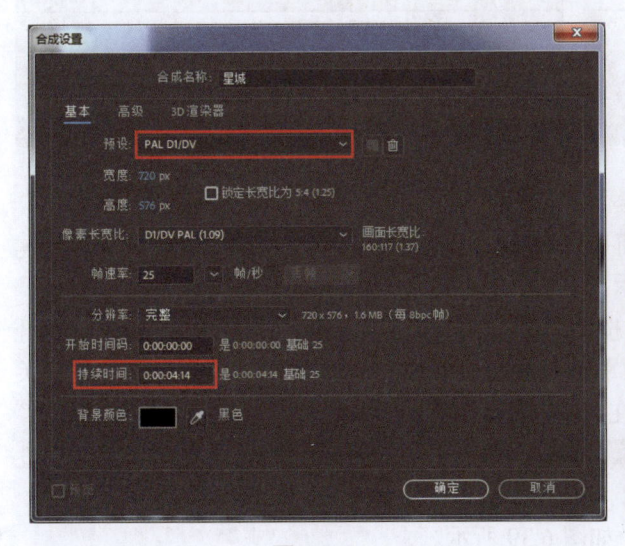

图 6.33    图 6.34

153

（2）打开图层的三维选项。单击图层的 按钮，打开图层的三维属性开关，并对素材的大小和位置进行调整。在时间线窗口中调整 night-Wall-with-writing.png 层的出入时间，如图 6.35 所示。

图 6.35

（3）在时间线窗口中选中 night-Wall-with-writing.png 层，按 T 键展开其"不透明度"属性列表，并为其设置关键帧，让文字有淡入、淡出的效果。将时间滑块放置在时间 0:00:01:24 处并设置"不透明度"的值为 0。在时间 0:00:02:08 处和时间 0:00:02:24 处设置"不透明度"的值为 100%。在时间 0:00:03:06 处设置"不透明度"的值为 0%，如图 6.36 所示。

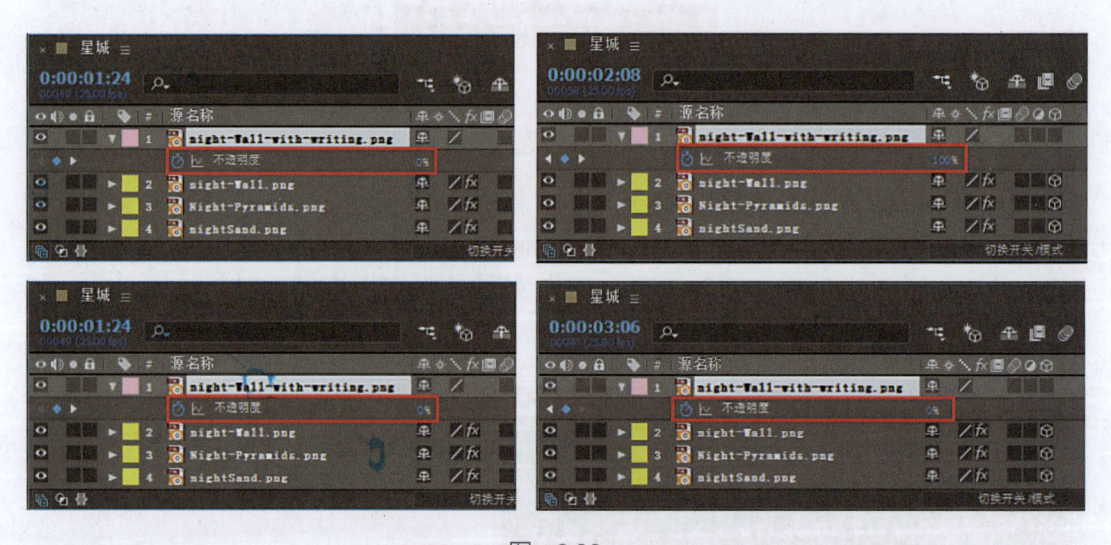

图 6.36

（4）记录摄像机动画。在时间线窗口中右击，选择"新建"→"摄像机"命令，新建一个摄像机层 Camera1，如图 6.37 所示。

（5）单击工具栏中的摄像机工具按钮 ，在合成面板中拖动鼠标调整画面。展开 Camera1 层的属性列表，单击"位置"前面的 按钮为 Camera1 层的"位置"属性记录关键帧。同样为"光圈"属性记录关键帧。在时间 0:00:00:00 处和时间 0:00:01:20 处设置"位置"和"光圈"属性的值。在时间 0:00:03:08 处和时间 0:00:04:06 处设置"位置"属性的值，如图 6.38 所示。

（6）按数字键盘的 0 键预览效果，如图 6.39 所示。

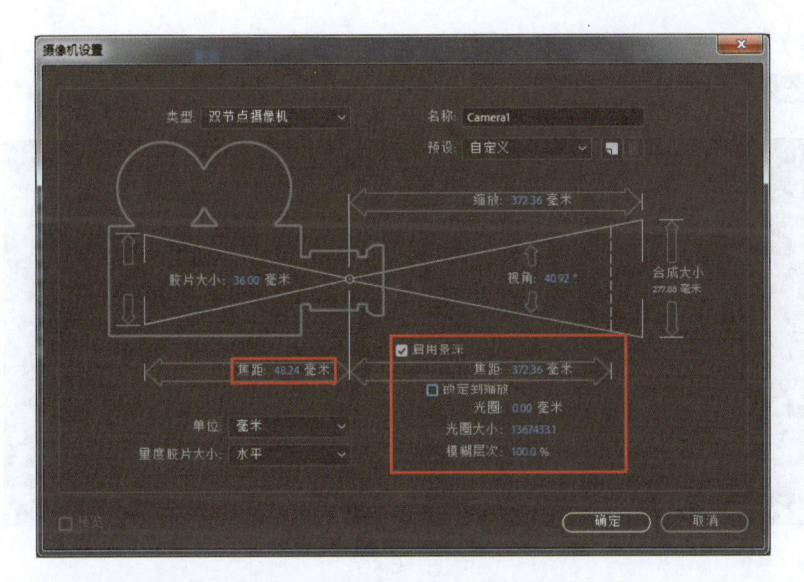

第 6 章　After Effects 标板特效

图　6.37

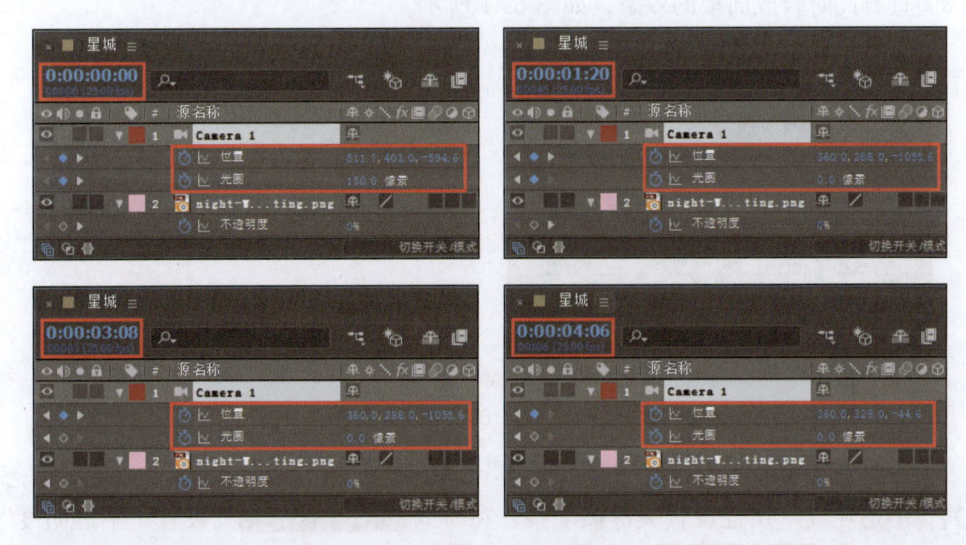

图　6.38

图　6.39

（7）为影片调色。在时间线窗口中右击，选择"新建"→"调整图层"命令，新建一个调节层。选中调节层，选择菜单中的"效果"→"颜色校正"→"色阶"命令，为其添加色阶滤镜。单击"直方图"左侧的 ◎ 按钮为色阶滤镜的直方图属性设置关键帧。在时间 `0:00:03:08` 处和时间 `0:00:04:06` 处设置"直方图"属性的值，如图 6.40 所示。

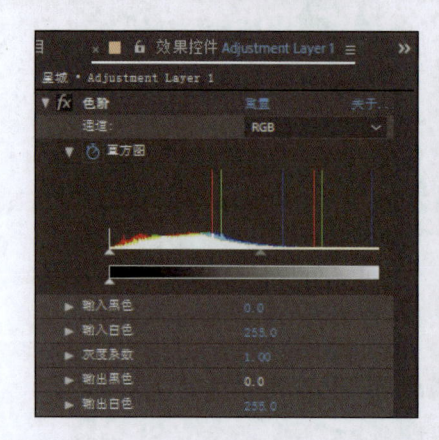

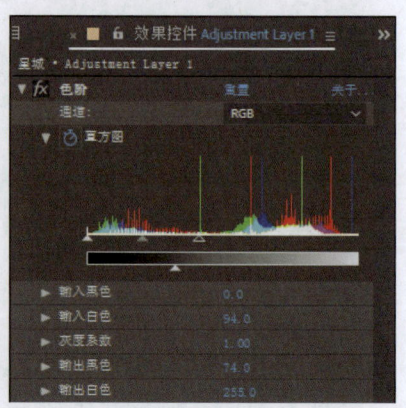

图 6.40

（8）查看此时合成面板的效果，如图 6.41 所示。

图 6.41

（9）在时间线窗口中右击，选择"新建"→"纯色"命令，新建一个白色的固态层，并为其"不透明度"属性设置关键帧动画。在时间 `0:00:04:06` 处设置"不透明度"的值为 0%。在时间 `0:00:04:08` 处设置"不透明度"的值为 100%，如图 6.42 所示。

图 6.42

（10）按数字键盘的 0 键预览最终效果，如图 6.43 所示。

图 6.43

6.3 墨滴动画

本例主要使用 AE 的单帧渲染，并通过对渲染的单帧图像进行加工得到预期的画面效果。示例的核心技术要点是利用 AE 和 CC Particle World 滤镜制作墨滴效果。我们将借此示例熟悉 AE 中三维图层的应用，利用单帧输出渲染一幅平面的粒子发射图，并利用渲染所得的粒子图进行合成制作，最终为场景添加摄像机并记录关键帧动画，如图 6.44 所示。

图 6.44

（1）启动 AE，选择菜单中的"合成"→"新建合成"命令，新建一个合成，命名为"墨滴"，如图 6.45 所示。

（2）在时间线窗口中右击，选择"新建"→"纯色"命令，新建一个白色的固态层 White Solid1，如图 6.46 所示。

（3）添加粒子特效。在时间线窗口中选中 White Solid1 层，选择菜单中的"效果"→"模拟"→"CC Particle World"命令，为其添加 CC Particle World 滤镜。在"效果控件"窗口中调整参数，如图 6.47 所示。查看此时合成面板的效果，如图 6.48 所示。

（4）在时间线窗口中拖动时间滑块进行预览，并将时间滑块停放在相应的画面时间处。选择"合成"→"另存帧为"→"文件"命令，输出单帧图像。再在渲染面板中设置输出路径，之后单击"渲染"按钮进行渲染，如图 6.49 所示。

图 6.45 　　　　　　　　　　　　　　　　图 6.46

图 6.47 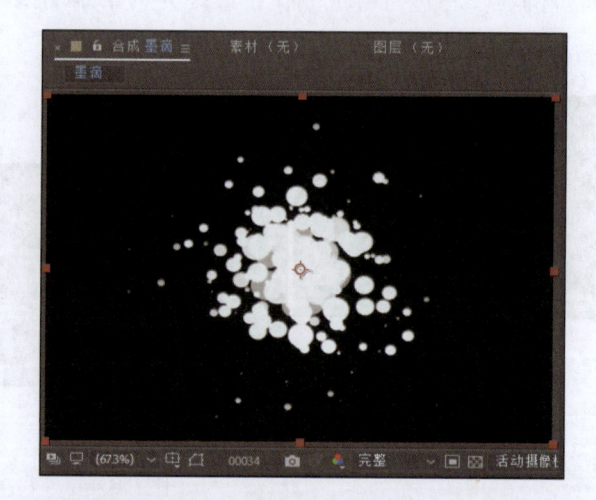　　　　　　　　　　　　　　　　图 6.48

图 6.49

（5）制作墨滴。按 Ctrl + N 键，新建一个合成，命名为"合成"。在项目窗口中双击导入制作的"墨滴(00033).psd"文件，将其拖曳到"合成"的时间线窗口中，如图 6.50 所示。

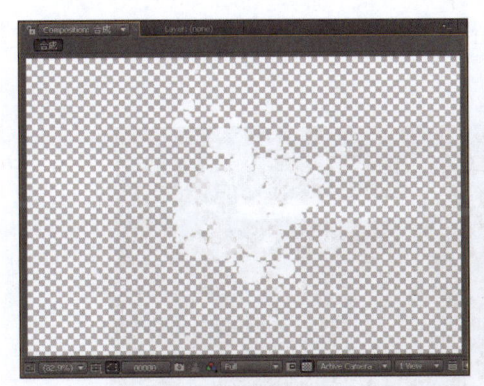

第 6 章　After Effects 标板特效

图　6.50

（6）导入本书配套资源中的"宣纸.jpg"文件，将其拖曳到时间线窗口的底层。选中"墨滴 (00033).psd"层，选择菜单中的"效果"→"颜色校正"→"色相"→"饱和度"命令，为其添加色相/饱和度滤镜，在"效果控件"窗口中调整颜色，如图 6.51 所示。

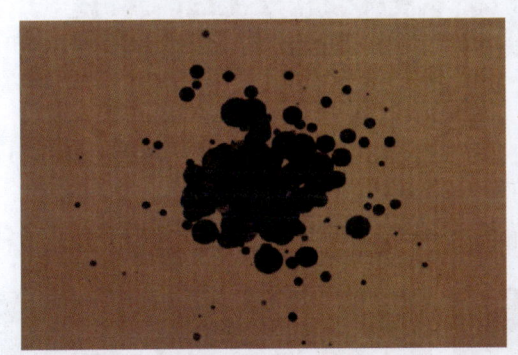

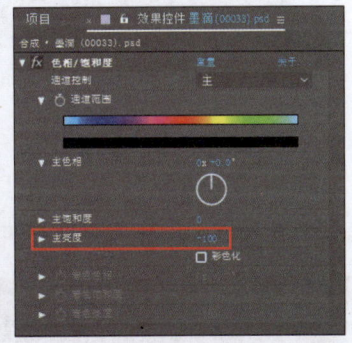

图　6.51

（7）创建文字。在工具栏中单击 T 工具按钮，在合成面板中单击输入 YINGSHITIANTIANJIAN。打开文字层和"墨滴 (00033).psd"层的三维属性开关 。查看此时合成面板的效果，如图 6.52 所示。

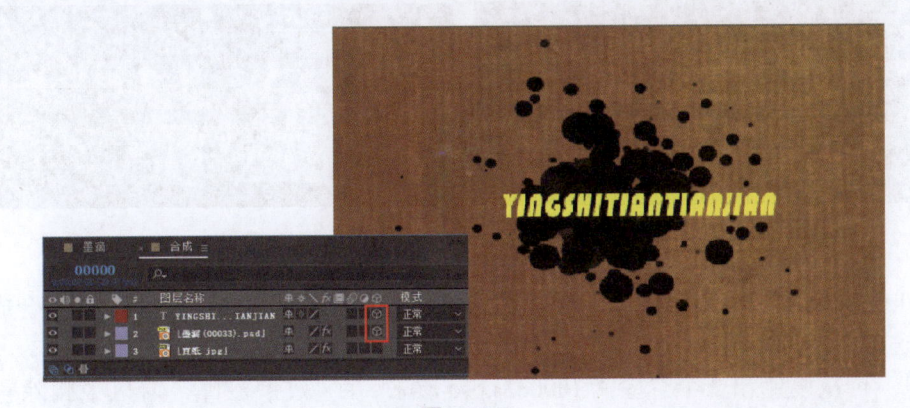

图　6.52

159

（8）创建摄像机层。在时间线窗口中右击，选择"新建"→"摄像机"命令创建一个摄像机层 Camera1，如图 6.53 所示。

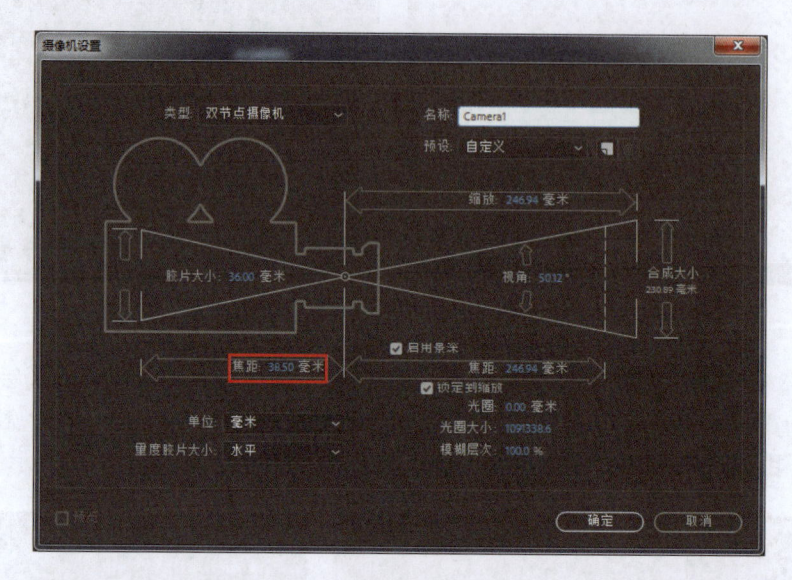

图 6.53

（9）选中 Camera1 层，按 P 键展开其"位置"属性列表。单击其 ⌧ 按钮记录关键帧，将时间滑块拖到其他时间处，单击工具栏中的摄像机工具按钮 ⌧，在合成面板中调整摄像机的视角，系统自动记录关键帧，如图 6.54 所示。

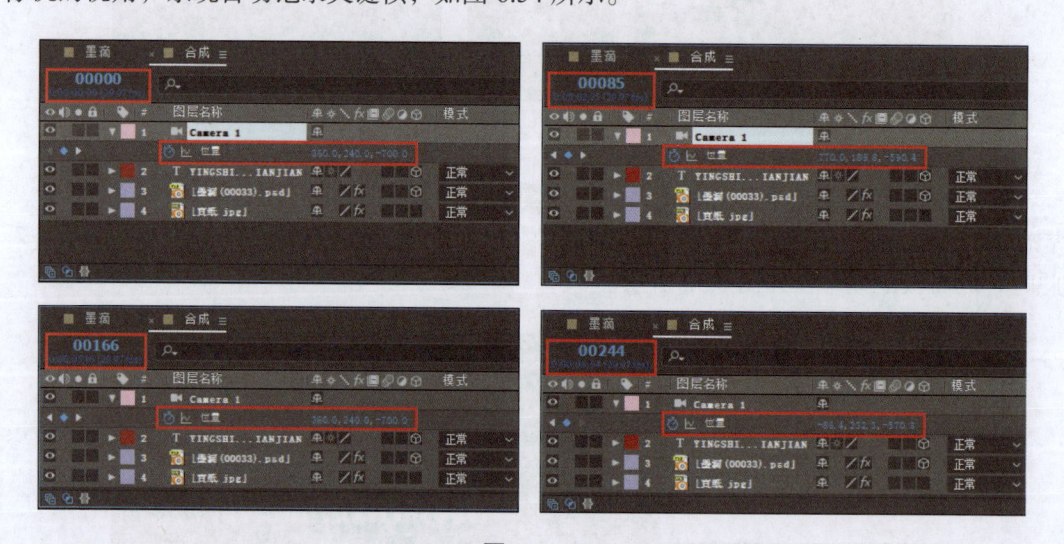

图 6.54

（10）选中"墨滴 (00033).psd"层，按 Ctrl + D 键复制出若干个图层，并在合成面板中调整这些图层的位置。

（11）再次复制出 3 个"墨滴 (00033).psd 层"，在"效果控件"窗口中删除它们的色相/饱和度滤镜，并设置它们的图层混合模式为"差值"，如图 6.55 所示。

160

第 6 章　After Effects 标板特效

图　6.55

（12）制作镜头暗角效果。在时间线窗口中右击，选择"新建"→"纯色"命令，新建一个黑色的固态层。选中黑色的固态层，在工具栏中双击椭圆工具按钮 ，在该层上创建一个蒙版，并设置蒙版的羽化值为318，如图 6.56 所示。

（13）按数字键盘的 0 键预览最终效果，如图 6.57 所示。

图　6.56 　　　　　　　　　　　　　图　6.57

6.4　三维反射标板

本例主要介绍在 AE 中如何使用灯光和图层的三维属性，通过综合处理得到逼真的反射效果。

（1）启动 AE，选择菜单中的"合成"→"新建合成"命令，新建一个合成，命名为"三维环境"，如图 6.58 所示。按 Ctrl+T 键，调用文字工具，在合成窗口中单击，并输入文字"宁静湖畔"，文字工具控制面板中的参数设置如图 6.59 所示。

（2）在时间线窗口中按住 Alt 键，双击文字图层，进入 TEXT 合成窗口。选择并复制文字层，然后选中二者间处于上方的那个文字层，将其重命名为 Reflection，展开其属性进行设置，如图 6.60 所示。

图　6.58

161

图 6.59

图 6.60

（3）选中 Reflection 图层，选择菜单中的"效果"→"过渡"→"线性擦除"命令。在特效控制面板中设置线性擦除的参数，如图 6.61 所示。

图 6.61

（4）回到"三维环境"合成窗口，在项目窗口中导入背景素材 text-5.jpg，将其拖动到时间线窗口的最下层，如图 6.62 所示。

（5）在时间线窗口中右击，选择"新建"→"摄像机"命令，创建一台摄像机，单击工具栏中的 ◎ 工具按钮，在合成窗口中拖动调整摄像机视角，如图 6.63 所示。

（6）在时间线窗口中右击，选择"新建"→"灯光"命令，在场景中创建一个点光源 Light 1，调整灯光的位置，如图 6.64 所示。

图 6.62

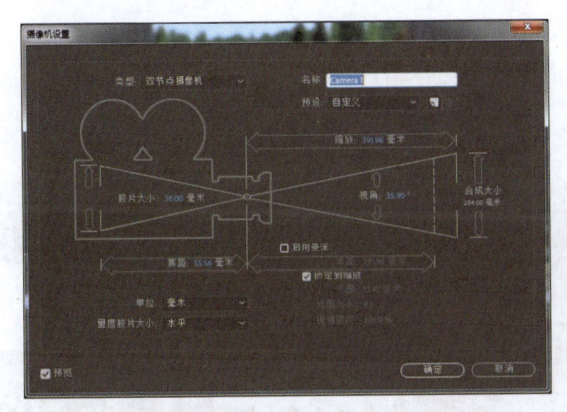

第 6 章 After Effects 标板特效

图 6.63

图 6.64

（7）再次选择"新建"→"灯光"命令，在场景中创建环境光 Light 2。分别选择灯光层，按 T 键展开其强度属性，调节此值的大小可控制场景的亮度，如图 6.65 所示。

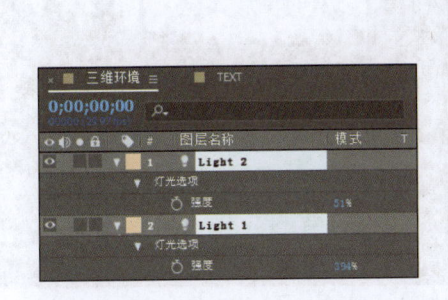

图 6.65

（8）在时间线窗口中右击，选择"新建"→"纯色"命令，新建一个固态层，如图 6.66 所示，命名为 Floor，并将 Floor 层拖到文字层的下面，打开这两个图层的三维属性开关，

163

如图 6.67 所示。

（9）先设置不透明度为 30%，选中 ✏ 工具沿着图层透过的湖面绘制蒙版，如图 6.68 所示。

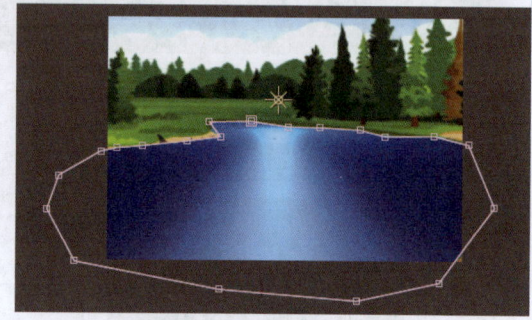

图 6.66

图 6.67

图 6.68

（10）设置不透明度为 100%，设置蒙版 1 的羽化参数，如图 6.69 所示。设置材质选项的参数，如图 6.70 所示，让湖面与 Floor 层融合，使湖面变得更加通透，如图 6.71 所示。

（11）回到"三维环境"合成窗口，选择菜单中的"图层"→"新建"→"调整图层"命令新建一个调节层。将此层拖到文字层的下方作为间隔层，这样可显示出文字层的倒影，如图 6.72 所示。

图 6.69

图 6.70

图 6.71

（12）选择 Camera1 图层，按 P 键为"位置"属性添加动画，如图 6.73 所示。
（13）按数字键盘的 0 键预览动画，如图 6.74 所示。

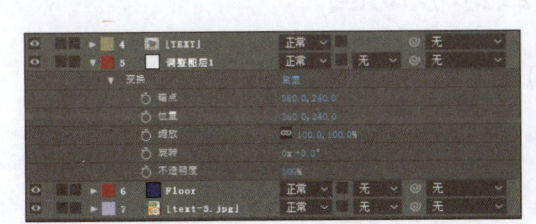

第 6 章　After Effects 标板特效

图 6.72

图 6.73

图 6.74

6.5 飘云标板动画

本例主要介绍复合模糊和置换图滤镜的使用；利用复合模糊制作层模糊效果，然后利用置换图制作扭曲飘动的效果。

（1）启动 AE，选择菜单中的"合成"→"新建合成"命令，新建一个合成，命名为"文字"。选择菜单中的"图层"→"新建"→"纯色"命令，新建一个固态层，命名为 Text1。选中 Text1 图层，选择菜单中的"效果"→"过时"→"基本文字"命令，为其添加基本文字滤镜，如图 6.75 所示。在特效控件面板中单击"编辑文本"选项，在弹出的"基本文字"窗口中输入文字，如图 6.76 所示，在特效控件面板中调整其他的参数。

图 6.75

图 6.76

（2）选中 Text1 层，按 Ctrl + D 键复制当前层，并将复制图层更名为 Text2，将 Text2 层的文字改为"地球部落"。将时间滑块拖动到时间 0:00:01:10 处，选中 Text1 层，按 Alt +] 键，使得 Text1 层从当前时间向后的部分被截掉。再选中 Text2 层，按 Alt + [键，使得 Text2 层从当前时间向前的部分被截掉，如图 6.77 所示。

图 6.77

（3）此时按数字键盘的 0 键进行预览，两层文字在时间 0:00:01:10 处进行硬切过渡。选择菜单中的"合成"→"新建合成"命令，新建一个合成，命名为"飘动"。导入本书配套资源中的 Blur Map.mov 和 Displacement Map.mov 文件，并将它们都拖入时间线窗口中，在时间线窗口中将这两个图层的显示开关关闭。将项目窗口中的"文字"拖入时间线窗口中。选中"文字"层，选择菜单中的"效果"→"模糊和锐化"→"复合模糊"命令，为其添加复合模糊滤镜，如图 6.78 所示，在特效控件面板中调整参数（模糊图层选

第 6 章　After Effects 标板特效

择 Blur Map.mov），如图 6.79 所示。

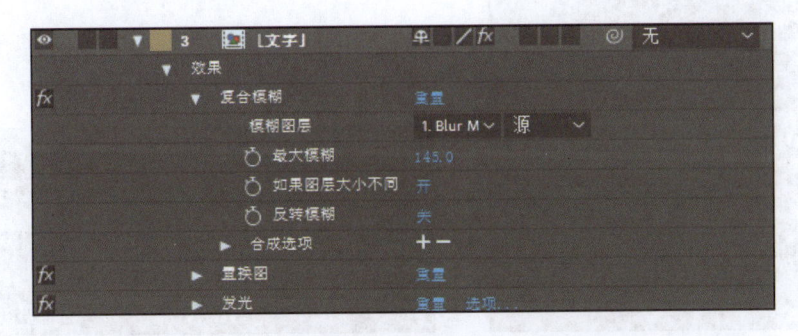

图　6.78

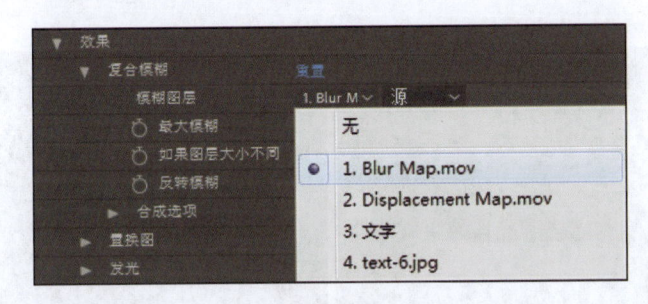

图　6.79

（4）按数字键盘的 0 键进行预览，如图 6.80 所示。

图　6.80

（5）选中"文字"层，选择菜单中的"效果"→"扭曲"→"置换图"命令，为其添加置换贴图滤镜。如图 6.81 所示，在特效控件面板中调整参数（置换图层选择 Displacement Map.mov）。选中"文字"层，选择菜单中的"效果"→"风格化"→"发光"命令，为其添加发光滤镜，在特效控件面板中调整参数，如图 6.82 所示。

（6）回到"三维环境"合成窗口，在项目窗口导入本书配套资源中的"text-6.jpg"文件，将其拖动到时间线窗口最下层，如图 6.83 所示。此时按数字键盘的 0 键进行预览，如图 6.84 所示。

图　6.81

167

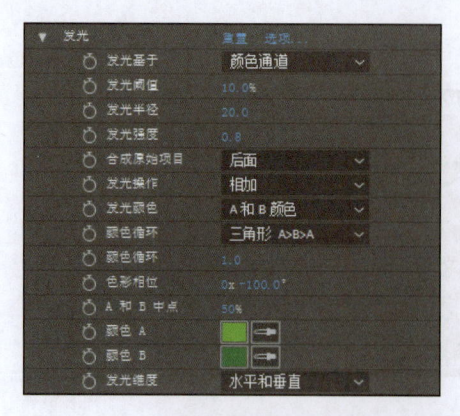

图 6.82

图 6.83

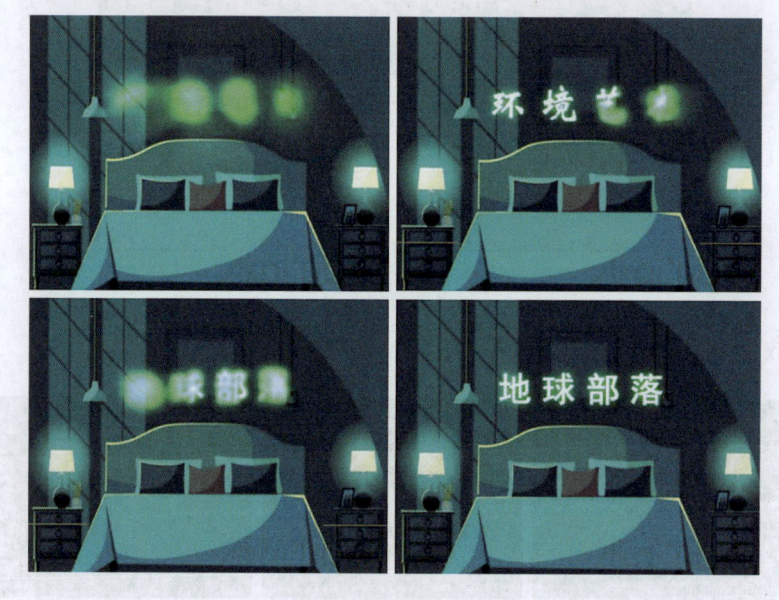

图 6.84

第 7 章

After Effects 光影特效

7.1 星球爆炸

本例以 Shatter 滤镜的应用为主，利用现有的动画素材制作爆炸效果，最后通过嵌套合成和三维图层制作逼真的爆炸视觉效果。我们将借助此例熟悉素材的应用，通过对现有素材的加工制作宇宙星球的场景，并制作爆炸后产生的光波动画，如图 7.1 所示。

图 7.1

（1）启动 AE，选择菜单中的"合成"→"新建合成"命令，新建一个合成，命名为"星球爆炸"，如图 7.2 所示。在项目窗口中双击导入本书配套资源中的"行星 .mov""Explosion.mov""火星 .tga""spaceBG.jpg"文件。将项目窗口中的"行星 .mov"拖动到"星球爆炸"合成的时间线窗口中，如图 7.3 所示。

（2）将项目窗口的 spaceBG.jpg 拖动到"星球爆炸"合成的时间线窗口中，如图 7.4 所示。

（3）创建摄像机。在时间线窗口中右

图 7.2

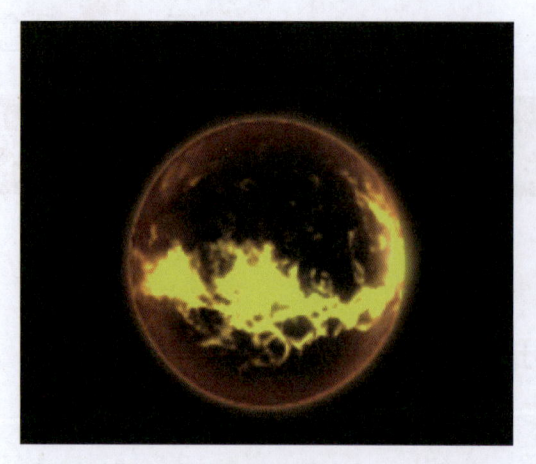

图 7.3　　　　　　　　　　　　　图 7.4

击，选择"新建"→"摄像机"命令，新建一个摄像机层 Camera1，如图 7.5 所示。

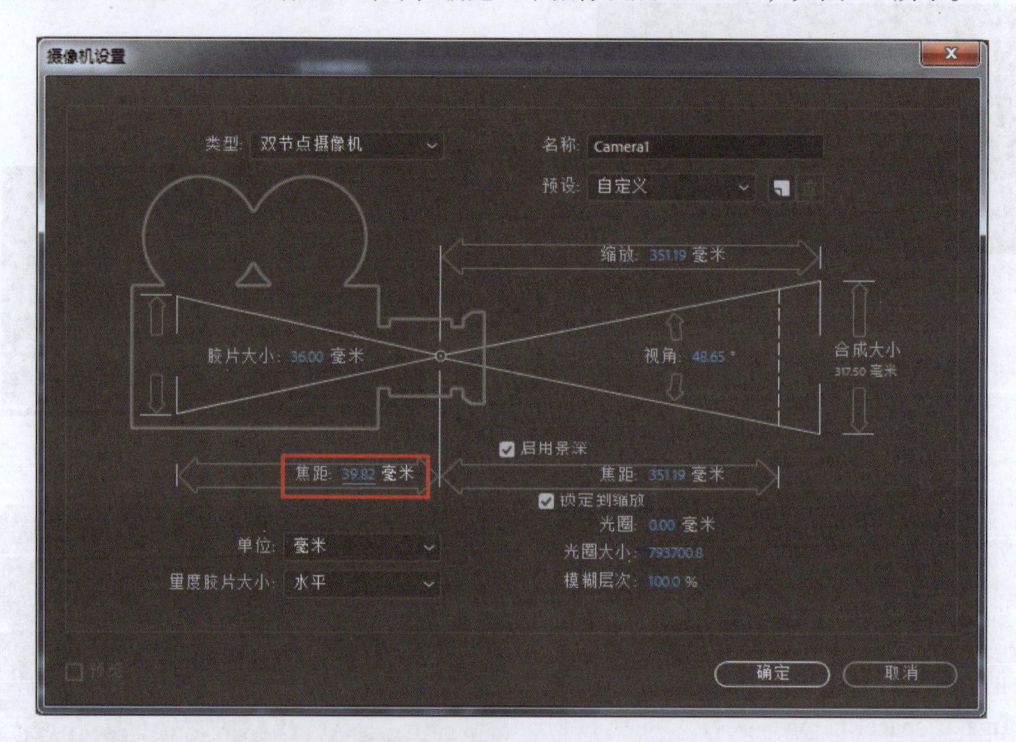

图 7.5

（4）制作爆炸。在时间线窗口中选中"行星.mov"层，选择菜单中的"效果"→"模拟"→"碎片"命令，为其添加碎片滤镜，如图 7.6 所示。

（5）在时间线窗口中展开"行星.mov 层"的碎片特效的"半径"属性列表，为其记录关键帧，使星球产生爆炸效果，如图 7.7 所示。

（6）将项目窗口的 Explosion.mov 文件拖动到时间线窗口中，如图 7.8 所示。

第 7 章　After Effects 光影特效

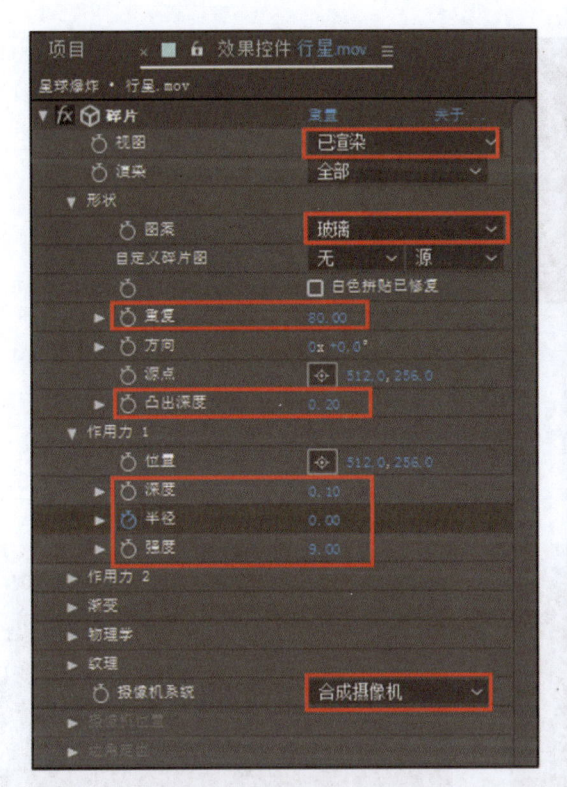

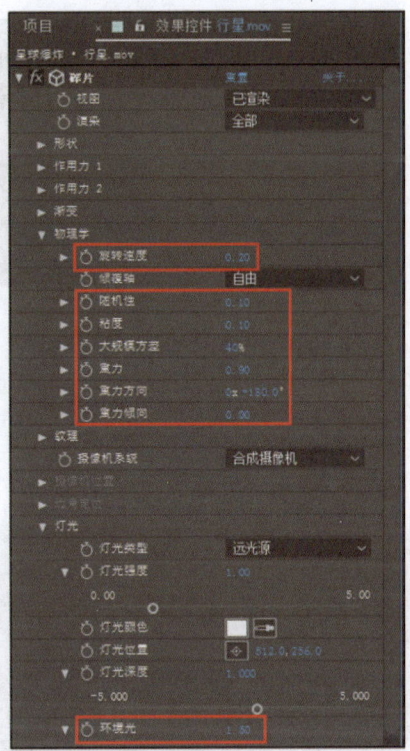

图 7.6

图 7.7

图 7.8

171

（7）按数字键盘的 0 键预览效果，如图 7.9 所示。

图 7.9

（8）制作光晕。按 Ctrl + N 键新建一个合成，命名为 glow，如图 7.10 所示。在时间线窗口中右击，选择"新建"→"纯色"命令新建一个固态层 Orange Solid1，如图 7.11 所示。

图 7.10 　　　　　　　　　　　　图 7.11

（9）单击工具栏中的椭圆工具按钮 ⬭ ，在合成面板中绘制一个蒙版，如图 7.12 所示。在时间线窗口中设置蒙版的参数，如图 7.13 所示。

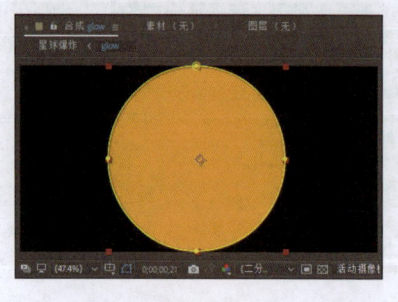

图 7.12 　　　　　　　　　　　　图 7.13

第 7 章　After Effects 光影特效

（10）在时间线窗口中选中 Mask1，按 Ctrl ＋ D 键复制。设置复制的 Mask2 的参数，如图 7.14 所示。

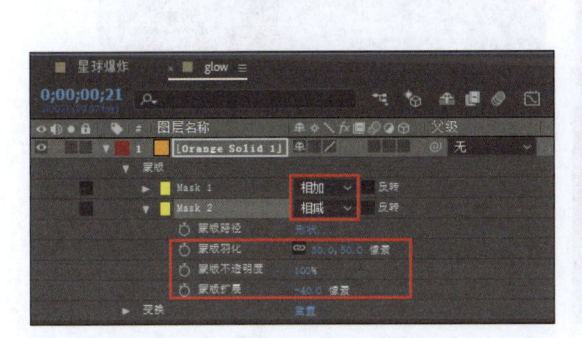

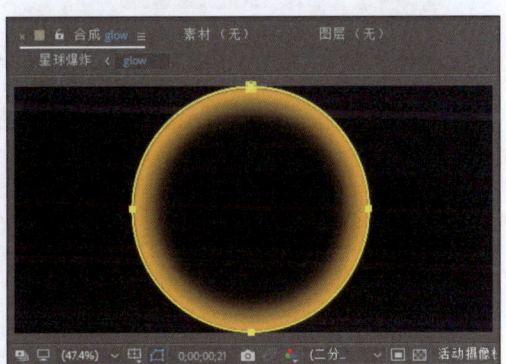

图　7.14

（11）回到"星球爆炸"合成面板，将 glow 合成从项目窗口中拖动到"星球爆炸"的时间线窗口中，进行合成嵌套。打开 glow 层的三维属性开关，并调节该图层的旋转属性，如图 7.15 所示。

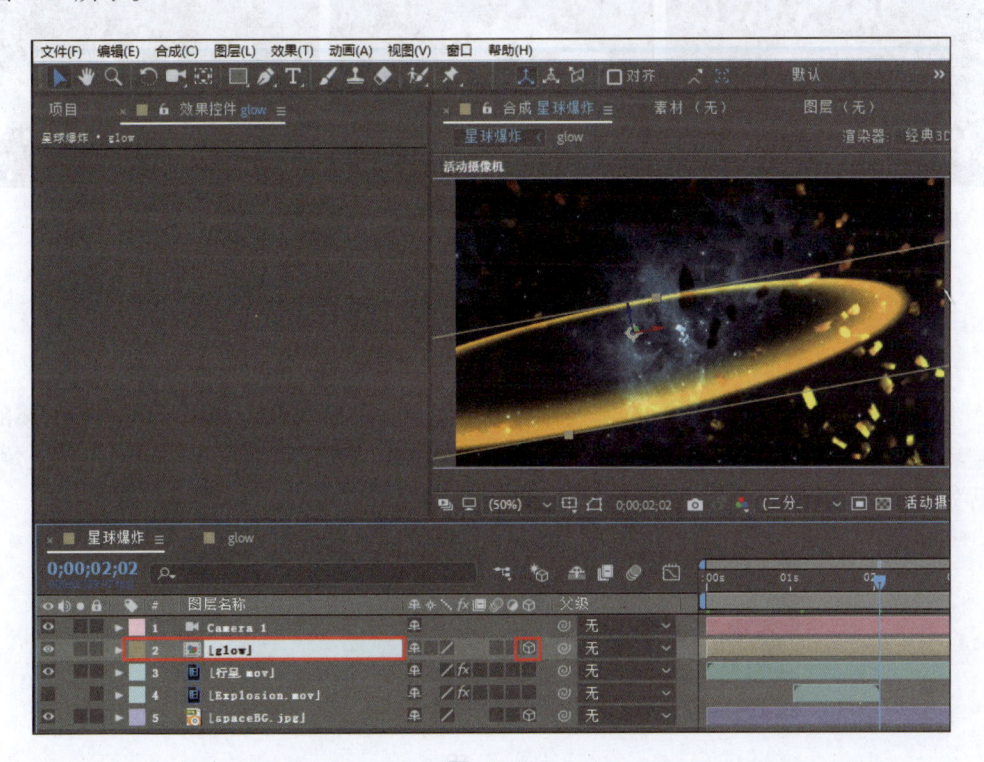

图　7.15

（12）在时间线窗口中选中 glow 层，按 S 键展开其"缩放"属性列表。同时，按 Shift+T 键展开"不透明度"属性列表，为"缩放"和"不透明度"属性记录关键帧，如图 7.16 所示。

173

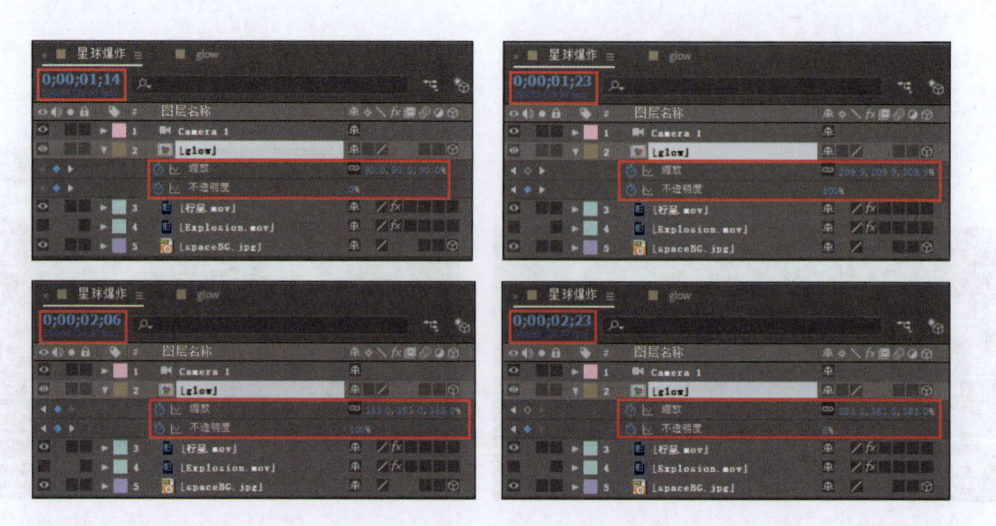

图　7.16

（13）将"火星.tga"文件从项目窗口拖动到时间线窗口中，放在 spaceBG.jpg 层上方。按数字键盘的 0 键预览最终效果，如图 7.17 所示。

图　7.17

7.2　光波动画

本例主要介绍利用 AE 的三维图层制作动态光环效果的方法，以及无线电波滤镜的使用技巧。我们将借助此例熟悉 AE 中三维图层和摄像机的应用，利用合成嵌套制作光波效果，最后为场景建立摄像机并调整视觉角度，如图 7.18 所示。

图　7.18

（1）启动 AE，选择菜单中的"合成"→"新建合成"命令，新建一个合成，命名为 Radio_Wave_Camp，如图 7.19 所示。

（2）选择菜单中的"图层"→"新建"→"纯色"命令，新建一个固态层，命名为

第 7 章　After Effects 光影特效

Radio_Wave_01，如图 7.20 所示。

图　7.19

图　7.20

（3）制作波纹动画。选中 Radio_Wave_01 层，选择菜单中的"效果"→"生成"→"无线电波"命令，为其添加无线电波滤镜；在"效果控件"窗口中设置参数，如图 7.21 所示。

图　7.21

（4）按数字键盘的 0 键预览效果，可见合成面板中已经产生波纹效果，如图 7.22 所示。

图　7.22

175

（5）在时间线窗口中拖动图层，调整图层在时间线上的出入时间，使波纹动画从中间开始播放，如图 7.23 所示。

图 7.23

（6）嵌套合成。选择菜单中的"合成"→"新建合成"命令，新建一个合成，命名为 3D_Waves。在项目窗口中选中 Radio_Wave_Comp 层，将其拖动到时间线窗口中作为嵌套层，并打开 Radio_Wave_Comp 层的三维属性开关，如图 7.24 所示。

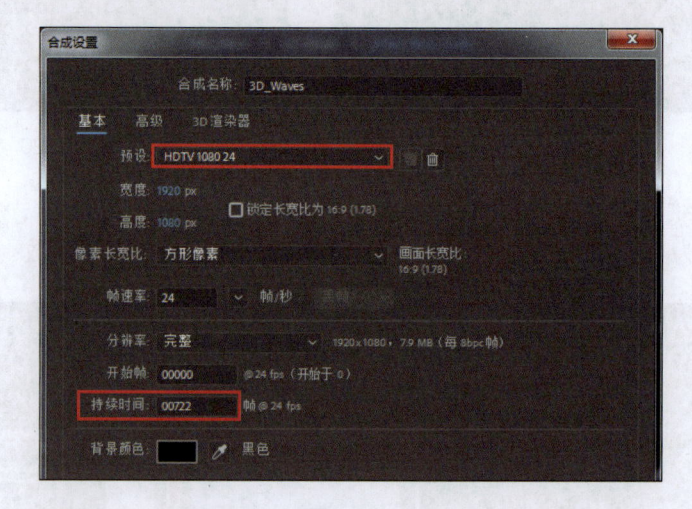

图 7.24

（7）复制 Radio_Wave_Comp 层。在时间线窗口中选中 Radio_Wave_Comp 层，按 Ctrl + D 键进行复制，复制出 24 个图层，如图 7.25 所示。

图 7.25

第 7 章　After Effects 光影特效

（8）排列图层。在时间线窗口中选中各图层，按 P 键，展开各图层的"位置"属性列表。调整"位置"属性 Z 轴方向上的参数，使两个图层在 Z 轴方向上的距离为 160，如图 7.26 所示。

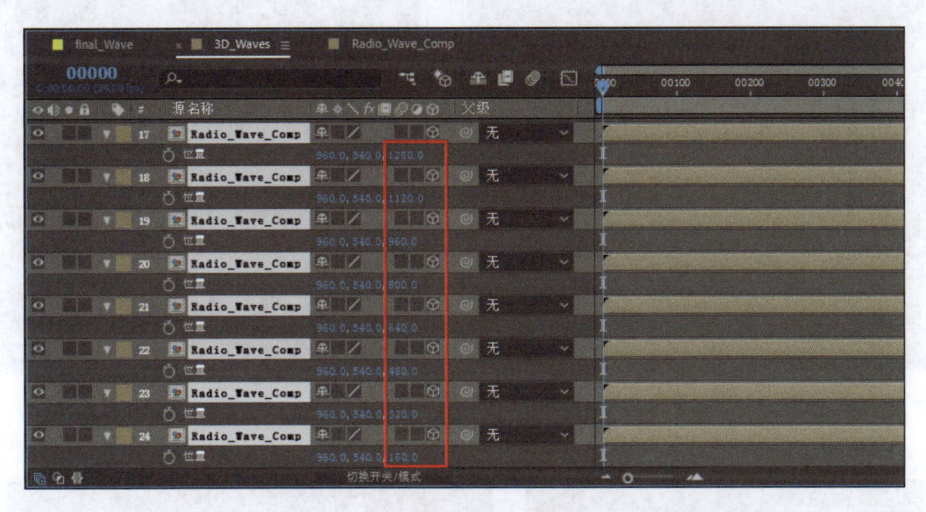

图　7.26

（9）此时，将合成面板的视图设置为 Top 视图，再对图层位置进行观察。在活动摄像机视图查看效果，如图 7.27 所示。

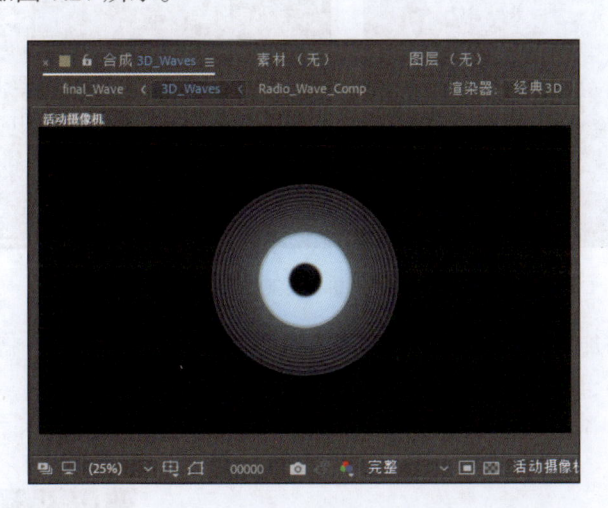

图　7.27

（10）选择菜单中的"合成"→"新建合成"命令，新建一个合成，命名为 final_Wave，如图 7.28 所示。选择菜单中的"图层"→"新建"→"纯色"命令，新建一个固态层，命名为 BG，如图 7.29 所示。该层将作为场景的背景层。

（11）在时间线窗口中选中 BG 层，选择菜单中的"效果"→"生成"→"梯度渐变"命令，为其添加 Ramp 滤镜，在"效果控件"窗口中调整参数，并设置"起始颜色"和"结束颜色"分别为天蓝色和深蓝色，如图 7.30 所示。

177

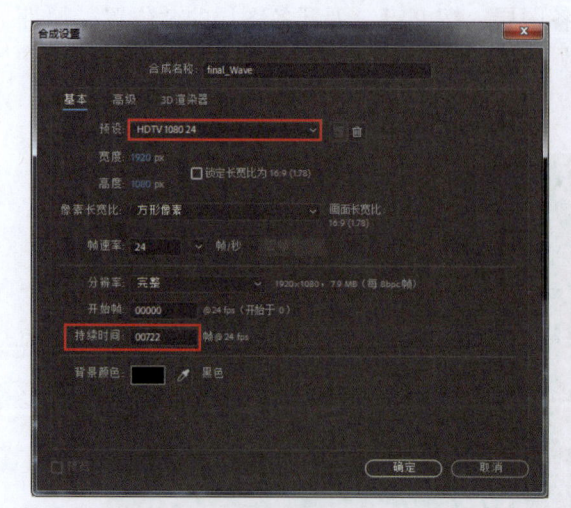

图 7.28 　　　　　　　　　　　　　　　图 7.29

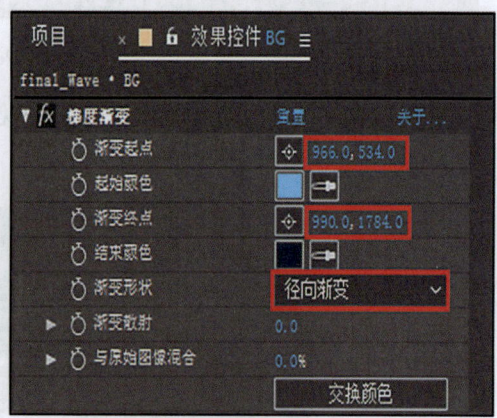

图 7.30

（12）为场景添加波纹元素。在项目窗口中选中 final_Wave 层，将其拖动到时间线窗口中 4 次，生成 4 个 final_Wave 层，如图 7.31 所示。

（13）分别调整 final_Wave2、3、4 层在合成面板中的位置，如图 7.32 所示。

图 7.31 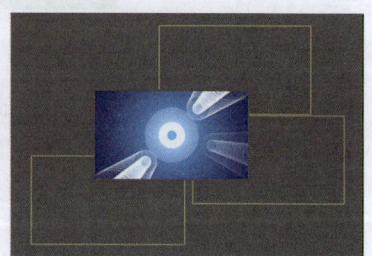　　　　　　　　　　　　　　　图 7.32

第 7 章　After Effects 光影特效

（14）创建摄像机。选择菜单中的"图层"→"新建"→"摄像机"命令，新建一个摄像机层 Camera1，如图 7.33 所示。

（15）单击工具栏中的摄像机工具按钮，在合成面板中拖动调整摄像机视角。查看此时合成面板的效果，如图 7.34 所示。

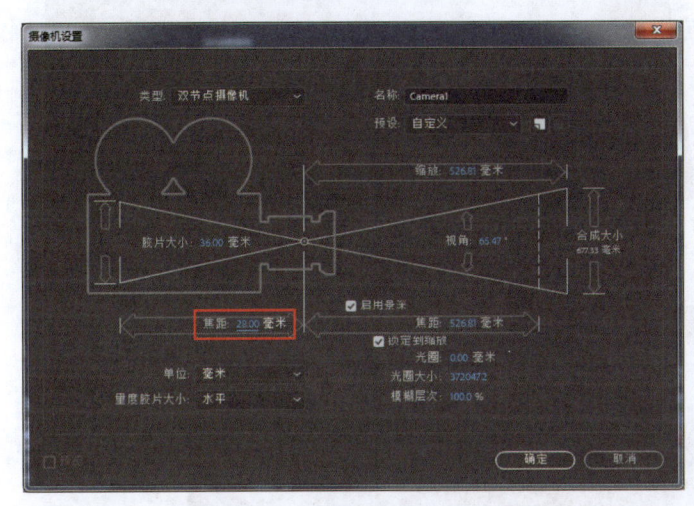

图 7.33 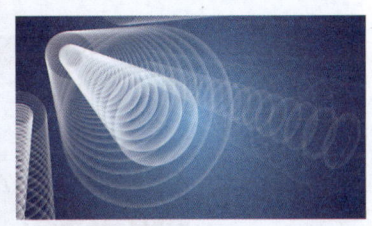　　　　　　　　　　　　　图 7.34

（16）给背景调色。选择菜单中的"图层"→"新建"→"调整图层"命令，新建一个调整图层。选中调整图层，选择菜单中的"效果"→"颜色校正"→"曲线"命令，为其添加曲线滤镜，在"效果控件"窗口中调整曲线的形状，如图 7.35 所示。此时画面的对比度有所增强，如图 7.36 所示。

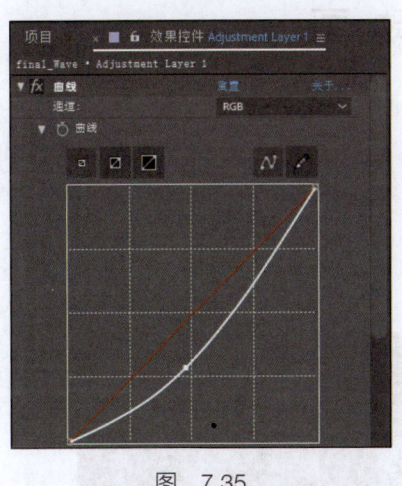

图 7.35 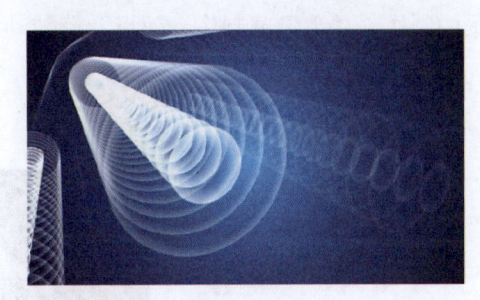　　　　　　　　　　　　　图 7.36

（17）在时间线窗口中选中调整层，选择菜单中的"效果"→"风格化"→"发光"命令，为其添加发光滤镜，在"效果控件"窗口中设置参数，如图 7.37 所示。

（18）按数字键盘的 0 键预览最终效果，如图 7.38 所示。

179

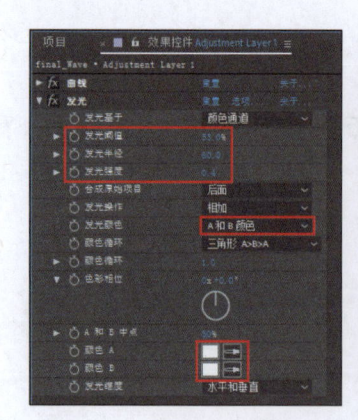

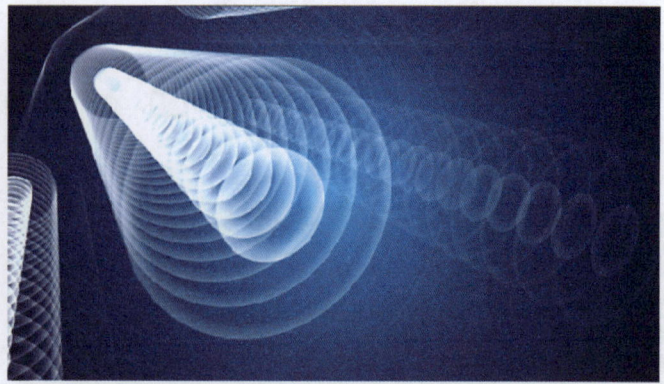

图 7.37

图 7.38

7.3 星球动画

  本例主要学习利用平面素材制作三维球体的动画效果，通过 CC Sphere、发光、Invert 等滤镜的应用实现星球动画。其中将利用嵌套合成实现星球的制作，通过图层的叠加完成场景的制作，并为星球制作光效以及旋转动画，如图 7.39 所示。

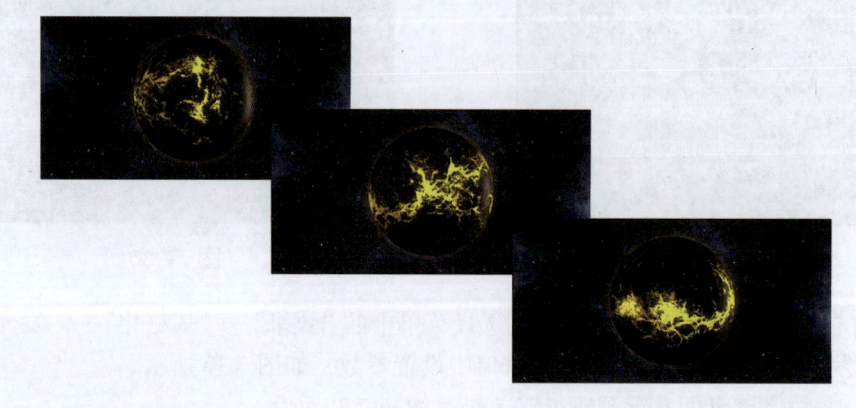

图 7.39

第 7 章　After Effects 光影特效

（1）启动 AE，选择菜单中的"合成"→"新建合成"命令，新建一个合成，命名为"星球"。在项目窗口中双击导入本书配套资源中的 venusmap.jpg、spaceBG.jpg、venusbump.jpg 文件，并将 venusmap.jpg 从项目窗口中拖动到时间线窗口，如图 7.40 所示。

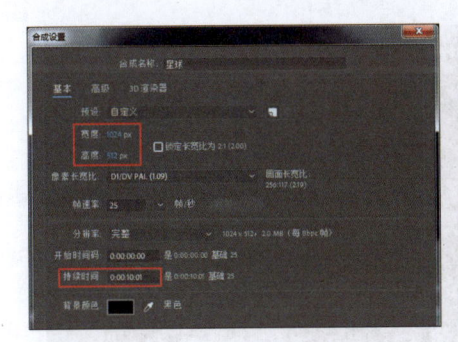

图　7.40

（2）嵌套合成。在时间线窗口中选中 venusmap.jpg 层，按 Ctrl+Shift+C 键将此图层作为一个合成嵌套进来，如图 7.41 所示。

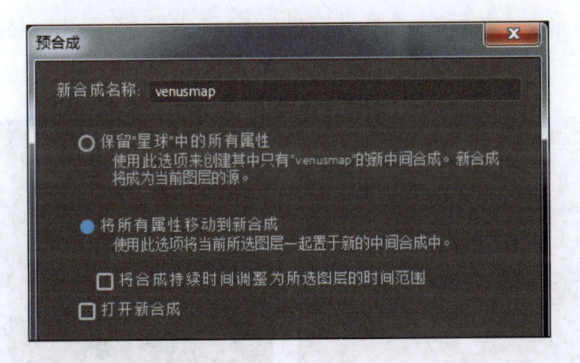

图　7.41

（3）双击 venusma 合成，进入其合成面板。选中 venusmap.jpg 层，选择菜单中的"效果"→"颜色校正"→"色相"→"饱和度"命令，为其添加色相/饱和度滤镜，在"效果控件"窗口中调整其参数，如图 7.42 所示。查看此时合成面板的效果，如图 7.43 所示。

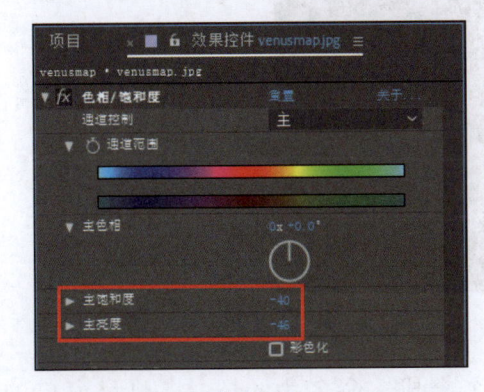

图　7.42 　　　　　　　　　　　　　　图　7.43

181

（4）制作星球。回到"星球"合成面板中，在"效果控件"窗口的输入栏中输入 CC Sphere，系统将自动寻找到 CC Sphere 滤镜。选中 CC Sphere 并将其拖动到时间线窗口中的 venusmap 层上。在"效果控件"窗口中调整参数，如图 7.44 所示。

图 7.44

（5）在时间线窗口中选中 venusmap 层，按 Ctrl+D 键进行复制，并将复制的新图层的叠加模式设置为"屏幕"。之后在"效果控件"窗口中调整 Light Height 的值为 40，Light Direction 的值为 –85，如图 7.45 所示。

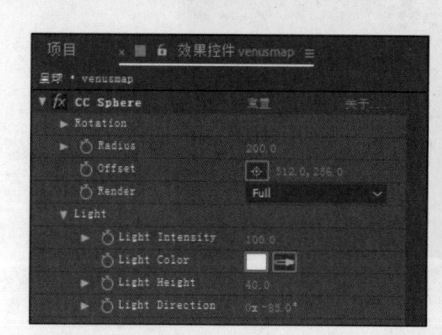

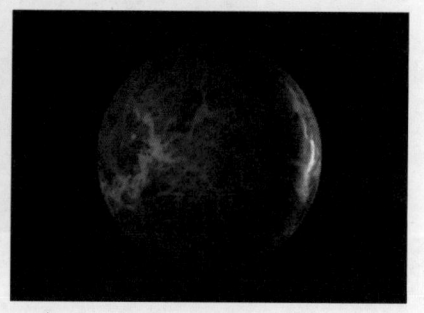

图 7.45

（6）将 spaceBG.jpg 文件从项目窗口拖动到时间线窗口中做背景，如图 7.46 所示。

图 7.46

（7）制作星球纹理。按 Ctrl+N 键新建一个合成，命名为 map。将项目窗口的

venusbump.jpg 文件拖动到时间线窗口中。选中 venusbump.jpg 层，选择菜单中的"效果"→"通道"→"反转"命令，将图像颜色反向，如图 7.47 所示。

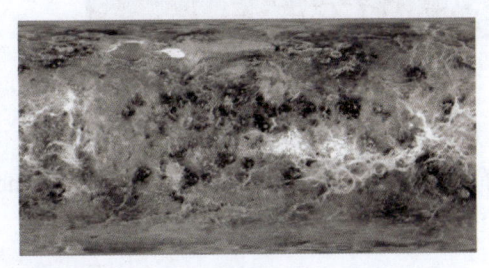

图 7.47

（8）选中 venusbump.jpg 层，选择菜单中的"效果"→"颜色校正"→"曲线"命令，为其添加曲线滤镜。在"效果控件"窗口中调整曲线的形状，如图 7.48 所示。

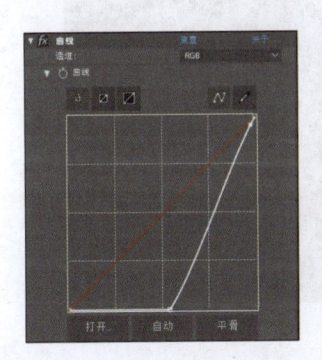

图 7.48

（9）选择菜单中的"效果"→"颜色校正"→"色调"命令，为其添加色调滤镜，并在"效果控件"窗口中调整参数，如图 7.49 所示。查看此时合成面板的效果，如图 7.50 所示。

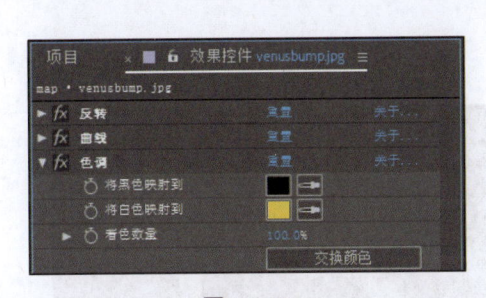

图 7.49    图 7.50

（10）选中 venusbump.jpg 层，按 Ctrl+D 键复制。选中复制的新层，在"效果控件"窗口中将色调滤镜删除。之后设置图层的 TrkMat 选项为 Luma Matte，如图 7.51 所示。查看此时合成面板的效果，如图 7.52 所示。

183

图 7.51 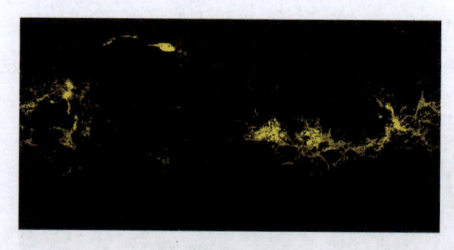　　　　　　　　　　　　　　图 7.52

（11）回到"星球"合成面板，将项目窗口中的 map 拖到时间线窗口中。选中 map 层，选择菜单中的"效果"→"透视"→ CC Sphere 命令，为其添加 CC Sphere 滤镜，并在"效果控件"窗口中调整参数，如图 7.53 所示。

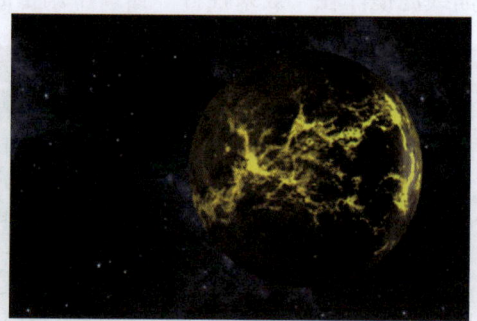

图 7.53

（12）制作光效。在时间线窗口中选中底下的 venusmap 层，选择菜单中的"效果"→"颜色校正"→"曲线"命令，为其添加曲线滤镜并调整曲线的形状，如图 7.54 所示。查看此时合成面板的效果，如图 7.55 所示。

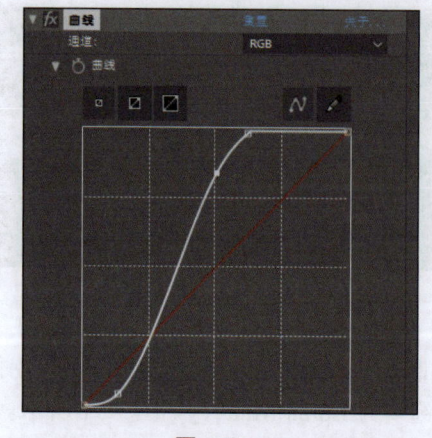

图 7.54 　　　　　　　　　　　　　　图 7.55

第 7 章　After Effects 光影特效

（13）选择菜单中的"效果"→"风格化"→"发光"命令，为其添加发光滤镜，并在"效果控件"窗口中调整参数，如图 7.56 所示。

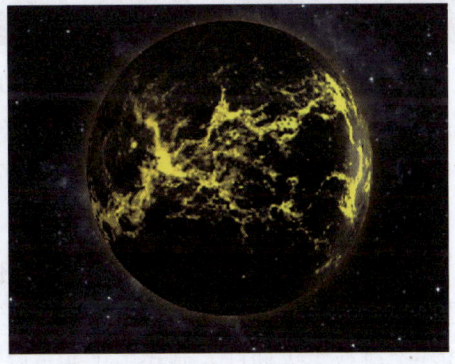

图　7.56

（14）选中 map 层，选择菜单中的"效果"→"风格化"→"发光"命令，为其添加发光滤镜，使星球的纹理产生自发光效果，如图 7.57 所示。查看此时合成面板的效果，如图 7.58 所示。

图　7.57 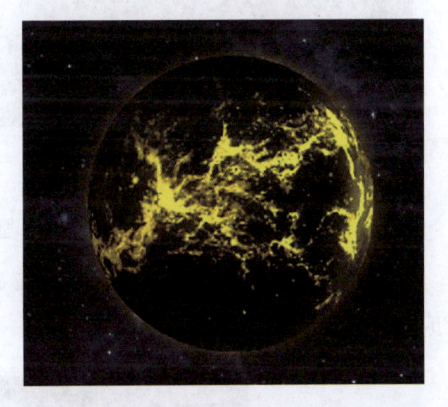　　　　　　　　　　　　　　图　7.58

（15）制作动画。选中 map 层，展开 CC Sphere 滤镜的旋转属性，单击 RotationY 左侧的 按钮为其记录关键帧，使星球转动，如图 7.59 所示。

图　7.59

（16）按数字键盘的 0 键预览最终效果，如图 7.60 所示。

185

图 7.60

7.4 粒子汇聚

在 AE 中不仅可以制作二维粒子,同样也可以制作逼真的三维粒子效果。本节通过实例讲述粒子特效在影视制作中的使用方法和技巧。实例中用到了 Trapcode 公司非常强大的 Particular（三维粒子）插件,制作出了非常震撼的粒子动画效果,如图 7.61 所示。

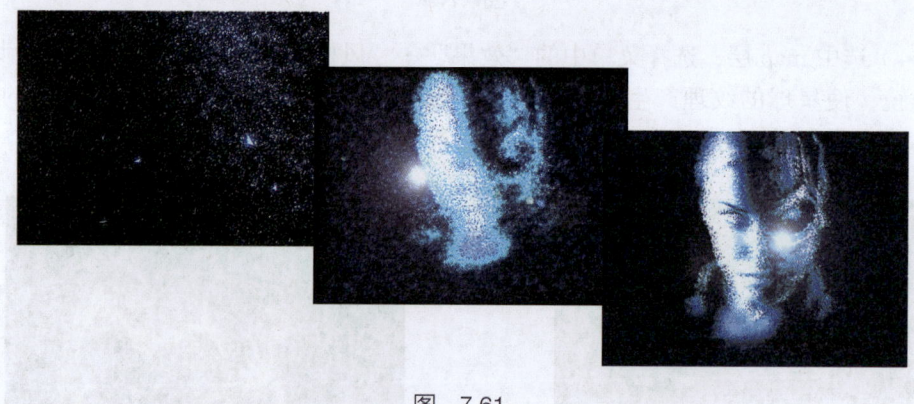

图 7.61

（1）创建 Text 合成。启动 AE,选择菜单中的"合成"→"新建合成"命令,新建一个合成,命名为 source,如图 7.62 所示。

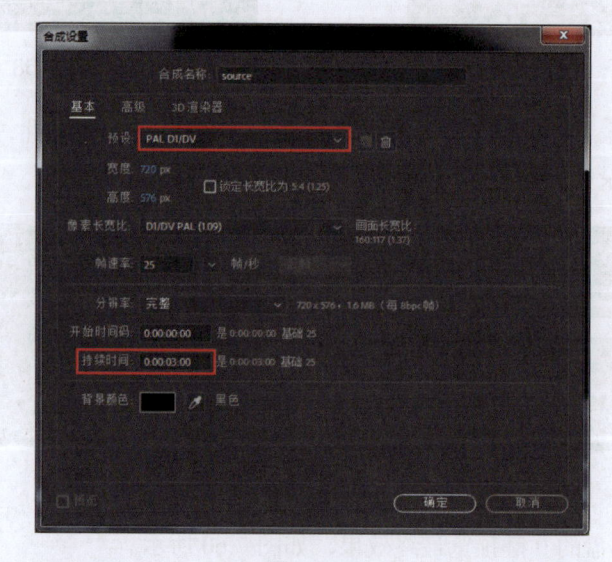

图 7.62

第 7 章　After Effects 光影特效

（2）在项目窗口中双击导入本书配套资源中的"第 7 章 \ 粒子汇聚 \ 图层 1\ 机械人 .psd"文件，将项目窗口中的"图层 1/ 机械人 .psd"文件拖曳到 source 合成的时间线窗口中。再次选择菜单中的"合成"→"新建合成"命令，新建一个合成，命名为"飞散"。将项目窗口中的"图层 1/ 机械人 .psd"文件拖曳到"飞散"合成的时间线窗口中。

（3）为文字添加特效。在时间线窗口中选中"图层 1/ 机械人 .psd"层，选择菜单中的"效果"→"模拟"→ CC Pixel Polly 命令，为其添加 CC Pixel Polly 滤镜，在"效果控件"窗口中调整参数。为 CC Pixel Polly 滤镜设置关键帧，如图 7.63 所示。

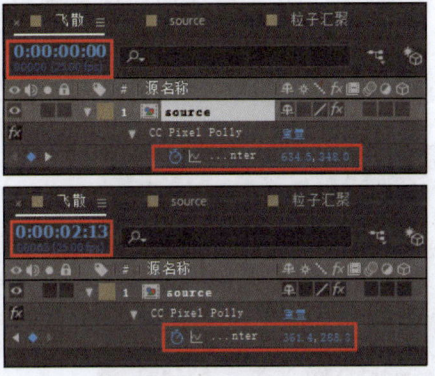

图　7.63

（4）选中"图层 1/ 机械人 .psd"层，选择菜单中的"效果"→"风格化"→"发光"命令，为其添加发光滤镜，在"效果控件"窗口中调整参数，如图 7.64 所示。为发光滤镜参数设置关键帧动画，如图 7.65 所示。

图　7.64 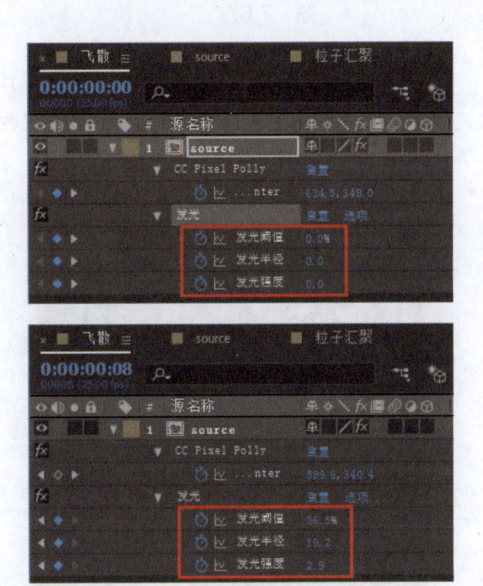　　　　　　　图　7.65

（5）按数字键盘的 0 键预览效果，如图 7.66 所示。

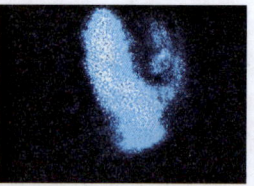

图 7.66

（6）反转动画。新建一个合成，命名为"粒子汇聚"，如图 7.67 所示。

（7）将项目窗口中的"飞散"层拖到粒子汇聚合成的时间线窗口中，选中"飞散"层，之后选择菜单中的"时间"→"启用时间重映射"命令，并在时间线窗口中调整 Remapping 动画曲线，如图 7.68 所示。

图 7.67 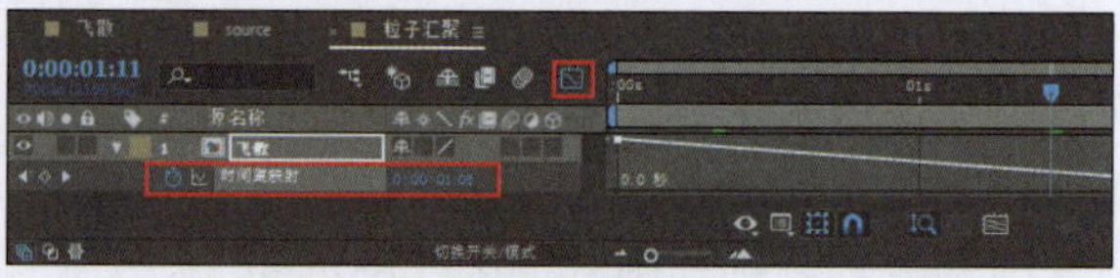　　　　　　　　　　　图 7.68

（8）制作镜头光晕。选择菜单中的"图层"→"新建"→"纯色"命令，新建一个固态层，命名为 Lens，如图 7.69 所示。选中 Lens 层，选择菜单中的"效果"→"生成"→"镜头光晕"命令，为其添加镜头光晕滤镜，并在"效果控件"窗口中调整参数，如图 7.70 所示。

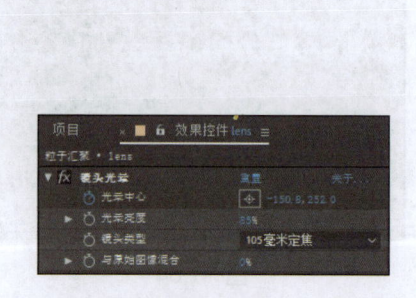

图 7.69　　　　　　　　　　　图 7.70

（9）为光晕制作位移动画。为镜头光晕滤镜的位置属性设置关键帧。在时间 0:00:02:03 处和时间 0:00:02:13 处设置参数，如图7.71所示。

图 7.71

（10）按数字键盘的0键预览最终效果，如图7.72所示。

图 7.72

7.5 火舌特效

火舌是影视后期制作中常用的特效，本例将以最简洁、最高效的方法在原视频素材的基础上制作逼真的火舌动画效果。同时还将使用 Add Marker 命令在特定时间处的图层上添加标记，并在标记的时间处制作从枪口喷出的火舌效果，如图7.73所示。

图 7.73

（1）启动 AE，选择菜单中的"合成"→"新建合成"命令，新建一个合成，命名为"枪手"，如图7.74所示。选择菜单中的"文件"→"导入"→"文件"命令，导入配套资源中的 Glock.mov 和 smoke_[00000-00211].png 序列文件。将它们拖曳到时间线窗口中，并将smoke_[00000-00211].png层放在上方。

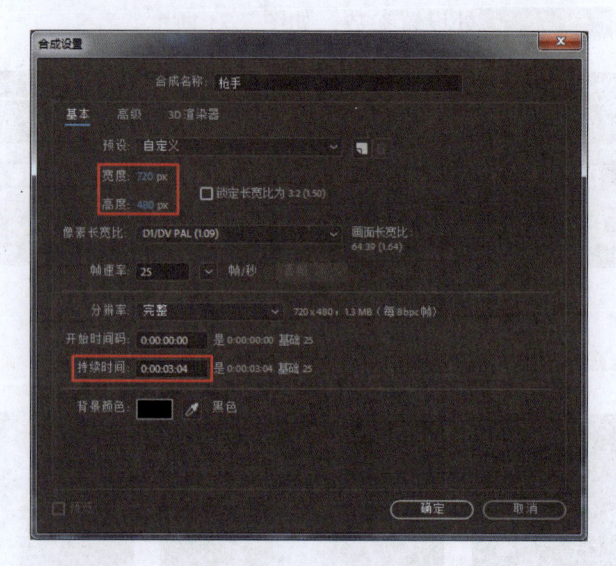

图 7.74

（2）在时间线窗口中选中smoke.png层，按S键展开smoke.png层的"缩放"属性列表，再按Shift+T键，在展开"缩放"属性列表的同时展开"不透明度"属性列表，分别调整它们的参数值。拖动时间滑块进行预览，可见当时间滑块拖动到 0:00:01:23 处时，枪手会出现在画面中，并且开始举枪射击。按 [键，将 smoke_[00000- 00211].png 层的起始点定在时间 0:00:01:23 处，如图 7.75 所示。

图 7.75

（3）选择菜单中的"图层"→"添加标记"命令，在 Glock.mov 图层上添加标记，如图 7.76 所示。

图 7.76

（4）制作火舌。在时间线窗口中右击，选择"新建"→"纯色"命令新建一个固态层，命名为 Fire，如图 7.77 所示。在时间线窗口中将 Fire 层出入的时间长度调整为 1 帧，并将其拖动到第一个标记的时间处，如图 7.78 所示。

图 7.77

图 7.78

（5）选中 Fire 层，将时间滑块拖放至第一个标记处，单击工具栏中的 ![] 工具按钮，在合成面板中绘制一个蒙版，如图 7.79 所示。

（6）选中 Fire 层，选择菜单中的"效果"→"扭曲"→"湍流置换"命令，为其添加湍流置换滤镜。在"效果控件"窗口中调整参数，如图 7.80 所示。查看此时合成面板的效果，如图 7.81 所示。

图 7.79

图 7.80

图 7.81

（7）选择菜单中的"效果"→"模糊和锐化"→ CC Radial Fast Blur 命令，为其添加 CC Radial Fast Blur 滤镜，在"效果控件"窗口中调整参数，如图 7.82 所示。查看此时合成面板中的效果，如图 7.83 所示。

图 7.82 　　　　　　　　　　　　图 7.83

（8）选择菜单中的"效果"→"风格化"→"发光"命令，为其添加发光滤镜，在"效果控件"窗口中调整参数，如图 7.84 所示。查看此时合成面板中的效果，如图 7.85 所示。

图 7.84 　　　　　　　　　　　　图 7.85

（9）再次为 Fire 添加湍流置换滤镜，在"效果控件"窗口中调整参数，如图 7.86 所示。查看此时合成面板中的效果，如图 7.87 所示。

图 7.86 　　　　　　　　　　　　图 7.87

第 7 章　After Effects 光影特效

（10）制作闪光层。在时间线窗口右击，选择"新建"→"纯色"命令新建一个固态层，设置其颜色为橙色。单击工具栏中的■工具按钮，在合成面板中绘制一个蒙版，并设置其"蒙版羽化"的值为190，层的叠加模式为"相加"，如图 7.88 所示。查看此时合成面板效果，如图 7.89 所示。

图　7.88

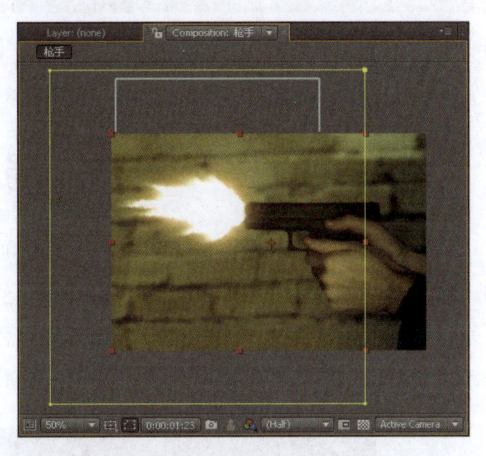

图　7.89

（11）在时间线窗口中分别选中 Fire 和 Medium Orange Solid 1 层，按 Ctrl+D 键对其进行复制，并将复制的新层的出入时间拖动到有标记的时间处，如图 7.90 所示。

图　7.90

（12）按数字键盘的 0 键预览最终效果，如图 7.91 所示。

图　7.91

第 8 章

After Effects 短视频合成技术

8.1 局部校色

在影视制作中，画面色彩的校正是一项非常重要的工作。本节中将通过调色实例学习 AE 的色彩修正滤镜，利用 AE 的色彩修正滤镜即可通过简单的调节生成非常震撼的视觉效果。本例主要练习使用钢笔工具在图层上绘制蒙版，利用蒙版在画面中形成选区，为图层添加曲线、色调滤镜，对蒙版所划定区域的画面进行调色，如图 8.1 所示。

图 8.1

（1）启动 AE，选择菜单中的"合成"→"新建合成"命令，新建一个合成，命名为"局部校色"，如图 8.2 所示。在项目窗口中双击，导入本书配套资源中的 sin_city_look.mov 文件。

图 8.2

（2）将 sin_city_look.mov 从项目窗口拖曳到局部校色的时间线窗口中 3 次，设置图层 1 的图层叠加模式为"颜色"，如图 8.3 所示。

图 8.3

（3）为画面调色。单击上面两个图层的 ◉ 按钮，关闭图层的显示属性。选中图层 3，选择菜单中的"效果"→"颜色校正"→"色调"命令，在"效果控件"窗口中调整滤镜参数，如图 8.4 所示。图 8.5 所示为合成面板的效果。

图 8.4

图 8.5

（4）选择菜单中的"效果"→"颜色校正"→"曲线"命令，为图层 3 添加曲线调节滤镜，调整曲线的形状，如图 8.6 所示，得到图 8.7 所示的效果。

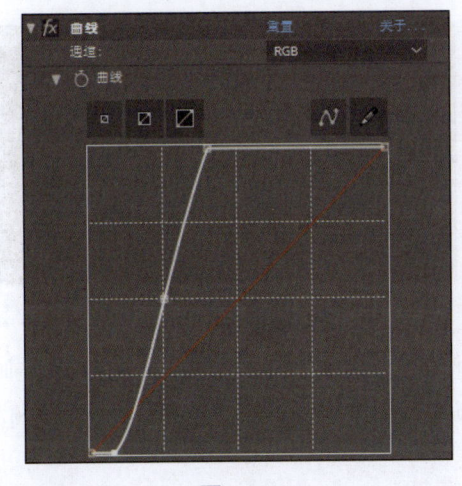

图 8.6

图 8.7

（5）制作蒙版。单击图层 1 和图层 3 的 👁 按钮，关闭图层的可见属性。选中图层 2，单击工具栏中的钢笔工具按钮 ✒，在合成窗口中画一个蒙版，调整蒙版的参数，如图 8.8 所示。

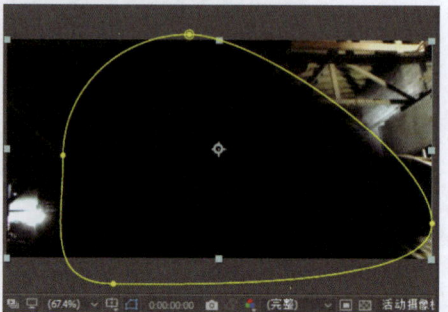

图 8.8

（6）为图层 2 添加曲线滤镜，如图 8.9 所示。

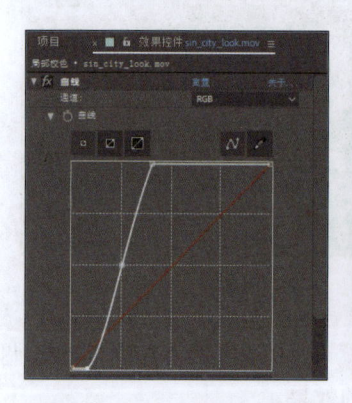

图 8.9

（7）为主角调色。选中图层 1，单击工具栏中的钢笔工具按钮 ✒，在合成窗口中画一个蒙版，调整蒙版的形状，如图 8.10 所示。

（8）选中图层 1，选择菜单中的"效果"→"颜色校正"→"曲线"命令，为其添加曲线调节滤镜，调整曲线的形状，如图 8.11 所示。

（9）为蒙版制作关键帧。将所有的图层显示属性打开。选中图层 1，展开其图层属性列表，

图 8.10

单击"蒙版路径"前面的 ⏱ 按钮，为蒙版设置关键帧。分别拖动时间滑块，根据人物在画面中的移动调整蒙版的位置。在视图中调节蒙版的位置和形状，让蒙版和人脸的移动匹配，并自动记录关键帧，如图 8.12 所示。

（10）按数字键盘的 0 键进行预览，如图 8.13 所示。

第 8 章　After Effects 短视频合成技术

图　8.11

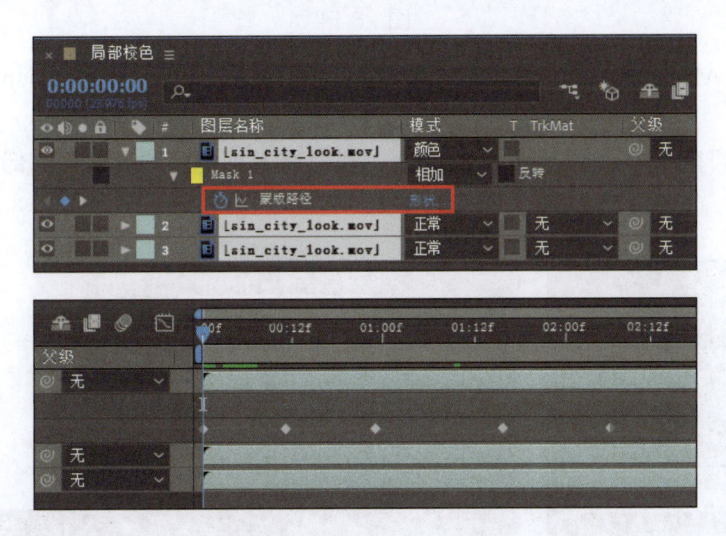

图　8.12

图　8.13

197

8.2 街景合成动画

本例主要介绍如何通过平面图像中物体的透视关系，制作出一个栩栩如生的三维场景。其中将通过在场景中创建灯光和摄像机，使场景中的文字产生真实的阴影，并最终为灯光制作位移动画，使阴影也随之产生动画效果，如图 8.14 所示。

图 8.14

（1）启动 AE，在项目窗口中双击导入本书配套资源中的 ny_medium.jpg 文件，如图 8.15 所示。

（2）在项目窗口中选中 ny_medium.jpg 文件，将其拖曳到项目窗口底部的 按钮上，创建一个合成，命名为"街头"。按 Ctrl+K 键对合成进行相应设置，如图 8.16 所示。

图 8.15　　　　图 8.16

（3）制作背景。选择菜单中的"图层"→"新建"→"纯色"命令，新建一个白色的固态层，命名为 BG。打开 BG 层的三维属性开关，单击工具栏中的旋转工具按钮 ，在合成面板中对其进行旋转，如图 8.17 所示。

（4）添加摄像机。选择菜单中的"图层"→"新建"→"摄像机"命令，新建一个摄像机层 Camera1，如图 8.18 所示。

（5）在时间线窗口中选中 BG 层，选择菜单中的"效果"→"生成"→"网格"命令，为其添加网格滤镜，并设置网格滤镜的属性参数为默认值。选择工具栏中的摄像机工具按钮 ，对摄像机的镜头进行调整，使网格和背景画面的透视关系一致，并调整 BG 层的"缩放"属性值为 280，如图 8.19 所示。

第 8 章　After Effects 短视频合成技术

图　8.17

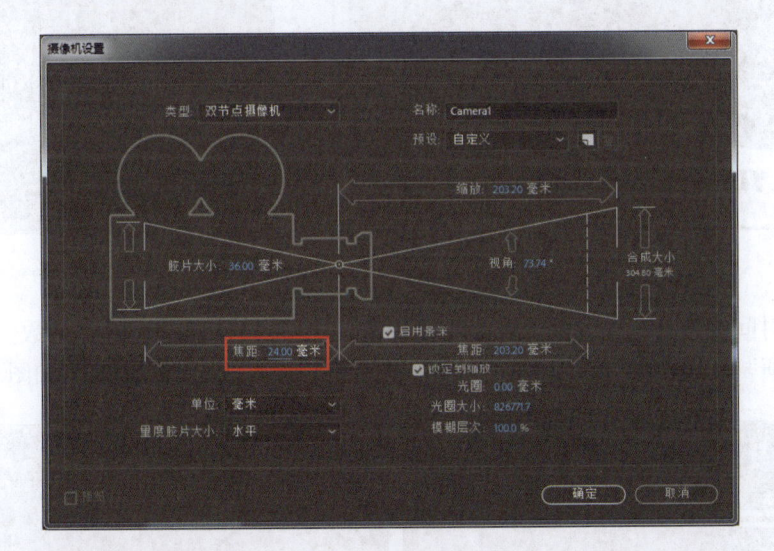

图　8.18

图　8.19

（6）在时间线窗口中选中 BG 层，在"效果控件"窗口中单击 fx 按钮关闭网格滤镜。

（7）创建文字。单击工具栏中的 T 工具按钮，在合成面板中单击并输入 YINGSHIRENLE，打开文字层的三维属性开关。之后调整其在场景中的位置，如图 8.20 所示。

（8）添加灯光。选择菜单中的"图层"→"新建"→"灯光"命令，新建一个灯光层

Light1，如图 8.21 所示。

图 8.20

图 8.21

（9）在时间线窗口中展开文字层的"材质选项"属性列表并设置其参数。展开 BG 层的"材质选项"属性，设置其参数，并设置其图层叠加模式为 Multiply，如图 8.22 所示。

图 8.22

（10）查看此时的合成面板的效果，如图 8.23 所示。

（11）为文字着色。选中文字层，选择菜单中的"效果"→"生成"→"梯度渐变"命令，为其添加梯度渐变滤镜，在"效果控件"窗口中调整参数，并分别设置"起始颜色"和"结束颜色"的颜色，如图 8.24 所示。

图 8.23

图 8.24

（12）选中文字层，按 Ctrl+D 键进行复制。利用旋转工具 和移动工具 在合成面板中调整文字层的位置，如图 8.25 所示。

（13）制作光影动画。在时间线窗口中展开 Light 1 层的"位置"属性列表，单击 按钮为其记录关键帧。在不同时间处改变灯光的位置，使场景中的阴影产生动画效果，如图 8.26 所示。

图 8.25

图 8.26

（14）按数字键盘的 0 键预览最终效果，如图 8.27 所示。

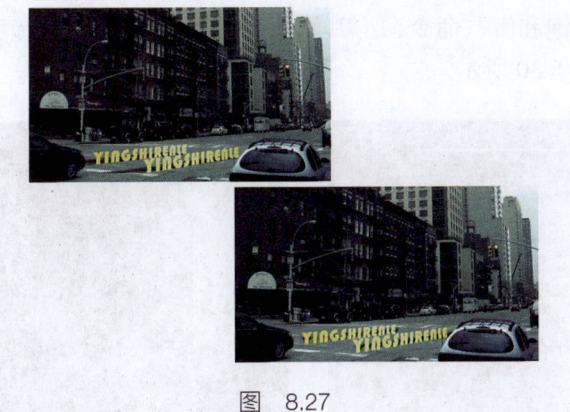

图 8.27

8.3 飘雪动画

本例使用 CC Rain 和 CC Snow 滤镜为画面制作下雪的动画效果。在制作下雪动画的过程中，需要为图层添加色相/饱和度滤镜，以对画面的饱和度和不透明度进行调整，使整个画面更具真实的氛围感，如图 8.28 所示。

图 8.28

（1）启动 AE，选择菜单中的"合成"→"新建合成"命令，新建一个合成，命名为"下雪"。选择菜单中的"文件"→"导入"→"文件"命令，导入本书配套资源中的 ColdBreath.mov 文件，并将其拖曳到时间线窗口，如图 8.29 所示。

图 8.29

（2）制作雨雪效果。在时间线窗口中选中 ColdBreath 层，选择菜单中的"效果"→"颜色校正"→"色相/饱和度"命令，为其添加"色相/饱和度"滤镜，在"效果控件"窗口中调整参数，如图 8.30 所示。

图 8.30

（3）选择菜单中的"效果"→"模拟"→"CC Rain"命令，为其添加 CC Rain 滤镜，在"效果控件"窗口中调整参数，如图 8.31 所示。

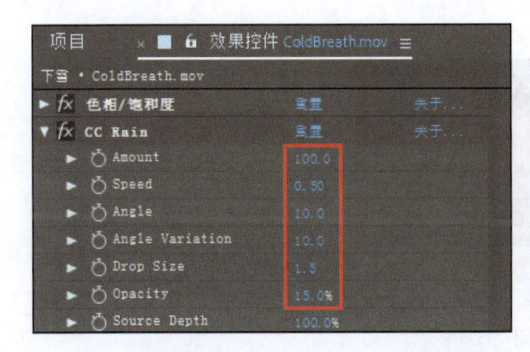

图 8.31

（4）选中 ColdBreath.mov 层，选择菜单中的"效果"→"模拟"→"CC Snow"命令，为其添加 CC Snow 滤镜，在"效果控件"窗口中调整参数，如图 8.32 所示。

图 8.32

（5）按数字键盘的 0 键预览最终效果，如图 8.33 所示。

图 8.33

8.4 置换天空

本例主要讲解跟踪和抠像，先通过跟踪原视频素材，为其匹配一个天空背景，之后对复制的新层进行抠像处理，去除天空部分，使画面中的人物和背景完美融合，如图 8.34 所示。

图 8.34

（1）启动 AE，选择菜单中的"合成"→"新建合成"命令，新建一个合成，命名为"置换天空"。之后导入本书配套资源中的 motorcycle_footage.mov 和 sky.jpg 文件。将 motorcycle_footage.mov 和 sky.jpg 拖到时间线窗口中，如图 8.35 所示。

图 8.35

（2）跟踪摄像机。在时间线窗口中选中 sky.jpg 层，选择菜单中的"效果"→"过渡"→"线性擦除"命令，为其添加线性擦除滤镜。在"效果控件"窗口中设置参数完成天空背景的制作。查看此时合成面板的效果，如图 8.36 所示。

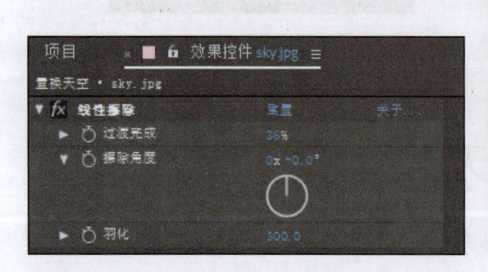

图 8.36

第 8 章　After Effects 短视频合成技术

（3）接下来需要利用跟踪技术将天空背景和镜头的运动进行匹配，使画面更加逼真。选中 motorcycle_footage.mov 层，选择菜单中的"窗口"→"跟踪器"命令，打开"跟踪器"面板。单击"跟踪运动"按钮，在图层预览面板中选择并调整跟踪点，如图 8.37 所示。

（4）在"跟踪器"窗口中设置跟踪参数。将时间线滑块放置在第 0 帧处，单击▶按钮，系统开始自动计算摄像机的运动轨迹，如图 8.38 所示。

图　8.37　　　　　　　　　　　图　8.38

（5）系统计算完毕后，单击"应用"按钮将摄像机的运动轨迹应用至 sky.jpg 层，如图 8.39 所示。

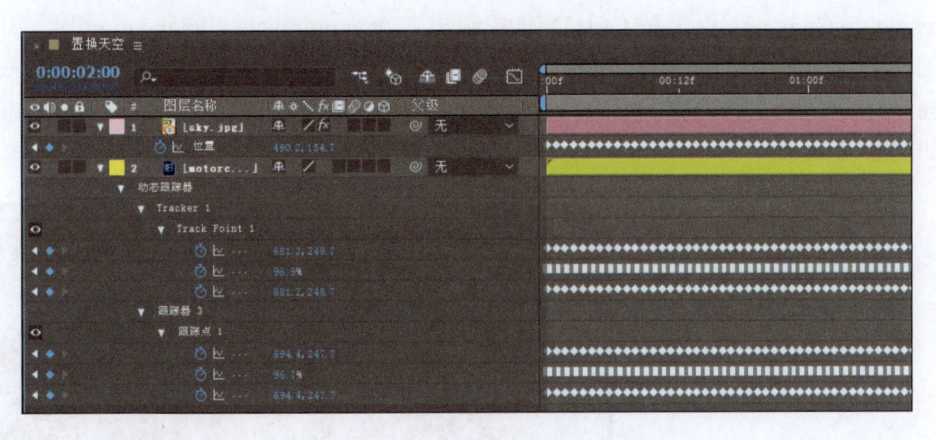

图　8.39

（6）制作天空背景。应用跟踪数据后会发现天空背景的位置产生了偏移，需要对天空背景的位置进行校正，如图 8.40 所示。

（7）在时间线窗口中选中 sky.jpg 层，设置"缩放"属性的参数值为（-21.5%，21.5%），选中"位置"属性，在合成面板中拖动天空背景，将其调整到合适位置，使其完全将下方的天空遮住。拖动时间滑块逐帧进行观察，对其他偏移的天空位置进行修正，以保证在动画播放时不会出现错位的画面。查看此时合成面板的效果，如图 8.41 所示。

205

图 8.40

图 8.41

（8）对画面抠像。画面中人物出现在高空时显示得还不够清晰，这主要是因为人物图像被上方的 sky.jpg 层遮挡住了，下面将着手解决这个问题。在时间线窗口中选中 motorcycle_footage.mov 层，按 Ctrl+D 键复制出一个 motorcycle_footage.mov 层，并将其调整到最上层，选择菜单中的"效果"→"抠像"→"Color Key"命令，对 motorcycle_footage.mov 层的天空部分进行抠除。之后在"效果控件"窗口中调整 Color Key 滤镜的参数，如图 8.42 所示。

图 8.42

（9）使用 Color Key 滤镜对画面的局部进行抠除。选中 motorcycle_footage.mov 层，选择菜单中的"效果"→"抠像"→"颜色差值键"命令，为其添加颜色差值键滤镜。在"效果控件"窗口中调整参数，如图 8.43 所示。

图 8.43

（10）对画面进行校色。在时间线窗口中右击，选择"新建"→"调整图层"命令，新建一个 Adjustment Layer 1 层。选中 Adjustment Layer 1 层，选择菜单中的"效果"→"颜色校正"→"曲线"命令，为其添加曲线滤镜。之后在"效果控件"窗口中调节曲线的形状，如图 8.44 所示。

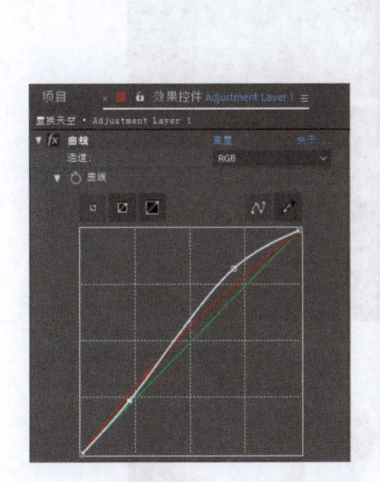

图 8.44

（11）按数字键盘的 0 键预览最终效果，如图 8.45 所示。

图 8.45

8.5 电影抠像

本例主要介绍影视后期制作中特技场景的合成技巧，利用抠像技术合成素材。首先对导入的视频素材添加 Keylight 滤镜，并创建蒙版，将素材中人物的轮廓勾画出来，最后制作爆炸环境，如图 8.46 所示。

图 8.46

第 8 章　After Effects 短视频合成技术

（1）启动 AE，选择菜单中的"合成"→"新建合成"命令，新建一个合成，命名为"不归之路"，如图 8.47 所示。

（2）在项目窗口中双击导入本书配套资源中的 WalkingWide_GS.mov、IMG_9400.jpg、Explosion.mov 文件，将 WalkingWide_GS.mov 文件拖到时间线窗口中。查看此时合成面板的效果，如图 8.48 所示。

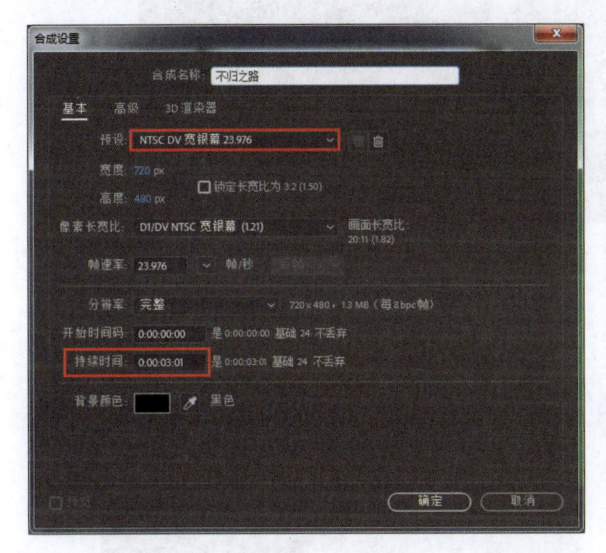

图　8.47　　　　　　　　　　　图　8.48

（3）视频抠像。在时间线窗口中选中 WalkingWide_GS.mov 层，选择菜单中的"效果"→"抠像"→"Keylight"命令，为其添加 Keylight 滤镜，在"效果控件"窗口中调整参数，如图 8.49 所示。

图　8.49

（4）单击工具栏中的 ■ 工具按钮，在合成面板中选择绿色背景，将人物勾画出来，如图 8.50 所示。

图 8.50

（5）制作爆炸环境。选择时间线的 IMG_9400.jpg 文件，按 S 键展开其"缩放"属性列表，对其进行缩放，并制作缩放动画。查看此时合成面板的效果，如图 8.51 所示。

（6）将项目窗口的 Explosion.mov 文件拖到时间线窗口中，查看此时合成面板的效果，如图 8.52 所示。

图 8.51 　　　　　　　　　　图 8.52

（7）在时间线窗口中选中 Explosion.mov 层，按 Ctrl+D 键分别复制出 3 个层。按 S 键展开其"缩放"属性列表，调整其缩放参数为 300%，并设置其图层模式为"相加"。之后调整它们在时间线上的出入时间，如图 8.53 所示。

（8）在时间线窗口中右击，选择"新建"→"调整图层"命令，新建一个调整图层。选中该层，选择菜单中的"效果"→"风格化"→"发光"命令，为其添加发光滤镜，在"效果控件"窗口中调整参数，如图 8.54 所示。

（9）按数字键盘的 0 键预览最终效果，如图 8.55 所示。

第 8 章　After Effects 短视频合成技术

图 8.53

图 8.54

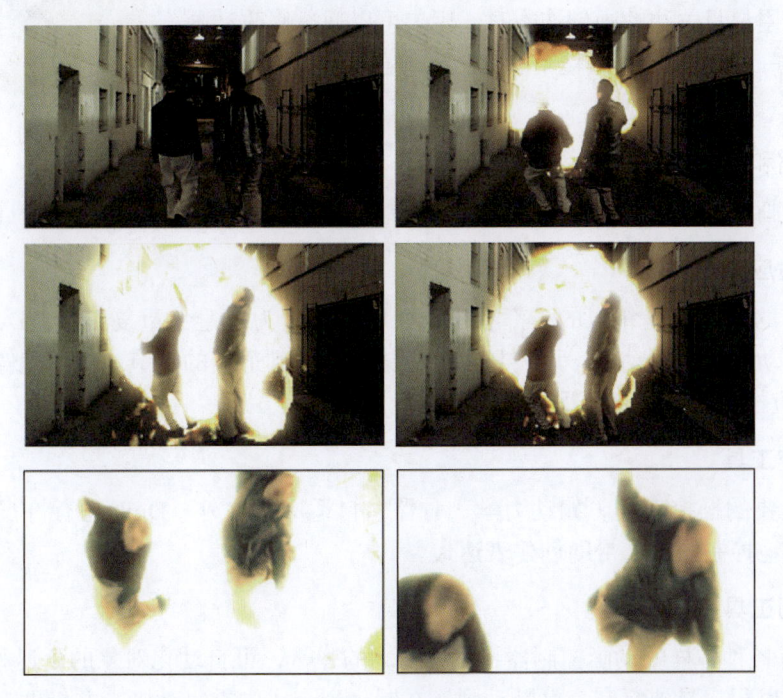

图 8.55

第 9 章

After Effects 角色插件

9.1 认识 Duik 插件

在 MG 动效方面,角色动画是一个大门类,很多插件都可以制作角色动画。DuDuF 公司出品的动力学和动画工具 Duik 是 AE 制作人物动画的优秀插件,其脚本可使用多国语言(含中文)。

9.1.1 Duik 插件介绍

Duik 包含以下功能。

1. 反向动力学

反向动力学是创建动画人物,尤其是散步、跑步、任何形式的机械动画过程必不可少的理论基础。反向动力学涉及非常复杂的三角函数表达式的使用,而 Duik 可以自动化这个创建过程,允许用户只关注动画创作本身。用户可以通过修改动画来控制任意一个部分,例如整个肢体或手脚的位置,如图 9.1 所示。

图 9.1

2. 骨骼和傀儡工具

骨骼动画可以作为一种替代传统傀儡图钉技术的方法,实现更加流畅和自然的效果。

3. 自适应操控

大部分的角色都是相似的,都有手臂、腿、头,为了避免重复工作,Duik 的自适应操控可以自动操纵两足动物。用户只需要将锚点移动到适当的关节(使用傀儡或创建的骨骼),自适应控制器就会自动识别,适应角色。

4. 操控工具

除了主要的操控工具(如动力学、骨骼、自适应)之外,Duik 还有许多其他先进工具用于深度地控制图层,帮助创建表达式。

5. 动画工具

Duik 有各种各样的动画控制器,例如强大的弹簧,可自动化对象的延迟和反弹。用户可以很容易地复制、粘贴动画,在同一个合成中重复动画,并借助一个非常简单

第 9 章　After Effects 角色插件

的界面来管理修改。

更关键的是，这个工具是多语言的，只需在设置中将语言切换成中文，就能更加方便地使用！

9.1.2　安装 Duik 插件

Duik 插件的安装非常简单，只要将文件复制、粘贴到指定文件夹中即可。

（1）如图 9.2 所示，选择并复制 Duik 插件的 3 个文件，然后将其粘贴到 AE 安装目录中的 ScriptUI Panels 文件夹内，如图 9.3 所示。重启 AE，即可在窗口菜单最下方找到安装好的 Duik 插件。

（2）Duik 插件有中文版本，第一次打开后会出现错误提示，如图 9.4 所示。选择"编辑"→"首选项"→"常规"命令，进行相应的设置即可，如图 9.5 所示。

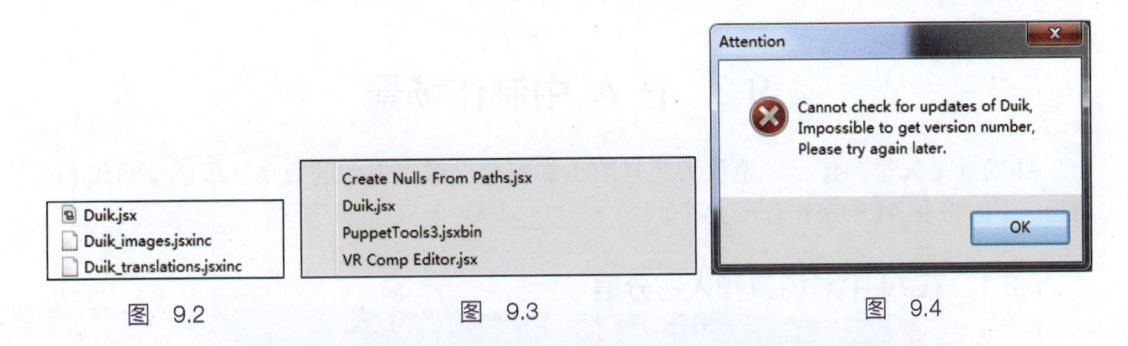

图　9.2　　　　　　　图　9.3　　　　　　　图　9.4

图　9.5

（3）重新启动 AE，即可顺利打开 Duik 插件，如图 9.6 所示。

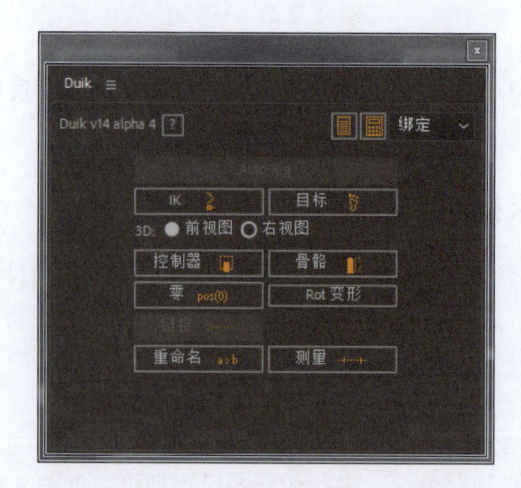

图 9.6

9.2 在 AI 中制作场景

AI 场景是矢量图像,无论放大还是缩小都不会出现锯齿状的效果,很适合制作 MG 动画。下面将在 AI 中制作分层文件。

9.2.1 在 AI 中对场景和人物分层

(1)启动 AI 软件,选择主菜单中的"文件"→"打开"命令,或按 Ctrl + O 键,打开本书配套资源中的"场景 .ai"文件。对场景中的人物和背景进行分类和分层,然后再导入 AI 进行动画设置。分层是一个非常重要的工作,如图 9.7 所示。

图 9.7

第 9 章　After Effects 角色插件

（2）展开图层面板，单击图层按钮■选择该图层中的物体，可以按住 Ctrl 键进行多选，如图 9.8 所示。选择所有的云层后，按 Ctrl+X 键剪切云朵，单击图层面板下方的■按钮新建图层，并命名为"云"。按 Shift+Ctrl+V 键将剪切的云朵原位粘贴到新建图层中，如图 9.9 所示。这样就完成了云朵图层的分层操作。

图　9.8 　　　　　　　　　图　9.9

（3）继续对场景中的建筑和道路进行分层，如图 9.10 所示。将图层分别命名为"建筑"和"背景"，如图 9.11 所示。

图　9.10 　　　　　　　　　图　9.11

215

（4）对人物进行分层处理。将场景中人物的各个部位分层为头、身体、左大臂、左小臂、左手、右大臂、右小臂、右手、左大腿、左小腿、左脚、右大腿、右小腿、右脚，如图9.12所示。

（5）合理安排图层的层级顺序。例如，与左脚相关的所有图层都要放在一个层级中，尽量不要套用层级，如图9.13所示。

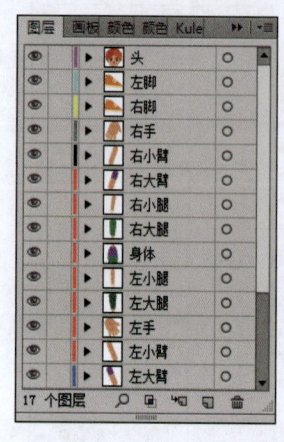

图 9.12

图 9.13

9.2.2 重设画布尺寸

为了让动画全屏导入AE，还需要调整画布尺寸，把背景设置成宽屏。

（1）选择主菜单中的"文件"→"文档设置"命令，打开"文档设置"对话框，如图9.14所示。单击"编辑画板"按钮，画面将出现调整框，如图9.15所示。将画幅拉宽，纳入所有场景元素和人物，如图9.16所示。

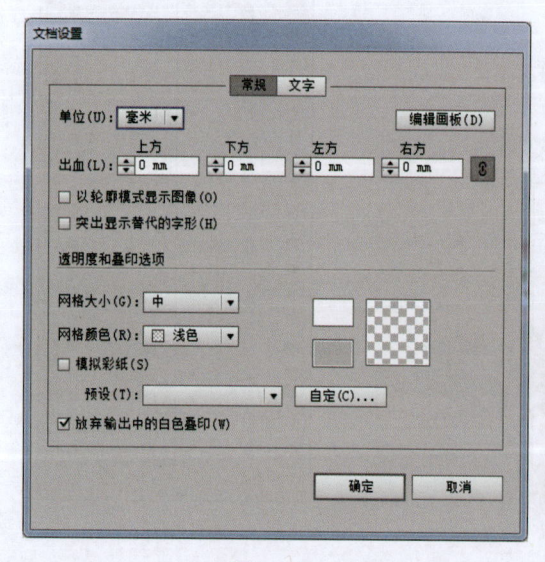

图 9.14

图 9.15

图 9.16

（2）在工具栏单击任意工具按钮，即可退出编辑画板模式，按 Ctrl+S 键保存文件，如图 9.17 所示。

图 9.17

9.3 在 AE 中制作场景

通常，在 AI 中制作的矢量图形的场景尺寸较大，导入 AE 后需要通过关键帧实现背景滚动的效果。下面将在 AE 中制作场景的分层，让各个图层实现父子级连接并制作动画。

9.3.1 将 AI 文件导入 AE

在 AE 中导入 AI 文件的画面。

（1）启动 AE，选择菜单中的"合成"→"新建合成"命令，新建一个合成，命名为"表情动画"，如图 9.18 所示。将"场景.ai"文件导入项目窗口，如图 9.19 所示。

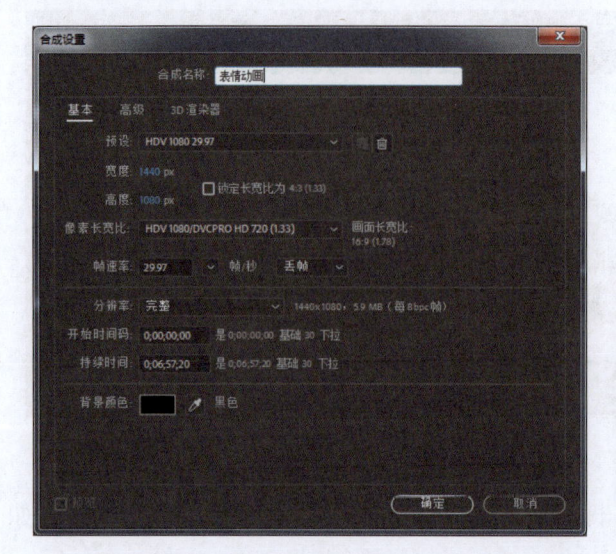

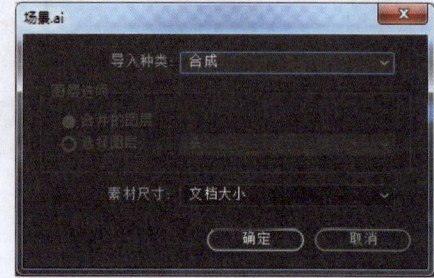

图 9.18　　　　　　　　　　　　　　　　图 9.19

（2）将场景合成文件拖动到时间线窗口，缩放其大小，使高度与合成窗口相匹配，如图 9.20 所示。

图 9.20

（3）双击时间线窗口的场景合成文件，将其展开，可以看到刚才在 AI 中进行的分层，如图 9.21 所示。

（4）选择人物的所有图层，右击并选择"预合成..."命令，如图 9.22 所示。对人物进行单独处理，将新的预合成命名为"人物"并进入该合成中，如图 9.23 所示。

9.3.2　设置关节的旋转轴心

默认情况下，轴心处于整个画面的中心，如果想让人物的关节正确转动，就要将轴心设置在人体关节的旋转轴心上，例如旋转头部就需要将头部轴心设置在脖子上。

（1）选择头的分层，单击█按钮，将头的轴心移动到脖子上，如图 9.24 所示。

（2）选择左脚和右脚的分层，单击█按钮，将它们的轴心移动到脚踝上，如图 9.25 所示。

第 9 章　After Effects 角色插件

图 9.21

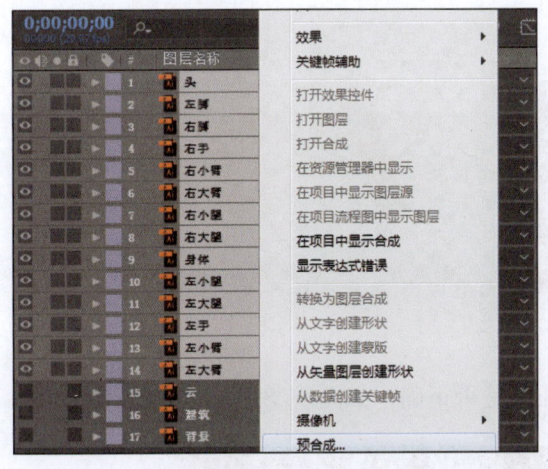

图 9.22

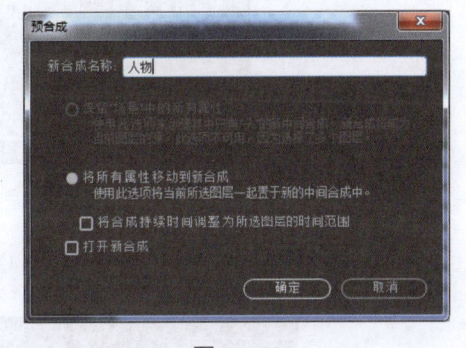

图 9.23

图 9.24

图 9.25

（3）参照人体关节的轴心规律，分别将各个部位的轴心移动到正确的位置上，如图 9.26 所示。

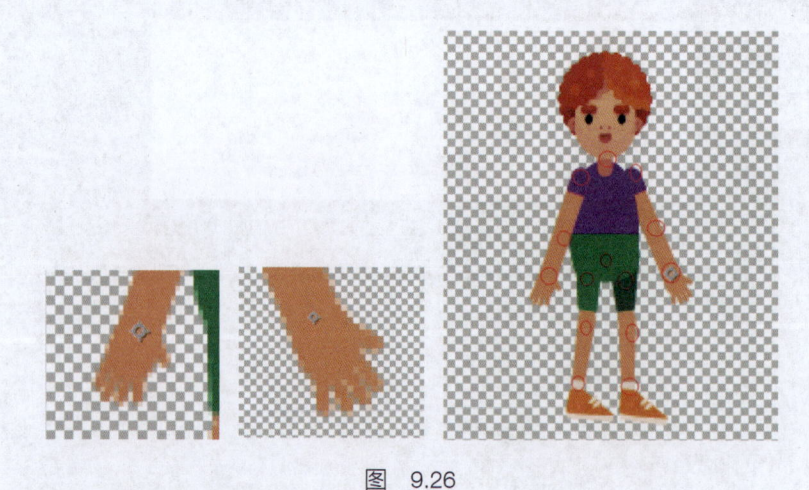

图 9.26

（4）如果有重叠看不清楚的情况，可单击 按钮进行图层独显，然后再设置轴心位置，如图 9.27 所示。

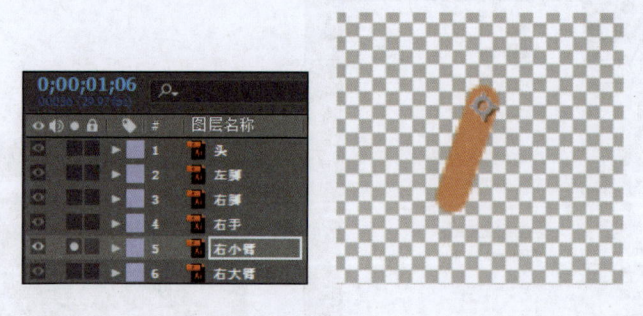

图 9.27

（5）设置完成后可以旋转一下关节验证其是否正确，如图 9.28 所示。

图 9.28

9.3.3 设置关节的父子层级

默认情况下，每个分层都是独立的，还需要将手连接到小臂，小臂连接到大臂，大臂连接到身体，脚连接到小腿，小腿连接到大腿，大腿、头分别连接到身体，并区分左右。

（1）选择头的分层，将图层右边的 ◎ 按钮拖至身体图层，待屏幕上显示出一条连接两个图层的蓝色直线时，松开鼠标即可实现父子级连接，如图9.29所示。此时，头部后面的父级列表将显示身体图层，如图9.30所示。

图 9.29　　　　　　　　图 9.30

（2）用相同的方法依次将左手连接到左小臂，左小臂连接到左大臂，左大臂连接到身体。旋转左大臂，就可以看到整条左胳膊一起运动，如图9.31所示。

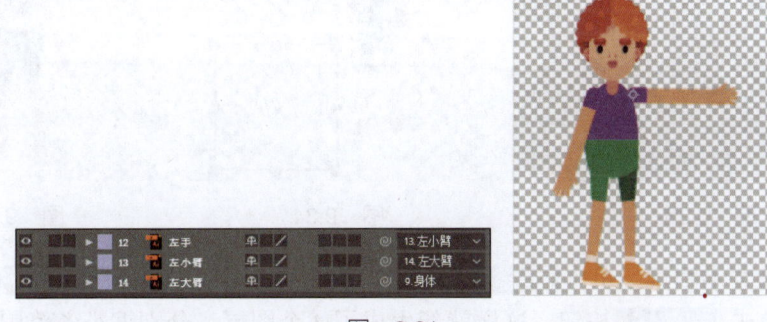

图 9.31

（3）用同样的方法将四肢都进行父子级连接，并继续连接到身体。之后，除了身体，其他部位都有了父级，如图9.32所示。

图 9.32

9.4 在 Duik 插件中制作捆绑

反向动力学是 Duik 插件的核心技术，也是角色动画必不可少的骨骼捆绑流程。下面将在 Duik 插件中制作场景的 IK 反向动力学连接，并设置控制器范围。

9.4.1 用 Duik 插件设置关节

接下来使用 Duik 设置关节绑定，用 IK 反向动力学控制人体动画。

（1）选择主菜单中的"窗口"→"Duik"命令，打开 Duik 插件对话框，如图 9.33 所示。

（2）在时间线窗口选择左手图层，单击 控制器 按钮，此时时间线会新建一个"C_左手"的层，并且左手处会出现一个控制器范围框，如图 9.34 所示。拖动节点，缩小范围框（范围框用于控制手的影响范围），如图 9.35 所示。

图 9.33 　　　　　图 9.34 　　　　　图 9.35

（3）选择右手图层，单击 控制器 按钮；选择左脚图层，单击 控制器 按钮；选择右脚图层，单击 控制器 按钮。这样就新生成了 4 个图层。分别缩小各范围框，使各关节的范围框不重叠且不互相影响即可，如图 9.36 所示。

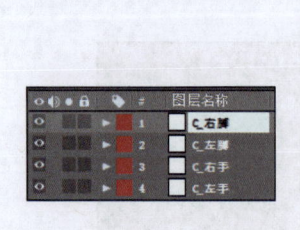

图 9.36

9.4.2 设置反向动力学关节

继续设置关节的 IK 反向动力学控制。

第 9 章 After Effects 角色插件

（1）在时间线窗口按顺序分别选择左手、左小臂、左大臂、C_左手层，然后单击 Duik 插件窗口的 IK 按钮，完成左臂的反向动力学设置。试着移动左手控制器，确认当左手移动时小臂和大臂也会跟着移动，如图 9.37 所示。

（2）此时可发现不但有一个被隐藏的"左手"图层，还多出来一个"左手 goal"图层。"左手 goal"图层是一个固定图层，图层中的手不会跟随动态旋转，可以将其删除。然后单击"左手"图层左侧的眼睛图标显示该图层，如图 9.38 所示。

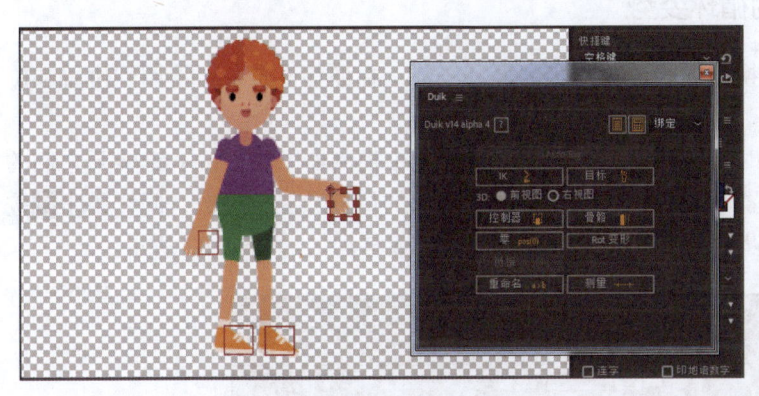

图 9.37

图 9.38

（3）用同样方法，在时间线窗口按顺序分别选择右手、右小臂、右大臂、C_右手层，然后单击 Duik 插件窗口的 IK 按钮，完成右臂的反向动力学设置；选择左脚、左小腿、左大腿、C_左脚层，然后单击 Duik 插件窗口的 IK 按钮，完成左脚的反向动力学设置；选择右脚、右小腿、右大腿、C_右脚层，然后单击 Duik 插件窗口的 IK 按钮，完成右腿的反向动力学设置。并分别删除"左脚 goal"图层、"右脚 goal"图层和"右手 goal"图层，显示左脚、右脚和右手图层。

（4）试着移动控制器范围框，就会看到反向动力学的存在，不过关节有时是反向弯曲的，如图 9.39 所示。这是因为插件无法甄别腿部往哪边折叠，单击"左脚_C"图层，打开"效果控件"面板，勾选 IK Orientation 的复选框，如图 9.40 所示，就会产生图 9.41 所示的正确反向关节弯曲了。用同样方法为右脚也设置反向弯曲。至此就完成了所有关节的反向动力学捆绑。关闭 Duik 窗口。

图 9.39

图 9.40

图 9.41

223

9.5 在 AE 中制作奔跑动画

奔跑需要手动调整，经验和耐心必不可少，因此，制作奔跑动画前应首先研究跑步姿态的每个关键帧动作。下面在 AE 中制作人物的奔跑动画，这将是一个循环动态。

9.5.1 设置跑步的循环姿势

接下来使用左右腿轮换的方式设置跑步的循环姿势。在姿势设定中，将用到位置和旋转参数的设置。

（1）在时间线窗口将时间线移动到第 0 帧。选择 4 个控制器图层，按 P 键展开它们的位置参数，单击 按钮设置动画起始。展开身体和头部的位置和旋转参数，同样单击 按钮设置动画起始（人物跑步时身体和头部也会相应旋转或移动），如图 9.42 所示。

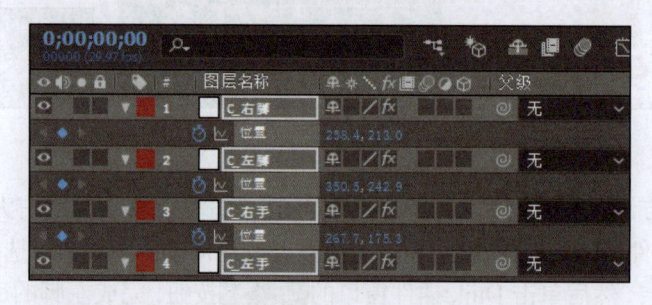

图 9.42

（2）移动控制器范围框，将跑步姿势调整为左脚着地，再绘制一个立方体，作为地面的参考平面，如图 9.43 所示。

（3）移动到第 5 帧，移动控制器范围框，将跑步姿势调整为右腿向前弯曲、手臂交叉，如图 9.44 所示。

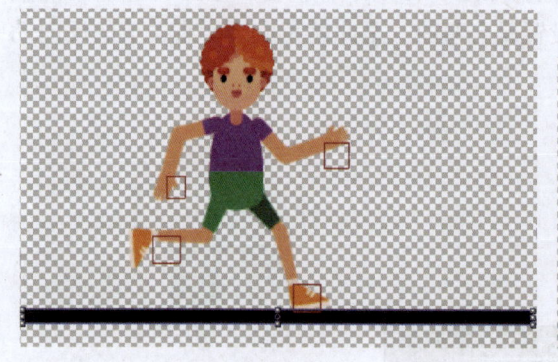

图 9.43 　　　　　　　　　　图 9.44

（4）移动到第 10 帧，移动控制器范围框，将跑步姿势调整为右脚着地，如图 9.45 所示。

（5）移动到第 15 帧，移动控制器范围框，将跑步姿势调整为左腿向前弯曲、手臂交叉，

第 9 章　After Effects 角色插件

如图 9.46 所示。

图　9.45　　　　　　　　　　　图　9.46

（6）移动到第 20 帧，将第 0 帧的所有关键帧复制粘贴到第 20 帧，这样就形成了一个跑步姿势循环。跑步姿势调整较难，需要随时且细心地调整身体的上下位置和四肢的摆动。将工作区结尾按钮拖动到第 20 帧处，如图 9.47 所示。按空格键观看循环动画，如图 9.48 所示。

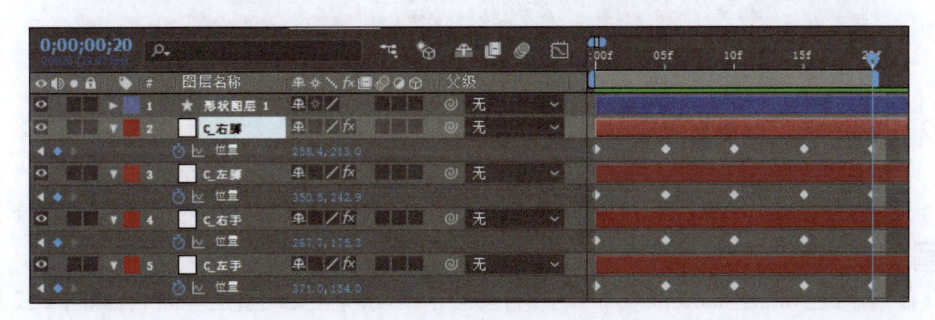

图　9.47

图　9.48

225

9.5.2 平滑处理跑步动画

目前的人物动作有点僵硬，需要使用特殊技术让动作更平滑。

（1）按 Ctrl+A 键全选图层，连续按 U 键，直到显示所有关键帧。框选这些关键帧，按 Alt 键的同时拖动最后一个关键帧可以缩放动画的时长。如果感觉跑步的动作太快，则可以让动画延长到第 25 帧结束，这样跑步动作会舒缓不少，如图 9.49 所示。

图 9.49

（2）按 F9 键，对所有关键帧进行平滑处理。播放动画会发现动作舒缓了很多，过渡也自然了，此时所有关键帧从菱形◆变成了沙漏形⌛，如图 9.50 所示。

（3）选择"右脚"图层，单击 按钮，显示图表编辑器。在这里可以调整动画的平滑度。单击 按钮，选择"显示参考图表"选项，显示红色和绿色的曲线，如图 9.51 所示。从图中可以看到，红色和绿色的波浪线不够平滑，要想平滑动画就要调整这些曲线，如图 9.52 所示。

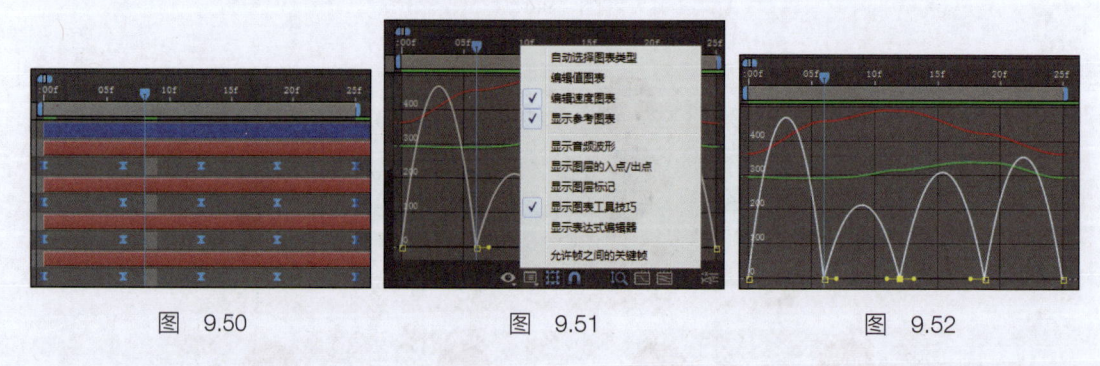

图 9.50　　　　　　图 9.51　　　　　　图 9.52

（4）拖动贝塞尔曲线的手柄，将曲线调整平滑。重新预览动画，可发现效果平滑多了，如图 9.53 所示。

9.5.3 让动画循环起来

目前，人物动画只有从左脚迈到右脚这一个跑步循环姿势，下面继续完善动画，让人物不停地奔跑。

第 9 章 After Effects 角色插件

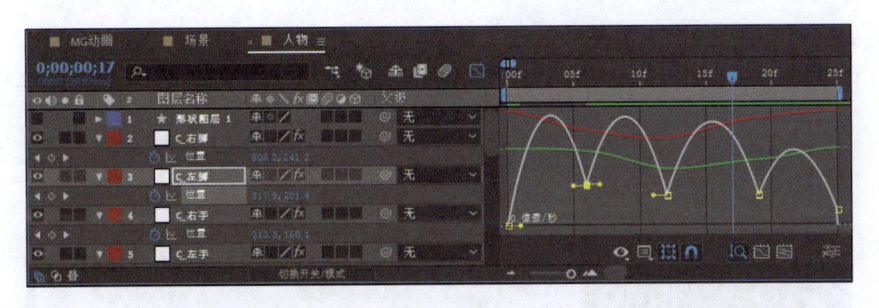

图 9.53

（1）先为一个肢体制作动画循环。选择"C_右脚"图层，单击 P 键展开其位置参数，单击该参数即可将其所有关键帧选中，按 Alt+Shift+= 键添加表达式，单击其右边的 ▶ 按钮，选择 LoopOut* 表达式，这是循环动作表达式，如图 9.54 所示。

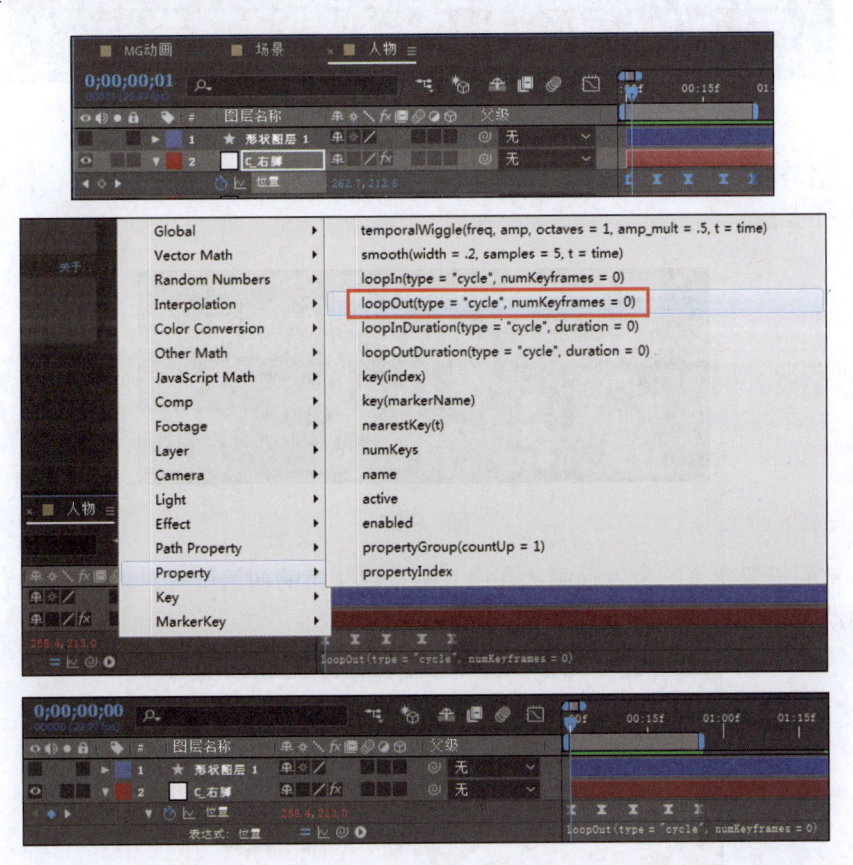

图 9.54

（2）用相同的方法为其他肢体添加动画循环。循环动画制作完成后，将刚才制作的作为地面参考的立方体删除。人物动画完成。

9.5.4 让背景滚动起来

下面制作人物奔跑的背景动画。其实人物是在原地奔跑，只是制作背景移动的动画，

227

产生向前奔跑的错觉而已。

（1）回到场景合成，显示所有图层，如图9.55所示。

图 9.55

（2）选择建筑和云图层，按P键展开它们的位置参数，单击⊙按钮设置位置动画起始，如图9.56所示。

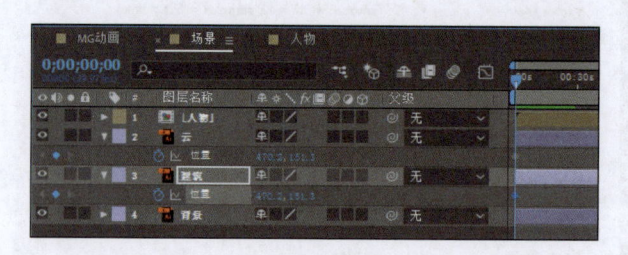

图 9.56

（3）首先设置建筑的位置动画。在第0帧设置建筑的初始位置，再在末帧将建筑的位置向左移动，如图9.57所示。

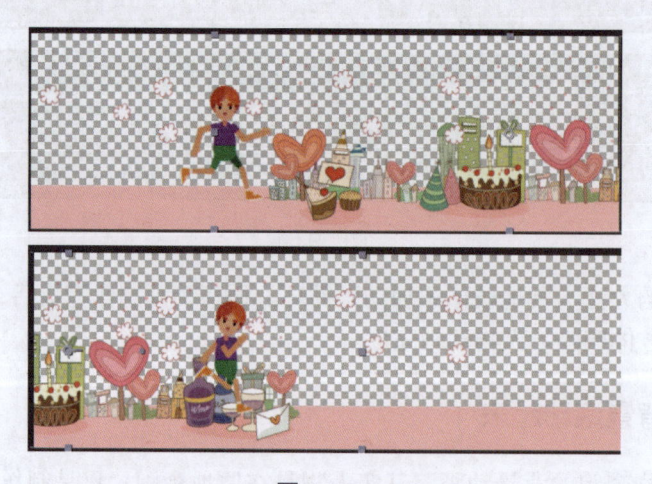

图 9.57

第 9 章 After Effects 角色插件

（4）接着设置云的位置动画。在第 0 帧设置云的初始位置，再在末尾帧设置云的位置向左移动（云图层运动的速度可以稍微慢一些，跟建筑运动的速率有所区别，这样画面会更逼真、更生动）。

（5）回到 MG 动画合成，新建一个背景纯色图形，放置于图层最底层，如图 9.58 所示。

图 9.58

9.5.5 动画渲染输出

正确的输出就是把制作完美地转换为成品。下面就来学习如何渲染输出动画。

（1）选择主菜单中的"合成"→"添加到渲染队列"命令，弹出"渲染队列"对话框，如图 9.59 所示。

图 9.59

（2）其中会显示开始渲染的时间、结束渲染的时间以及当前渲染了多长时间。已渲染部分会以百分比长度的蓝色条显示，未被渲染部分则会以灰色条显示。在对文件进行渲染设置时，需要对输出进行适当调节，以符合当前对输出的要求。在 AE 中，系统为用户提供了一些模板，可以单击"渲染设置"后面的下三角按钮展开模板选项菜单，如图 9.60 所示。

- 最佳设置：使用最好的质量进行渲染。

图 9.60

229

- 当前设置：以当前合成图像的分辨率进行渲染。
- 草图设置：使用草稿级的渲染质量。
- DV 设置：以 DV 的分辨率和帧数进行渲染。
- 多机设置：联机渲染。
- 自定义：选择该命令可以打开 Render Settings 对话框。
- 创建模板：制作模板。

（3）单击当前的渲染设置，系统会自动弹出"渲染设置"对话框，如图 9.61 所示。

图 9.61

- 品质：设置渲染的质量。
- 分辨率：设置渲染影片的分辨率。
- 代理使用：决定渲染时是否使用代理。
- 效果：决定渲染时是否使用效果。
- 帧混合：决定输出影片的融合设置。
- 场渲染：决定渲染时是否使用场渲染技术。
- 3:2 Pulldown：决定是否使用 3:2 的下拉引导。
- 运动模糊：决定输出影片是否使用运动模糊技术。
- 时间跨度：决定渲染合成图像的范围。
- 帧速率：决定渲染影片时的帧速率。
- 跳过现有文件：决定是否找出丢失的文件，然后只渲染它们。

（4）设置完成后单击"确定"按钮即可渲染输出，如图 9.62 所示。

第 9 章　After Effects 角色插件

图 9.62

9.6 表情动画

本例将在 AI 中把头像素材修改成所需的图层布局，然后再在 AE 中制作表情效果。其中用到的动画技术有位移动画、变形动画和关键帧动画。

9.6.1 修改 AI 素材

打开 AI 素材，修改图层，制作表情动画。其间，需要对五官进行单独分层再移动，才能实现表情的变化，如图 9.63 所示。

图 9.63

（1）制作时，可以借助网上的免费素材达到事半功倍的效果，搜索下载免费素材的网站，如图 9.64 所示。

（2）启动 AI 软件，打开本书配套资源中的"头像初始.ai"文件，这就是一个从网络上下载的素材，如图 9.65 所示。

（3）在图层面板可以看到，网上下载的素材并没有将五官、头发单独进行分层，在继续制作前，还需要对原始素材进行处理，将一些用处不大的图层进行合并或删除。例如，人物的眉毛由投影、高光和眉毛 3 个图层组成，而眉毛动画不需要太复杂，因此可以删除投影、高光，只留下眉毛就可以了，如图 9.66 所示。

图 9.64

图 9.65

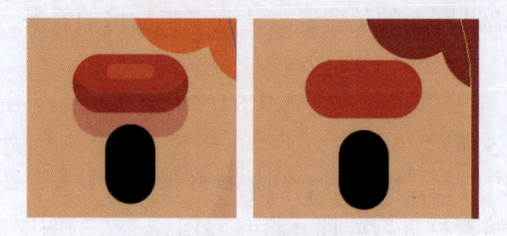

图 9.66

（4）展开图层面板，单击左眼图层后面的▢按钮选中该图层，如图 9.67 所示。按 Ctrl+X 键剪切眼睛，单击图层面板下方的▢按钮新建图层，命名为"眼睛左"，按

第 9 章　After Effects 角色插件

Shift+Ctrl+V 键将剪切的眼睛原位粘贴到新建图层中，如图 9.68 所示。这样就完成了左眼图层的分层操作。

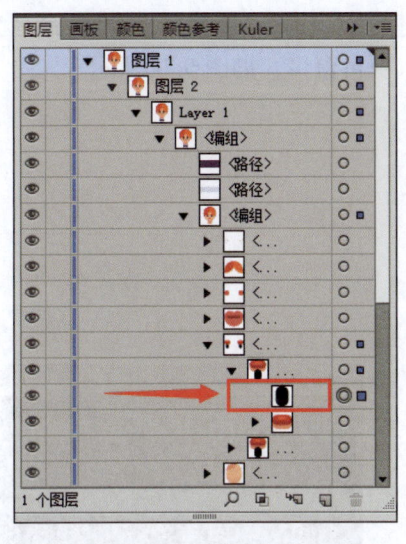

图　9.67

图　9.68

（5）用同样的方法将五官、头发、身体等部位都单独分层（需要移动的五官，都需单独分层），并重新命名，如图 9.69 所示。这里将左右眼分别进行了单独分层。

（6）制作完成后保存文件，为了让各个版本的 AE 都能识别 AI 文件，可尽量选择较低版本以兼容，如图 9.70 所示。

图　9.69

图　9.70

233

9.6.2 将 AI 文件导入 AE

在 AE 中导入 AI 文件。

（1）启动 AE，选择菜单中的"合成"→"新建合成"命令，新建一个合成，命名为"表情动画"，如图 9.71 所示。将"头像.ai"文件导入项目窗口，如图 9.72 所示。

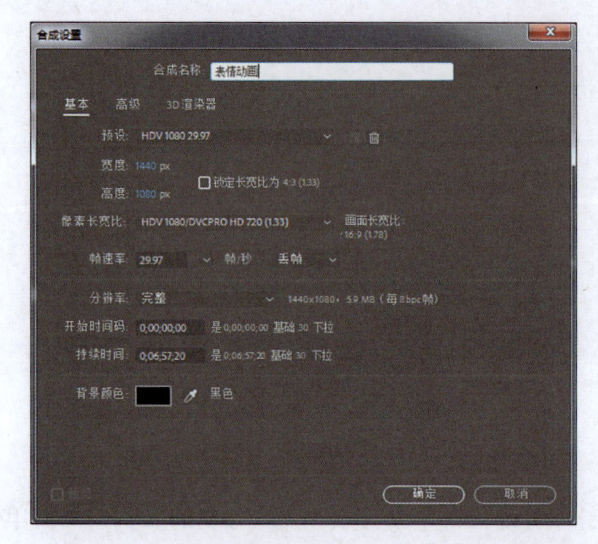

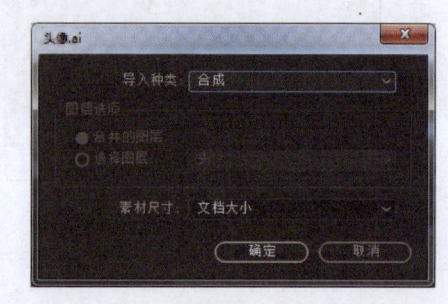

图 9.71

图 9.72

（2）双击时间线窗口的头像合成文件，将其展开，可以看到刚才在 AI 中进行的分层，如图 9.73 所示。

图 9.73

9.6.3 制作眉毛和眼睛的动画

下面制作眉毛和眼睛的表情动画，通过对五官进行位置、缩放等参数的调整，控制眼睛和眉毛的动态。

（1）在动画的起始帧，选择眉毛图层和眼睛图层，按 P 键展开它们的位置参数，单击 ⏱ 按钮设置动画起始关键帧，如图 9.74 所示。

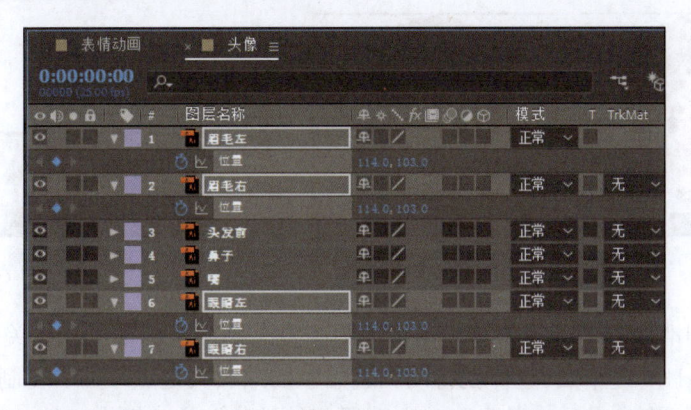

图 9.74

（2）选择两个眉毛图层，将时间滑块移动到第 1 秒，将眉毛向上移动（做眉毛抬起的动作），如图 9.75 所示。

图 9.75

（3）将时间滑块移动到第 2 秒，单击"眉毛左"图层起始帧的关键点，按 Ctrl+C 键复制，再按 Ctrl+V 键粘贴，这样就将动画起始帧关键点复制到了第 2 秒，如图 9.76 所示。眉毛动画就做好了。

图 9.76

(4)下面制作眨眼动画,将时间滑块移动到起始帧,选择两个眼睛图层,单击 ■ 按钮,分别将左右眼睛的轴心移动到各自的中心,如图 9.77 所示(目的是让瞳孔沿着物体中心做缩放动画)。

(5)选择两个眼睛图层,按 S 键展开它们的缩放参数,单击 ■ 按钮设置动画起始关键帧,如图 9.78 所示。移动时间滑块到第 0.5 秒处,将缩放值设置为 0(闭眼)。

图 9.77　　　　　　　图 9.78

(6)将时间滑块移动到第 1 秒,单击"眼睛左"图层起始帧的缩放关键点,按 Ctrl+C 键复制,再按 Ctrl+V 键粘贴,这样就将动画起始帧的缩放关键点(睁眼)复制到了第 1 秒处;将时间滑块移动到第 1.5 秒,单击眼睛左图层起始帧的缩放关键点,按 Ctrl+C 键复制,再按 Ctrl+V 键粘贴,这样就将动画起始帧的缩放关键点(闭眼)复制到了第 1.5 秒处。此时的眨眼动画有点慢,还需要调整。框选所有的缩放动画,如图 9.79 所示;按 Alt 键进行时间压缩,将整个动画压缩至 1 秒内,如图 9.80 所示。

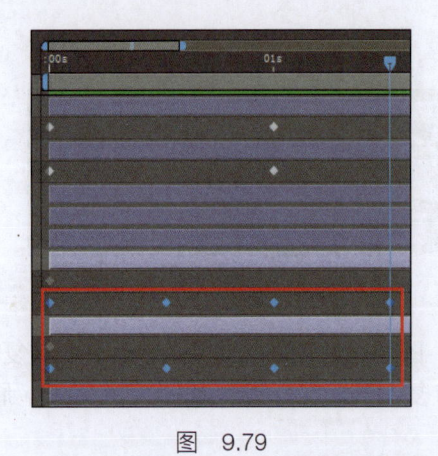

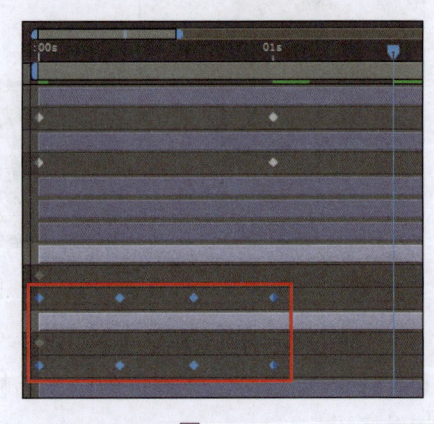

图 9.79　　　　　　　图 9.80

(7)我们希望眨眼动画不是从睁眼到闭眼缓缓地动作,而是采用定格动画的模式(因为眨眼速度非常快),因此还需要调整。框选所有缩放关键帧,右击选择"关键帧差值"命令,如图 9.81 所示。在打开的"关键帧差值"对话框中设置"临时差值"为"定格",如图 9.82 所示。到此,眨眼的定格动画制作完成。

(8)此时的关键点显示为左箭头形状图标 ■,如图 9.83 所示。框选眉毛的位移关键帧,按 F9 键将所有关键帧切换为差值关键帧,动画效果将更加平滑,此时眉毛的关键点显示为沙漏形状图标 ■,如图 9.84 所示。到此,眨眼时的眉毛动画也制作完成。

236

第 9 章　After Effects 角色插件

图 9.81

图 9.82

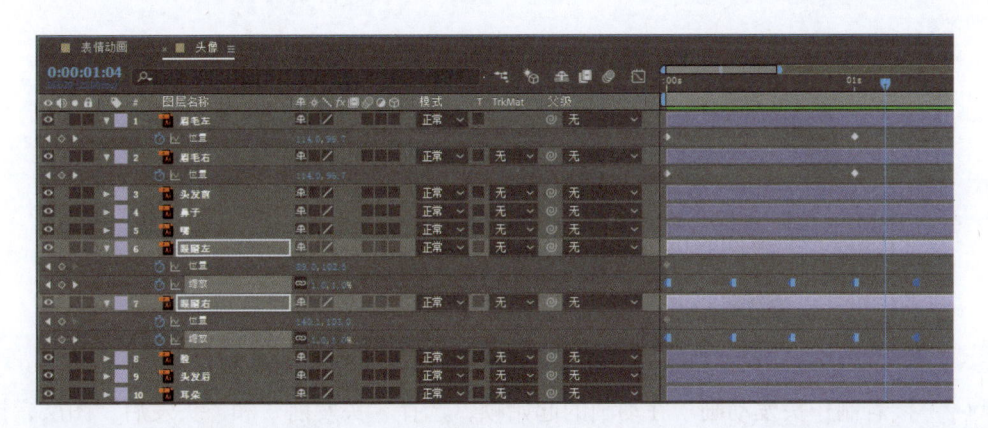

图 9.83

图 9.84

9.6.4　制作低头和转头的动画

下面制作转头和低头的动画。人在低头时面部会朝下，头发显示的面积将增大，五官会向下移动，所有上述变化都会被制作成动画。

（1）首先制作低头动画。继续 9.6.3 节的动画制作，在动画的起始帧，选择鼻子和嘴图层，按 P 键展开它们的位置参数，单击 按钮设置动画起始关键帧（眉毛和眼睛已经设置了起始帧），如图 9.85 所示。将时间滑块移动到第 3 秒，单击图层左边的 按钮，给眉毛、

237

眼睛、鼻子和嘴图层添加关键帧，如图 9.86 所示。将时间滑块移动到第 4 秒，向下移动眉毛、眼睛、鼻子和嘴，如图 9.87 所示。

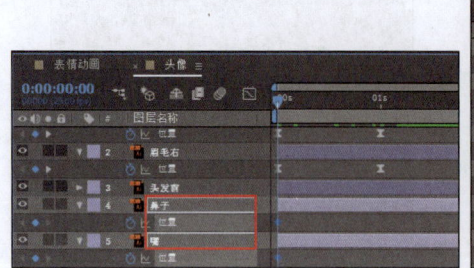

图 9.85

图 9.86

图 9.87

（2）接着制作头发动画。在动画的起始帧，选择"头发前"和"头发后"图层，按 P 键展开它们的位置参数，单击 按钮设置动画起始关键帧，如图 9.88 所示。将时间滑块移动到第 3 秒，单击图层左边的 按钮，给这些图层添加关键帧，如图 9.89 所示。将时间滑块移动到第 4 秒，向下移动"头发前"，向上移动"头发后"，如图 9.90 所示。框选本步骤产生的所有关键点，按 F9 键添加差值关键帧，让动画效果将更加平滑，此时眉毛的关键点显示为沙漏形状 ，如图 9.91 所示。

图 9.88

图 9.89

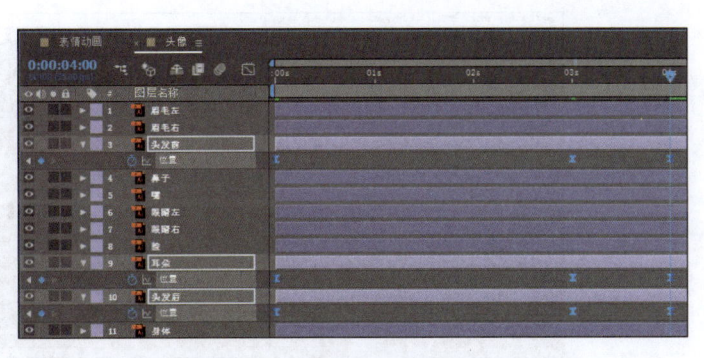

第 9 章　After Effects 角色插件

图 9.90　　　　　　　　　　　　　　图 9.91

（3）将时间滑块移动到第 5 秒，将第 3 秒的关键帧复制到第 5 秒处，这样人物就产生了低头后抬头的动画，如图 9.92 所示。

图 9.92

（4）下面制作向左转头的动画。让五官向左移动时，需要把握好造型的统一。将时间滑块移动到第 6 秒，向左移动眉毛、眼睛、鼻子和嘴，如图 9.93 所示。

（5）接下来调整发型。单独选择"头发前"图层，按 S 键展开其缩放参数，单击 按钮设置动画起始关键帧。将时间滑块移动到第 5 秒，单击图层左边的 按钮，给图层添加关键帧。将时间滑块移动到第 6 秒，缩小头发面积，与面部对齐，如图 9.94 所示。

（6）用同样的方法调整"耳朵"和"头发后"图层，完成头部扭动的透视效果，如图 9.95 所示。

图 9.93

图 9.94 　　　　　　　　　　　　　　　　　　图 9.95

9.6.5　制作微笑的表情动画

下面制作微笑的表情动画。要注意的是人物在微笑时，面部不只会移动，还会产生变形。

（1）先做嘴部变形动画。嘴的动画属于形状动画，需要调节点使嘴部变形。要实现这个动画有点复杂，首先右击"嘴"图层，选择"从矢量图层创建形状"命令，将"嘴"图层转换成 AE 能够识别的矢量形状图层，如图 9.96 所示。此时产生了一个"嘴"轮廓图层，如图 9.97 所示。接下来将用这个替代图层来制作形状动画。

（2）打开"嘴"轮廓图层，可以看到有个路径可以制作动画，将时间滑块移动到起始帧，单击 按钮设置动画起始关键帧。将时间滑块移动到第 6 秒，单击图层左边的 按钮，给图层添加关键帧。将时间滑块移动到第 7 秒，单击钢笔工具按钮 ，将嘴部改成微笑的口型，如图 9.98 所示。这个方法也可以用来制作说话的动画。

（3）面部动画制作完成后，如果要做一系列动态效果（头部移动和身体运动），还需

第 9 章　After Effects 角色插件

图 9.96 　　　　　　　　　　　　　图 9.97

要使用父子级捆绑等技术，先在时间窗口将五官和头发捆绑在头部，再将头部捆绑在身体上（这个技术已经在前面的相关章节介绍过），如图 9.99 所示。按空格键预览动画即可欣赏制作好的 7 秒表情动画了，如图 9.100 所示。

图 9.98

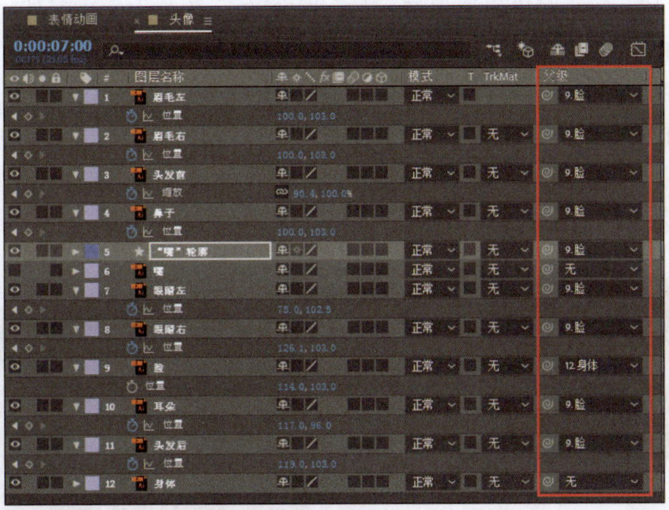

图 9.99

图 9.100

241

第 10 章

After Effects 与 C4D 的结合使用

C4D 中制作的三维场景和动画可以无缝嵌入 AE 中进行线性编辑。C4D 里的灯光、摄像机以及三维物体的位置、高光、投影等信息均可以导入 AE 进行后期合成。这种工作流程将大大节省后期合成的时间，并且提供更多可能性。

10.1 在 C4D 和 AE 中匹配场景

C4D 中有专门针对 AE 软件的输出通道，可以在 AE 中识别 C4D 的摄像机和模型等信息。下面将在 C4D 和 AE 中匹配场景文件，设置画幅、动画长度、帧速率等参数。

10.1.1 匹配画幅和时间

只有将 C4D 和 AE 的规格设置保持一致，才能在后续制作中进行线性操作。

（1）启动 C4D 软件，选择主菜单中的"文件"→"打开"命令，打开本书配套资源中的 ufo.c4d 文件。场景中已经制作好了一个玻璃罩模型，如图 10.1 所示。

（2）先设置画面尺寸，在 C4D 中设置的尺寸要和 AE 中的相匹配。先设置动画总长度为 250 帧（10 秒），如图 10.2 所示。单击 按钮，设置画幅和帧速率等参数，如图 10.3 所示。按 Ctrl+S 键保存文件。

图 10.1

图 10.2

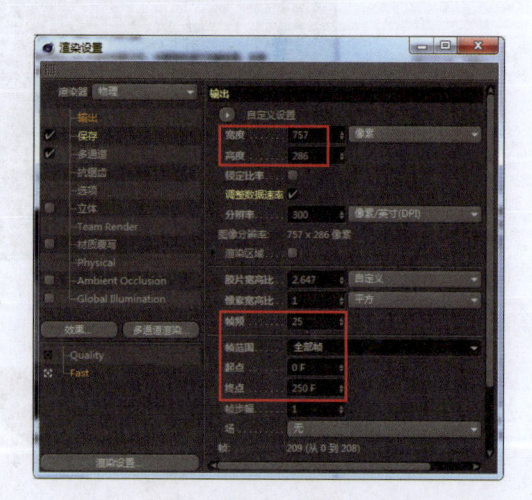

图 10.3

（3）启动 AE 软件，选择菜单中的"合成"→"新建合成"命令，新建一个合成，命名为"MG 动画"，参照 C4D 文件的参数设置画幅、帧速率和动画长度，如图 10.4 所示。将"场景.ai"文件导入项目窗口，如图 10.5 所示。

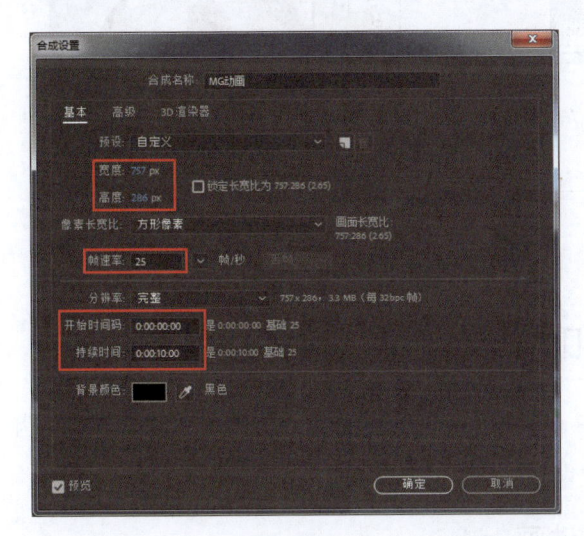

图 10.4

图 10.5

10.1.2 将 C4D 文件导入 AE

下面将 C4D 文件导入 AE 中，然后在两个软件之间进行线性编辑。

（1）将 ufo.c4d 文件从文件浏览器中拖动到项目窗口，然后将场景合成和 ufo.c4d 文件分别拖动到时间线窗口中，如图 10.6 所示。由于二者尺寸相同，因此能完美匹配。

图 10.6

（2）在"效果控件"窗口中设置 Renderer 为 Standard（Final），如图 10.7 所示。之后在 AE 中完成玻璃罩的渲染，如图 10.8 所示。

图 10.7 　　　　　　　　　　　　　　　图 10.8

10.2　在 C4D 和 AE 之间进行线性编辑

C4D 中的任何操作在保存后都会在 AE 中进行同步更新，大大提高了两个软件的互动性。下面来学习如何进行 AE 线性操作。

10.2.1　在 C4D 中制作摄像机动画

先在 C4D 中制作摄像机的摇移动画。

（1）在 C4D 中选择 Camera，单击 ⬤ 按钮打开自动设置关键帧功能，在第 0 帧和第 250 帧分别设置不同的景别（视角），如图 10.9 所示。

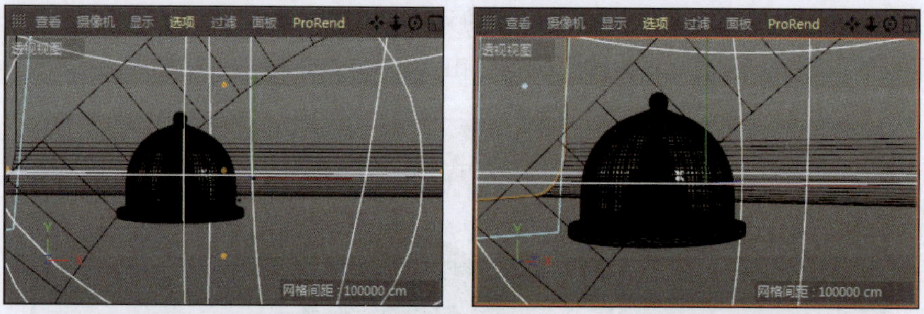

图 10.9

（2）按 Ctrl+S 键保存文件，回到 AE 软件，场景视角将自动进行更新，如图 10.10 所示。

（3）在时间线窗口选择 c4d 文件，在"效果控件"面板设置 Renderer 为 Standard（Draft）草图模式，以降低系统内存消耗，按空格键预览摄像机动画，如图 10.11 所示。

10.2.2　在 C4D 中设置要合成的图层

C4D 中有非常多的图层可以调整，如高光、漫射、反射、折射等。这里只指定 C4D 中的几个图层进行输出。

第 10 章　After Effects 与 C4D 的结合使用

图 10.10

图 10.11

（1）在 C4D 中单击 按钮，在弹出的"渲染设置"对话框中单击 多通道渲染... 按钮，选择需要输出的图层属性，如高光等，如图 10.12 所示。本例选择反射、高光和漫射图层，如图 10.13 所示，按 Ctrl+S 键保存文件。

（2）回到 AE 软件中，单击 Add Image Layers 按钮，将刚才输出的 3 个图层展开，如图 10.14 所示。之后，时间线窗口会显示这 3 个图层，如图 10.15 所示。

（3）选择一个图层，应用色彩平衡滤镜，如图 10.16 所示。在 AE 中可以对图层进行单独修改，这正是 C4D 和 AE 配合使用的基本原因。

图 10.12

图 10.13

图 10.14

图 10.15

图 10.16

10.3　C4D 关键帧动画

在 AE 中应用三维动画，对于 MG 动画来讲是一个质的飞跃。通过本节学习，读者可对 C4D 的动画框架结构有一个清晰的认识，熟练掌握制作不同速度和效果动画的技术。

10.3.1　C4D 中的关键帧动画模块

所谓关键帧动画，就是给需要动画效果的属性，准备一组与时间相关的值。这些值都是从动画序列中比较关键的帧内提取出来的，而其他时间帧可以利用这些关键值，采用特定的插值方法计算各自的值，从而达到比较流畅的动画效果。

动画面板分为时间线（图 10.17 中标准❶）、时间长度控制（图 10.17 中标准❷）、动画播放（图 10.17 中标准❸）、关键帧记录（图 10.17 中标准❹）、动画属性记录（图 10.17 中标准❺）共 5 个区域，这 5 个区域可以控制动画的大部分功能。

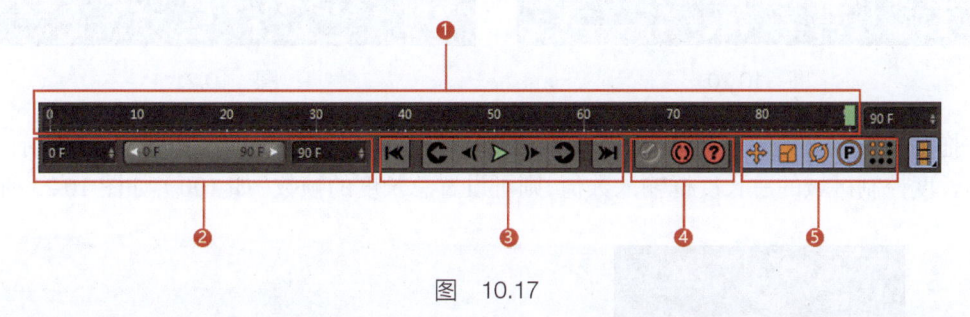

图　10.17

时间线区域中的数值代表总帧数，PAL 制式（亚洲电视播放帧速率）为 25 帧/秒，软件默认为 NTSC 制式（欧美制式）30 帧/秒。要想改为 PAL 制式，按 Ctrl+D 键打开"工程"面板，设置帧率为 25 即可，如图 10.18 所示。

时间线上的绿色滑块■代表当前帧，该滑块可以左右拖动。想要进入相应的帧，拖动滑块即可（滑块旁边的绿色数值代表当前帧数），如图 10.19 所示。

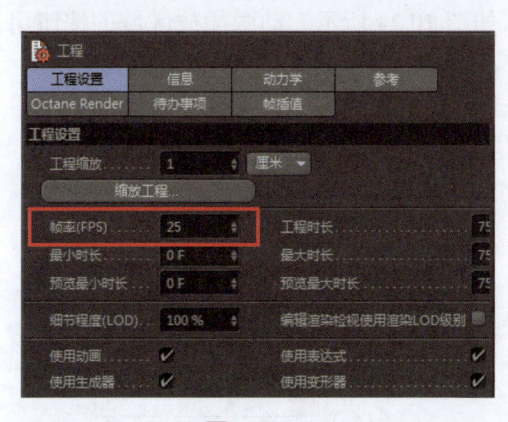

图　10.18 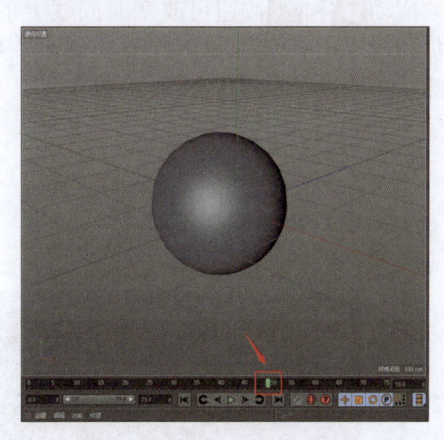　　　　　　　　　　图　10.19

247

制作动画后，时间线上会出现灰色的关键帧。灰色关键帧在被选中后会变成黄色，如图 10.20 所示。拖动关键帧可改变动画的节奏，此外，在时间线上框选某个时间段的多个关键帧，还可实现整体移动（改变动画的时间区间），如图 10.21 所示。

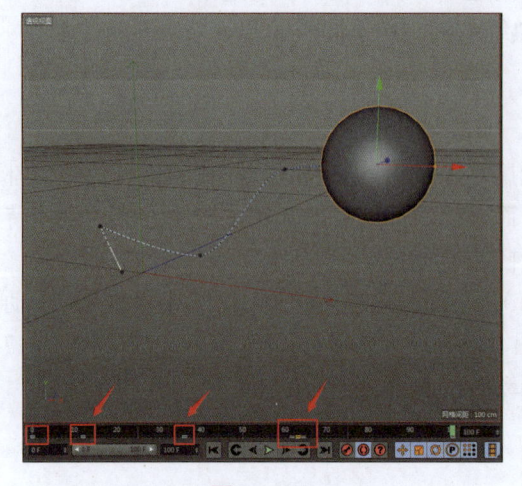

图 10.20

图 10.21

拖动两端的灰色方块 可压缩和拉长被选择动画的时间长度，如图 10.22 所示。在时间长度控制区域的总长度框输入数值，则可设置总长度的帧数（如 100），如图 10.23 所示。

图 10.22

图 10.23

拖动 和 按钮可改变时间线上的起始和结束帧数，这里的起始和结束帧仅代表目前时间线上的显示帧范围（方便动画编辑），如图 10.24 所示。动画播放区域的按钮用于关键帧的前进和后退，如图 10.25 所示。

图 10.24

图 10.25

第 10 章　After Effects 与 C4D 的结合使用

关键帧记录区域中的按钮用于手动记录关键帧、自动记录关键帧、设置关键帧选择集，如图 10.26 所示。"自动记录关键帧"按钮 ⓞ 要慎用，该功能可将视图中的所有操作都设置为关键点，属于简单粗暴的动画制作方式。动画属性记录区域中的按钮用于对移动、缩放、旋转、参数和点级别动画的控制，激活相关按钮则会记录该属性的动画，关闭该按钮则忽略该属性的动画记录，如图 10.27 所示。

一般情况下，这些按钮默认都是激活状态，除非不想记录该属性的关键帧。先来做个实验，单击 ✢ 按钮关闭之，此时该按钮呈灰色显示 ✢，如图 10.28 所示。在视图中建立一个球体并按 C 键将其塌陷为可编辑多边形，激活"自动记录关键帧"按钮 ⓞ。在视图中旋转这个球体，如图 10.29 所示。之后可在参数面板看到位置区域的动画关键帧被忽略，未被记录，而缩放和旋转参数都被记录了关键帧动画，如图 10.30 所示。

图 10.26 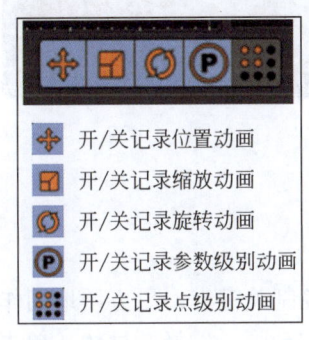　　　　　图 10.27 　　　　　图 10.28

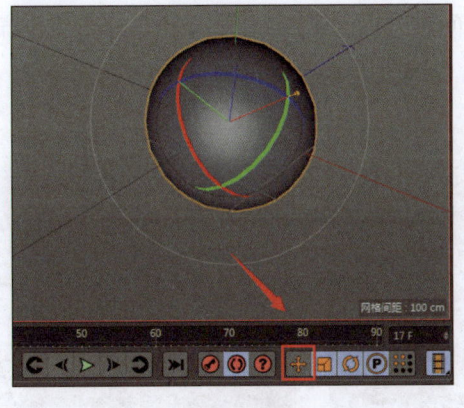

图 10.29 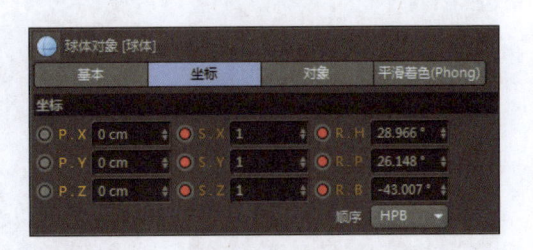　　　　　图 10.30

10.3.2　自动记录关键帧

启用"自动记录关键帧"按钮即可创建动画。其间可设置当前时间，更改场景中的事物，包括更改对象的位置、旋转或缩放，或者更改几乎任何设置或参数。

（1）新建一个由一个圆柱体和一个立方体组成的场景，接下来把圆柱体移动到立方体

249

的另一端，如图 10.31 所示。单击"自动记录关键帧"按钮⊙，将时间滑块移动到第 90 帧的位置，然后选择圆柱体沿 Z 轴移动到立方体的另一端。这时在第 0 帧和第 90 帧的位置会自动生成两个关键帧，如图 10.32 所示。

（2）当拖动时间滑块在第 0 帧到第 90 帧之间移动时，圆柱体会沿着立方体从一端移动到另一端，如图 10.33 所示。

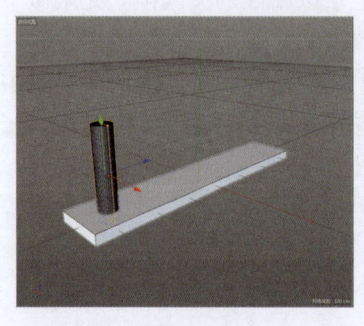

图 10.31 　　　　　　　　图 10.32 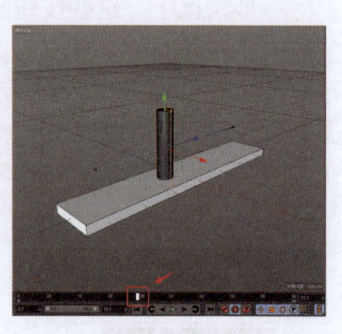　　　　　　　　图 10.33

10.3.3　手动记录关键帧

手动记录关键帧可以人为地控制关键点，更方便地制作动画。

（1）继续在刚才的模型上制作动画。选择圆柱体，单击⊘按钮，在第 0 帧手动记录初始关键帧，如图 10.34 所示。将时间滑块移动到第 90 帧，将圆柱体移动到立方体另一端，再单击⊘按钮，在第 90 帧手动记录关键帧，如图 10.35 所示。

（2）当拖动时间滑块在第 0 帧到第 90 帧之间移动时，圆柱体会沿着立方体从一端移动到另一端，如图 10.36 所示。

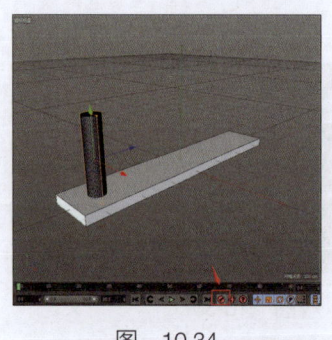

图 10.34 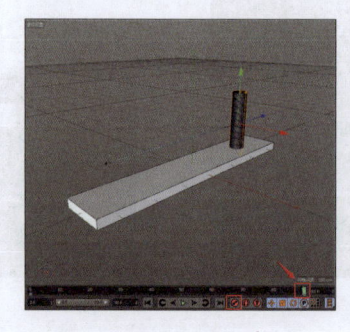　　　　　　　　图 10.35 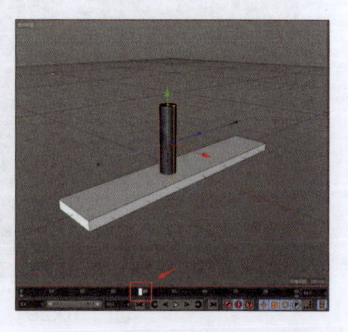　　　　　　　　图 10.36

10.3.4　参数动画

C4D 中前面有圆点图标的参数都可以设置动画，如图 10.37 所示。

第 10 章　After Effects 与 C4D 的结合使用

图　10.37

（1）在场景中新建一个圆柱体，如图 10.38 所示。在参数面板的对象页面，单击"半径"前面的圆点◎。单击后该圆点变成红色●，此时第 0 帧的时间线上出现了关键点，如图 10.39 所示。

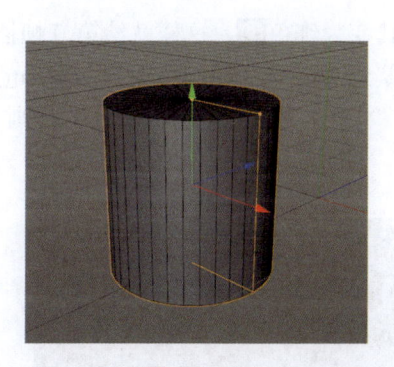

图　10.38 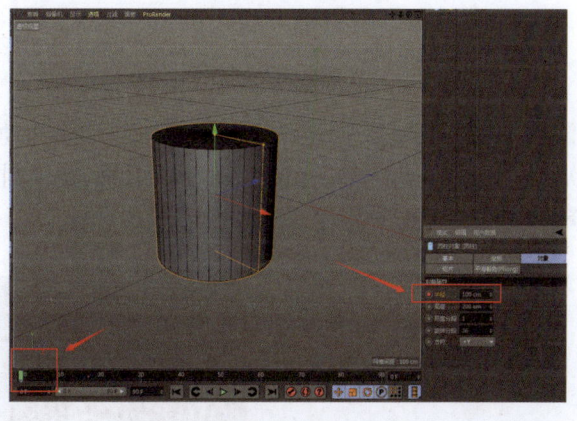　　　　　　　　　图　10.39

（2）将时间滑块移动到第 90 帧，将半径设置为 200。此时，在第 90 帧小圆点变成了空心红点◎，说明这个参数有动画设置。单击空心红点◎后该圆点变成红心圆点●，在第 90 帧的时间线上产生一个新的关键帧，如图 10.40 所示。当拖动时间滑块在第 0 帧到第 90 帧之间移动时，圆柱体的半径参数会根据参数设置进行动画播放，动画制作完成。如果想在不同的时间点进行参数设置，只需将时间滑块移动到那一帧，然后设置参数，并单击空心红点◎让其变成红心圆点●即可。

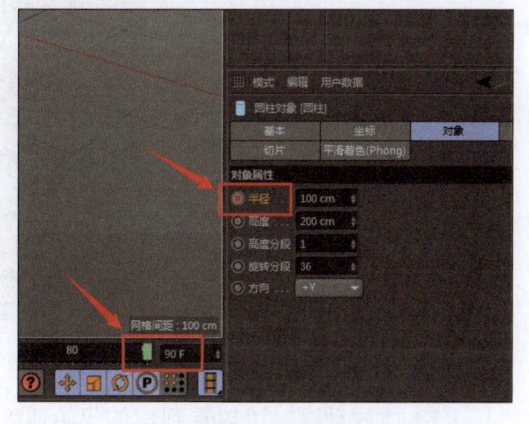

图　10.40

10.3.5　动画曲线

当物体产生动画后，视图中会出现呈蓝色渐变的动画曲线标识，上面的节点距离代表

251

动画的速率。下面通过实例来了解一下动画曲线的用法。

（1）在场景中新建一个球体，如图 10.41 所示。在参数面板单击位置区域的 X 按钮，将 X 轴动画进行孤立（默认情况下这个按钮呈灰色显示），亮黄色表示只能给 X 轴做动画，如图 10.42 所示。

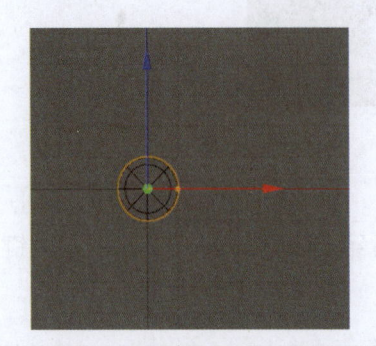

图 10.41

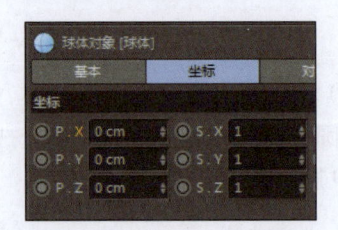

图 10.42

（2）第 0 帧时，单击 X 参数左边的 ○ 圆形按钮，将其变为红色 ●。这样就给第 0 帧插入了一个关键点，如图 10.43 所示。将时间滑块拖动到第 50 帧，设置 X 的参数为 1000cm。再次单击圆圈将其变成红色 ●，这样就给第 50 帧制作了一个在 X 轴移动 1000cm 的动画，如图 10.44 所示。

图 10.43

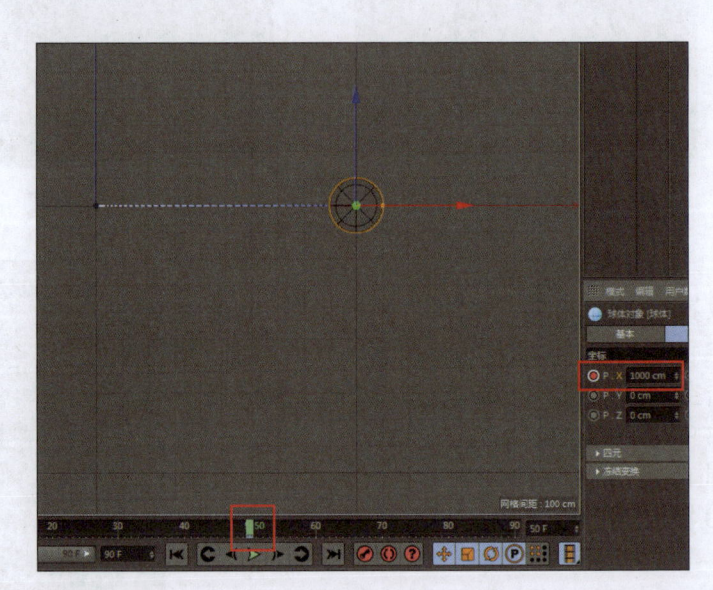

图 10.44

（3）播放动画，可以看到球体起始速度缓慢，中间加速，结尾速度放缓。从动画曲线上也可以看到这个节点规律，如图 10.45 所示。

（4）按 Ctrl 键的同时拖动球体，将动画球体复制 3 个。现在每个球体都具备了动画效果，如图 10.46 所示。播放动画，可以看到所有球体都具有同样的动画效果和移动速度。下面来改变运动速度。

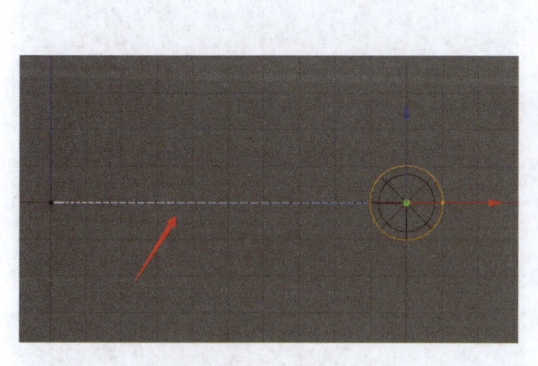

第 10 章　After Effects 与 C4D 的结合使用

图 10.45 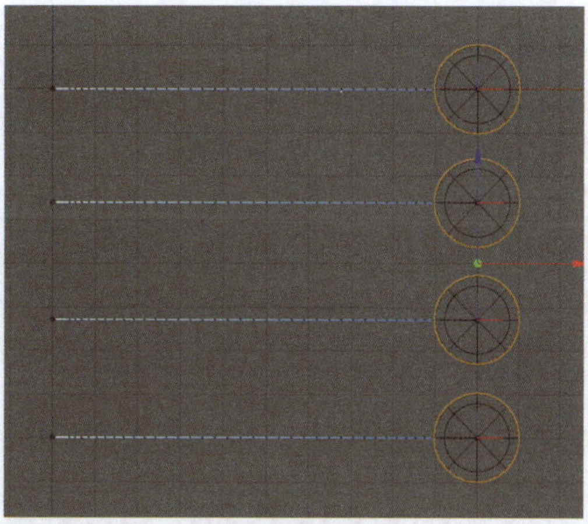　　　　　　　　　图 10.46

（5）选择主菜单中的"窗口"→"时间线"命令，打开时间线窗口，如图10.47所示。在时间线窗口选择第1个球体，并展开它的堆栈，可以看到X轴的动画曲线，如图10.48所示。

图 10.47 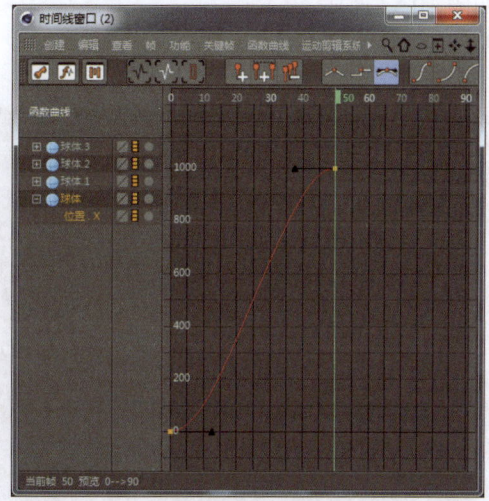　　　　　　　　　图 10.48

（6）刚才制作的两个关键帧以黄色节点方式显示，关键帧之间以红色曲线方式连接，这就是运动曲线，可以拖动带黄点的手柄来控制运动速率。框选曲线，单击时间线窗口的"线性"按钮，将运动曲线改为线性，如图10.49所示。播放动画，这个球体的运动变为匀速运动。选择第2个球体，在时间线窗口移动第50帧的节点手柄，调节曲线形状，如图10.50所示。

（7）在时间线窗口中，横向代表帧数，纵向代表距离。继续第（6）步操作，将第0帧的曲线拉直，让第50帧的曲线变缓。整个动画在初始阶段加速，在结束阶段变缓，如

253

图 10.49

图 10.50

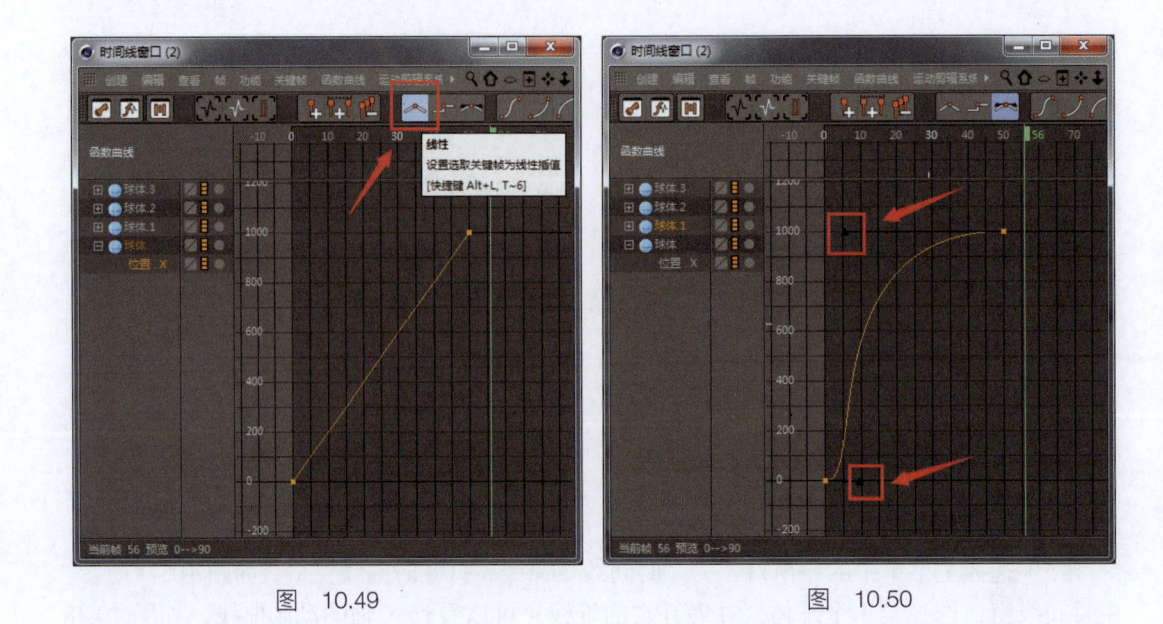

图 10.51 所示。在时间线窗口，选择第 3 个球体，将曲线调整为起始帧变缓，结束帧加速，如图 10.52 所示。

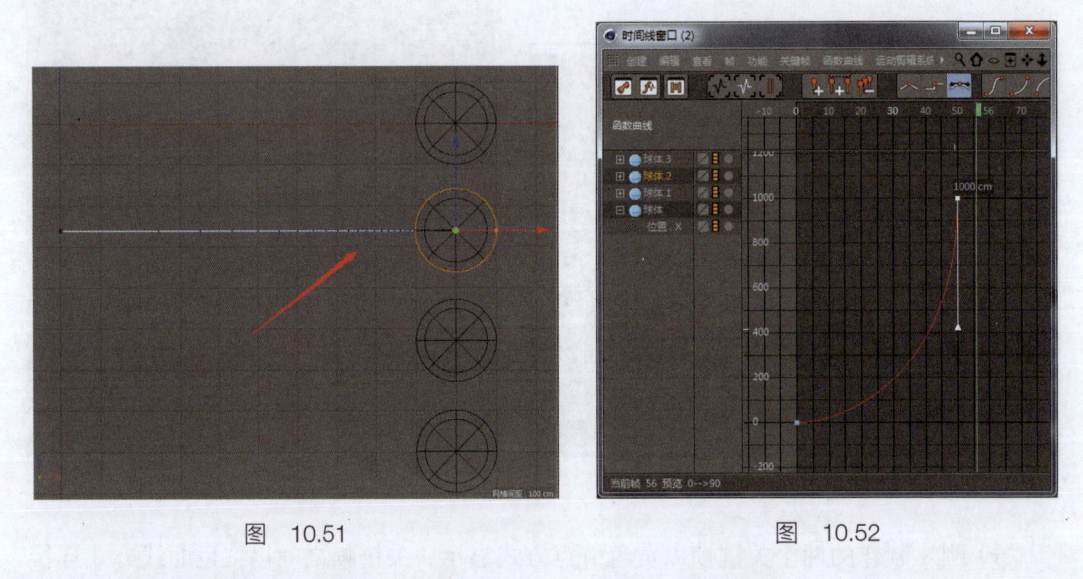

图 10.51

图 10.52

（8）在时间线窗口选择第 4 个球体，单击"步幅"按钮，将动画曲线改为步幅模式。步幅模式就是阶跃性的动画，没有中间过程，如图 10.53 所示。这样就做成了 4 个不同的动画效果，播放动画，可看到第 1 个球体匀速运动，第 2 个加速运动，第 3 个减速运动，第 4 个阶跃运动。合理巧妙地运用函数曲线可以让动画变得富有韵律，如图 10.54 所示。

254

第 10 章　After Effects 与 C4D 的结合使用

图　10.53 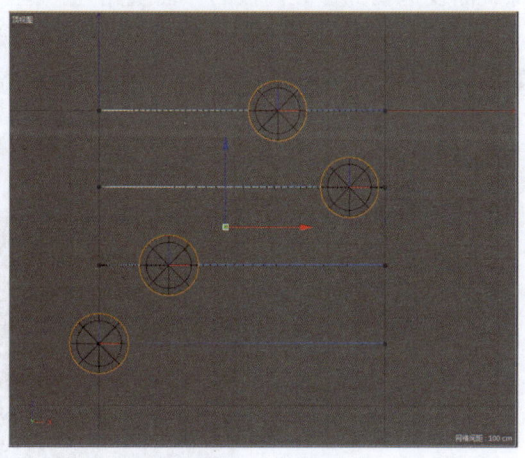　　　　　　　　　　　图　10.54

10.4　特殊动画技巧

C4D 中的动画控制种类非常多，有路径动画、震动动画等，所有前面有圆圈图标的参数都可以制作成动画。接下来继续深入学习这些内容。

10.4.1　C4D 路径动画

路径动画是一个使用频率较高的动画效果，其中的物体会跟随事先绘制好的曲线进行运动，可以精准地控制运动轨迹。

（1）新建一个圆锥，再绘制一条螺旋曲线。接下来制作圆锥体沿着螺旋线运动的动画，如图 10.55 所示。在对象面板选择圆锥，右击并在弹出的快捷菜单中选择"CINEMA 4D 标签"→"对齐曲线"标签，如图 10.56 所示。

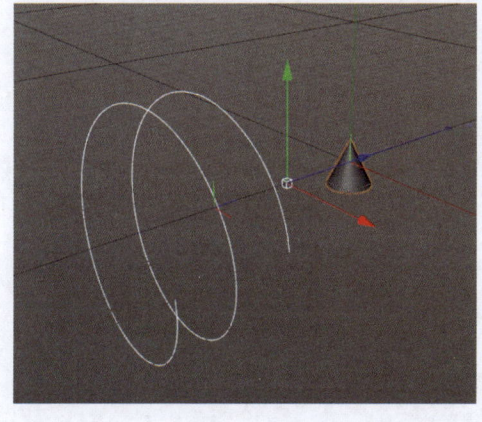

图　10.55 　　　　　　　　　　　图　10.56

255

(2)此时圆锥后方会出现"对齐曲线"标签，如图10.57所示。选择对齐标签，将螺旋曲线拖动到参数面板的"曲线路径"框内，如图10.58所示。

(3)此时圆锥会移动到螺旋曲线上，通过位置和轴向，可以控制圆锥的位移和方向，如图10.59所示。使用参数前面的 按钮可控制动画。

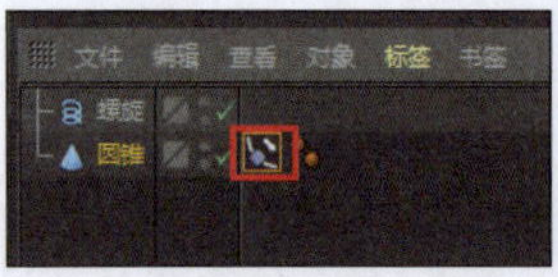

图 10.57 　　　　　图 10.58 　　　　　图 10.59

10.4.2　C4D震动动画

震动动画是指物体在一定的时间范围内进行脉冲式震动，通过位置、尺寸和旋转这3个属性可以编辑震动效果。

(1)继续刚才的案例，在对象面板选择"圆锥"，右击并在弹出的快捷菜单中选择"CINEMA 4D 标签"→"震动"标签，如图10.60所示。此时，"圆锥"后方会出现"震动"标签，选择该标签，在参数面板中编辑震动的频率和震动方式，如图10.61所示。

图 10.60 　　　　　图 10.61

第 10 章　After Effects 与 C4D 的结合使用

（2）在启用位置区域对震动的抖动位置（XYZ 三个轴向）进行调节，即可让物体产生上下左右随机抖动，抖动的范围可控。启用缩放区域可对物体的随机缩放进行控制。启用旋转可让物体震动时产生随机的方向旋转，如图 10.62 所示。这里要注意的是，如果要让圆锥在沿螺旋体运动的同时进行抖动，则两个标签的顺序不能颠倒，必须先启用"对齐曲线"标签，再启用"抖动"标签，如图 10.63 所示。

图 10.62 　　　　　　　　　图 10.63

在 C4D 中，制作动画的方式非常多，有刚体柔体动力学、毛发、布料、粒子、运动图形和效果器等方式，还有各种表达式动画，后面继续介绍这些动画知识。

10.5　运动图形

运动图形是 C4D 的一大特色。所谓运动图形就是通过对对象进行操作，再给这些操作附加更多的效果器。这些效果器包括继承、随机、延迟等。

如图 10.64 所示，运动图形是 C4D 特有的动画模块，种类共有 8 种，分别是克隆、矩阵、分裂、破碎、实例、文本、追踪对象和运动样条。用这些运动图形可以将对象进行参数化动态编辑，编辑后再给对象添加效果器（见图 10.65），形成更复杂的动画效果，如添加随机、延迟、推散等动作。

10.5.1　克隆

通过克隆对象，可以批量复制物体，对物体布局进行参数化调整。

（1）新建一个立方体，按 Alt 键的同时为立方体添加"克隆"，如图 10.66 所示。此时克隆以父级存在，如图 10.67 所示。

（2）在"克隆对象"面板，设置"数量"为 10，Y 轴的"位置"为 300cm，如图 10.68 所示。目前立方体以 Y 轴为方向，间隔 300cm 复制了 10 个，如图 10.69 所示。将"模式"由"线性"改为"网格排列"，默认情况下立方体以 3×3×3 的方式排列，如图 10.70 所示。

图 10.64

图 10.65

图 10.66

图 10.67

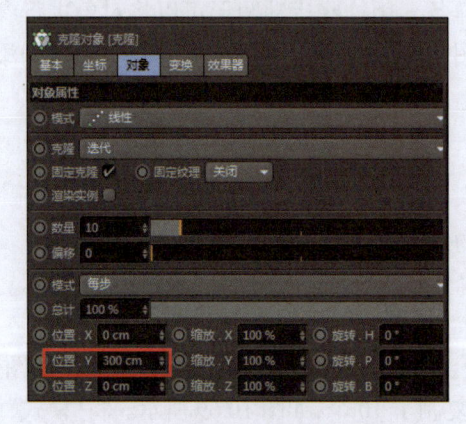

图 10.68

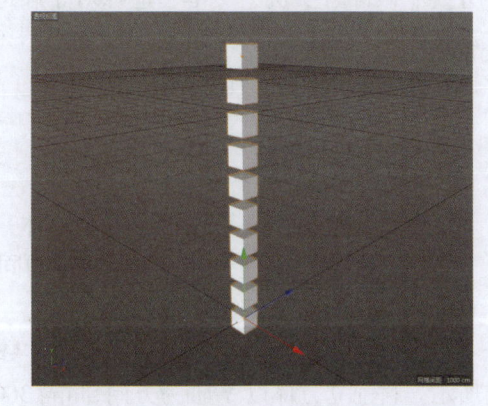

图 10.69

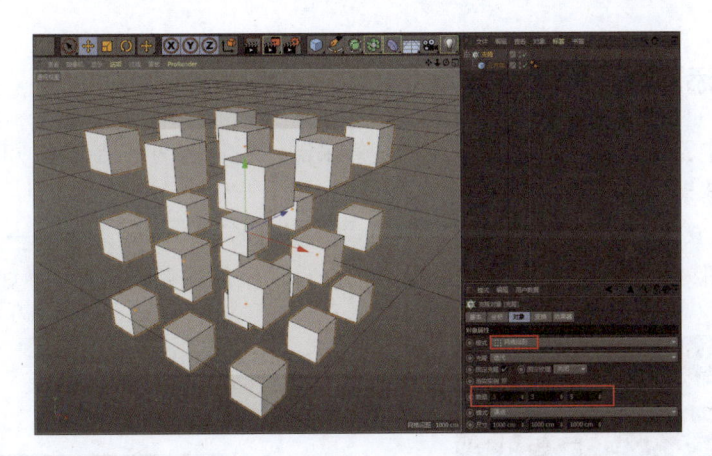

第 10 章　After Effects 与 C4D 的结合使用

图　10.70

（3）修改数量值可以得到更多的立方体排列组合，如图 10.71 所示。在变换面板修改位置、缩放或旋转值，可得到不同的变换效果。此时每个立方体的变换都是相同的，如图 10.72 所示。

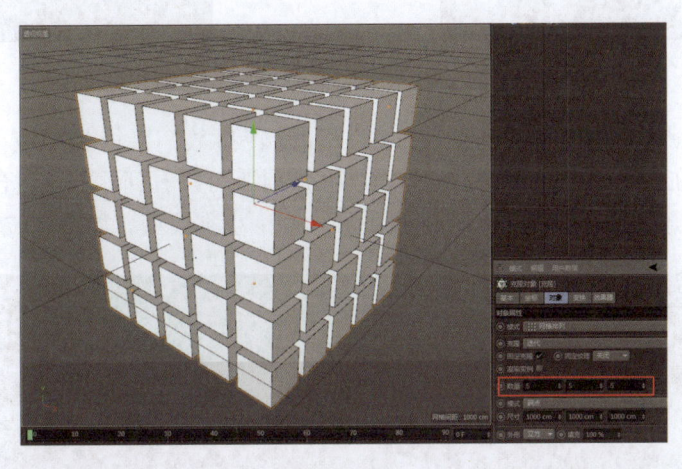

图　10.71

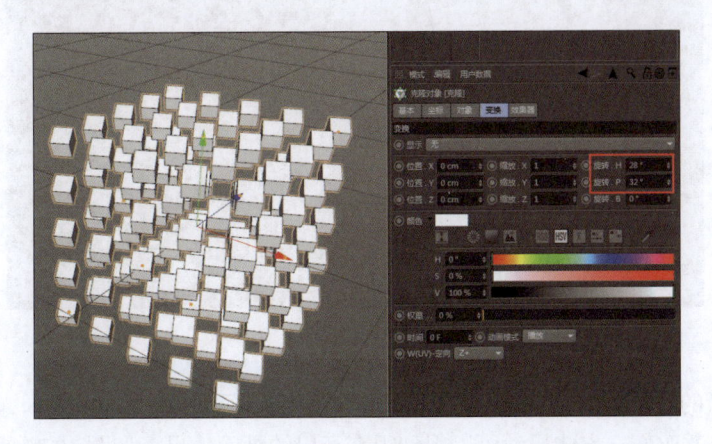

图　10.72

10.5.2 添加效果器

在本案例中，克隆是运动图形，随机是效果器，当它们两个结合在一起，可以制作出很特别的动画效果。下面继续操作。

（1）如图10.73所示，选择主菜单中的"运动图形"→"效果器"→"随机"命令，给克隆添加随机效果器。此时"随机"效果器会自动添加到克隆面板中，如图10.74所示。

图 10.73 　　　　　　　　　　　图 10.74

（2）调节效果器参数面板的位置、缩放和旋转参数，可得到相应的随机效果，如图10.75所示。在克隆的对象页面，修改模式为"放射"，可以看到立方体组合呈放射状排列。克隆方式可以转嫁到其他模型上。在场景中导入一个小狗模型，如图10.76所示。

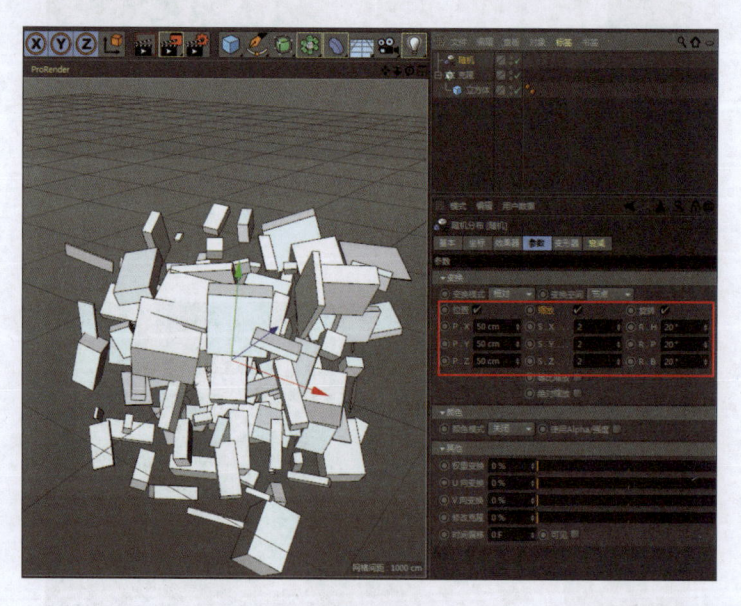

图 10.75

（3）在克隆的对象页面，修改模式为"对象"，将小狗模型拖动到对象栏中，如图10.77所示。隐藏小狗模型，并改变立方体尺寸可以得到很有意思的画面效果，如图10.78所示。

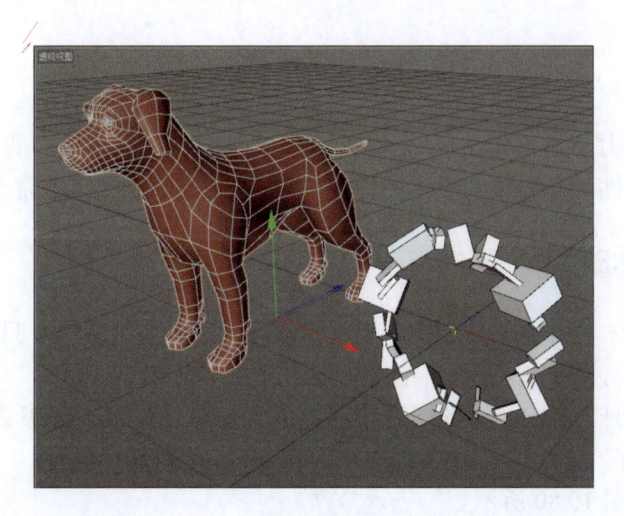

第 10 章　After Effects 与 C4D 的结合使用

图　10.76

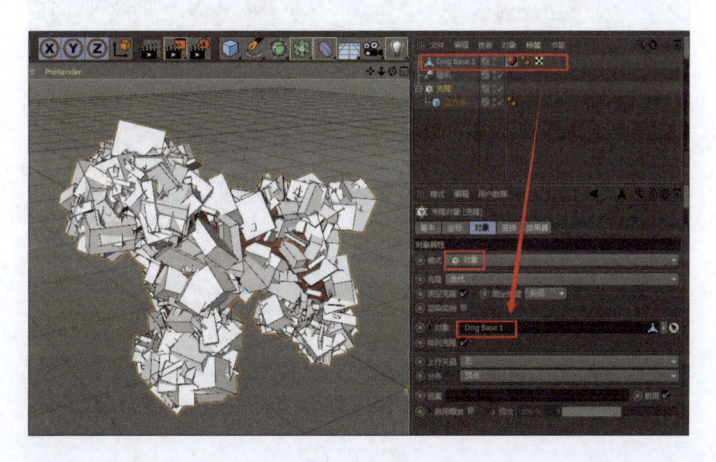

图　10.77

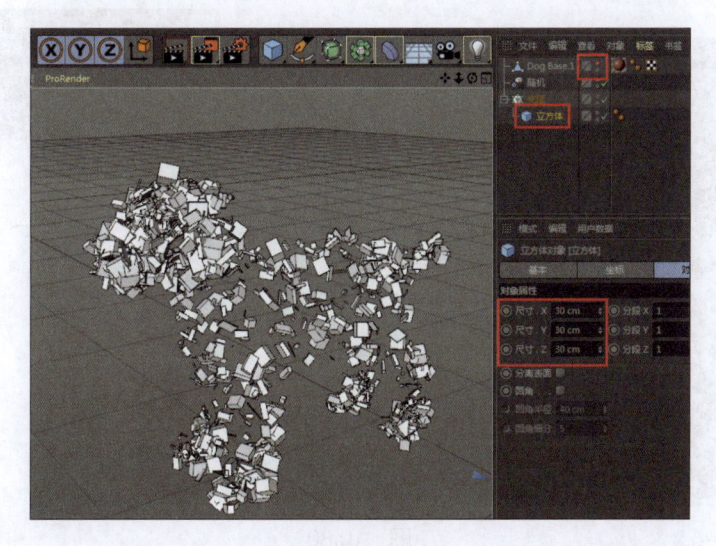

图　10.78

10.6 动 力 学

刚体和柔体动力学是 C4D 的一大特色，通常用于模拟自然界中的重力、风力和其他动力特征。C4D 软件对于刚体和柔体的计算非常准确，能够制作出非常出色的动力学效果。

10.6.1 刚体动力学

顾名思义，刚体动力学就是物体产生反弹碰撞，不会产生变形，只会产生散开，调节弹跳和摩擦可以控制扩散效果。

（1）新建一个球，按 Alt 键的同时给球体添加克隆。设置克隆参数，通过网格排列、数量和尺寸，将克隆体改变成 3×3×3 的排列方式，如图 10.79 所示。在球体下方建立一个平面做地面，如图 10.80 所示。

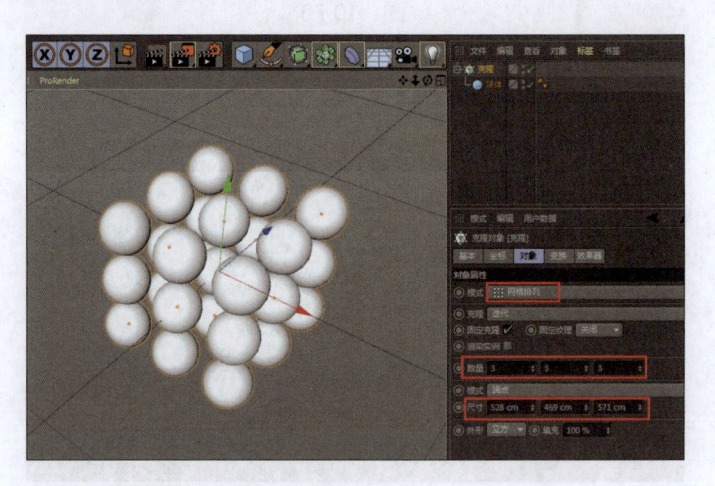

图　10.79

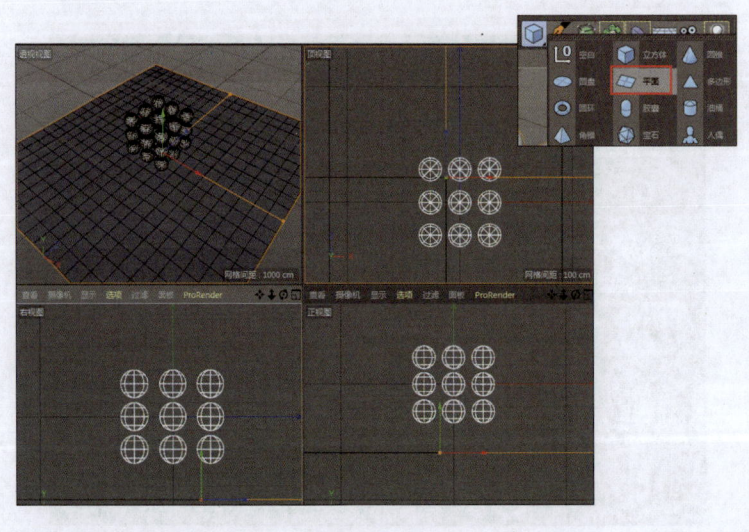

图　10.80

第 10 章　After Effects 与 C4D 的结合使用

（2）在对象面板右击平面，在弹出的快捷菜单中选择"碰撞体"标签，如图 10.81 所示。地面将被当作碰撞体，设置"外形"为"静态网格"（地面碰撞时保持不动），如图 10.82 所示。

图　10.81 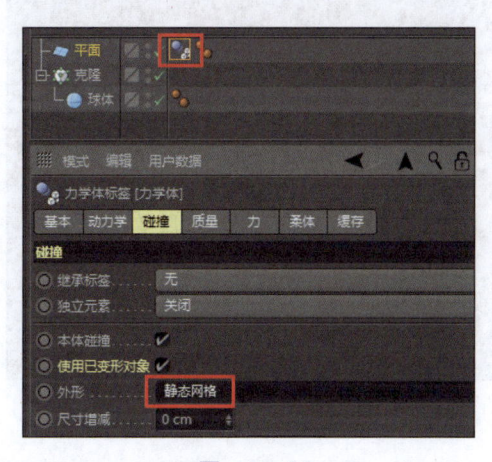　　　　　　　　　　　　　　图　10.82

（3）在对象面板右击克隆，在弹出的快捷菜单中选择"刚体"标签，如图 10.83 所示。克隆将被当作刚体，按▶按钮播放动画，系统会自动计算刚体动力学，此时克隆会自动下落，直到落在地面上停下。目前，这些球体会作为一个整体进行动力学计算，如图 10.84 所示。

图　10.83 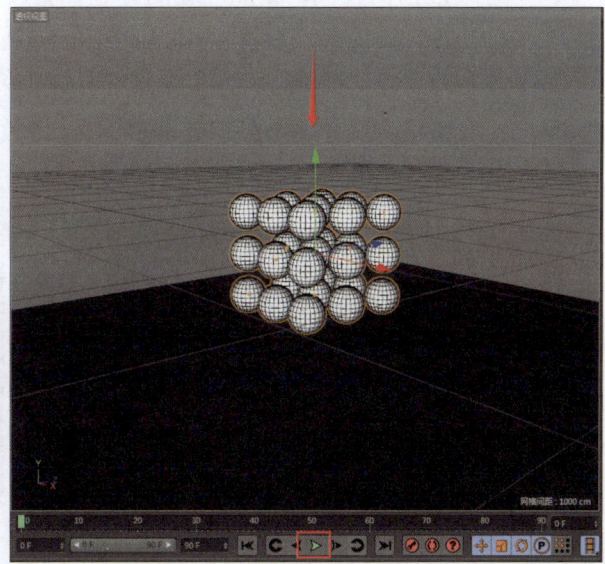　　　　　　　　　　　　　　图　10.84

（4）如图 10.85 所示，在对象面板选择克隆后面的刚体标签，在参数面板设置"继承标签"为"应用标签到子级"，"独立元素"为"全部"。按▶按钮播放动画，可以看到克隆的每个子级球体都作为一个个体单独进行动力学计算，如图 10.86 所示。

用刚体标签可以制作出很多有意思的动力学动画。可以设置参与碰撞的物体是静止还是被撞开，还可以设置复杂物体是否有子级参与动力学计算。

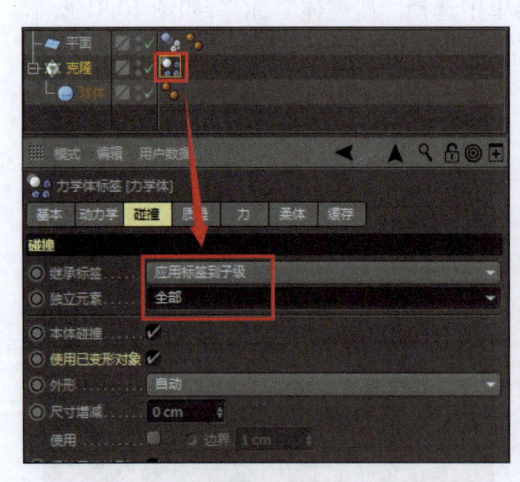

图 10.85 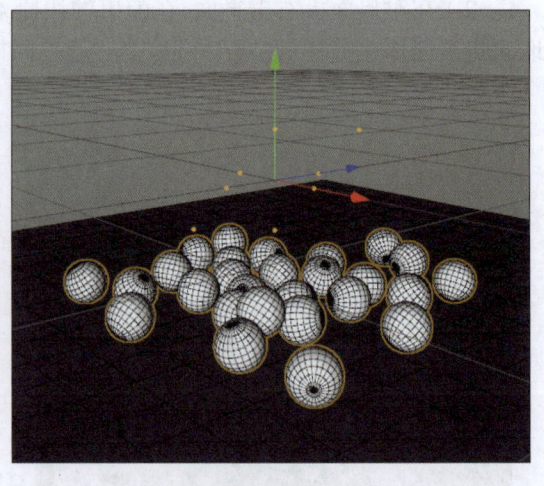　　　　　　　　　　　　　　图 10.86

10.6.2　柔体动力学

顾名思义，柔体动力学就是物体产生柔软的反弹碰撞，物体本身会产生变形，这相当于是刚体动力学的升级版。

（1）继续之前的案例，删除克隆的标签，重新添加"柔体"标签，如图 10.87 所示。此时地面的碰撞标签还在，按▷按钮播放动画，运算速度明显比计算刚体动力学时更慢了。克隆碰到地面后，这些球体作为一个整体还进行了挤压变形，如图 10.88 所示。

图 10.87 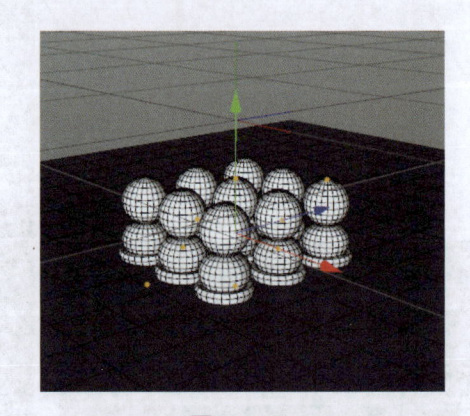　　　　　　　　　　　　　　图 10.88

（2）在对象面板选择克隆后面的"柔体"标签，在参数面板设置"继承标签"为"应用标签到子级"，"独立元素"为"全部"，如图 10.89 所示。将时间滑块移动到第 0 帧，按▷按钮播放动画，可看到克隆的每个子级球体都作为一个个体单独进行动力学计算。这与刚体动力学的原理是一样的，如图 10.90 所示。

（3）在参数面板中，刚体和柔体有很多共同之处，很多参数前面都有动画设置按钮◎，可以做动画。例如，可以给动力学的开启和关闭制作动画，让动力学在某一帧才开

第 10 章　After Effects 与 C4D 的结合使用

始动力学计算，尤其是在制作碰撞破碎的效果时，这个功能非常好用，如图 10.91 所示。

图　10.89

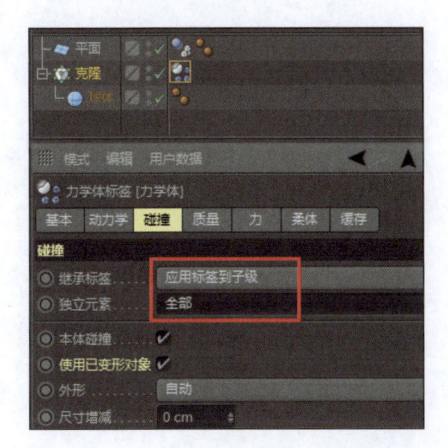

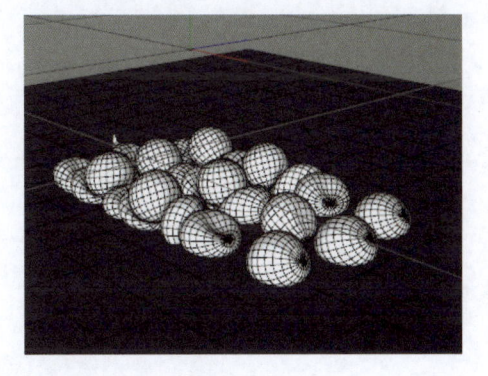

图　10.90

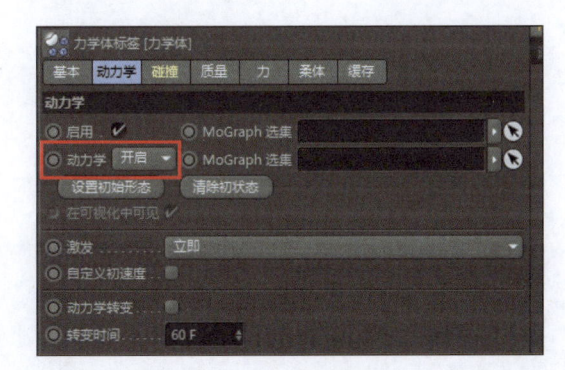

图　10.91